Jedes Experiment ist mit einem karierten Grund unterlegt.

Experiment: Niederschlag messen

Material: *mehrere Gefäße mit senkrechten Wänden und verschieden großen Öffnungen (zum Beispiel Dosen, Becher, Gläser), Gießkanne*

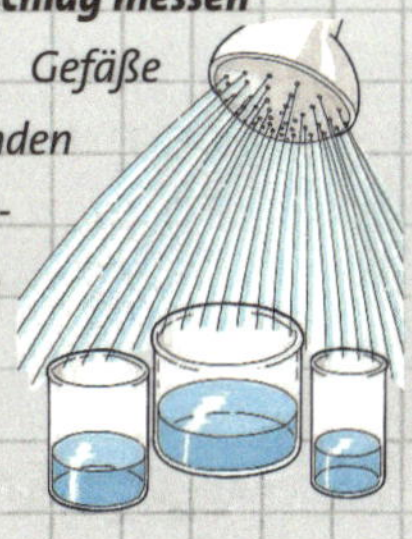

Durchführung:

Stelle die Gefäße nebeneinander im Schulhof auf. Beregne mit einer Gießkanne alle Gefäße gleichmäßig. ***Auswertung:*** *Miss mit einem Lineal die Höhe des Wasserstandes in den einzelnen Behältern (= Niederschlagshöhe in Millimetern).*

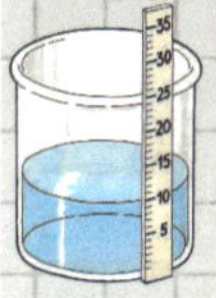

→ Dieser Pfeil ist der Hinweis auf andere Seiten, wo du weitere wichtige Informationen zum Thema findest.

Was diese Piktogramme bedeuten:

Lupe in den Heimatraum
Diese Seiten informieren dich über deine Heimat.

Fenster in die Welt
Diese Seiten informieren dich über andere Länder.

Teste dich selbst
Dieses Piktogramm findest du auf den Trainingsseiten. Lösungen zu den hier genannten Aufgaben stehen im Anhang.

Kaum zu glauben
Hier stehen außergewöhnliche Angaben zum jeweiligen Thema.

Mehr rund um TERRA im Internet unter:
www.klett-verlag.de/geographie/terra-extra

Und nun viel Spaß und gute Lernerfolge bei der Arbeit mit diesem Buch!

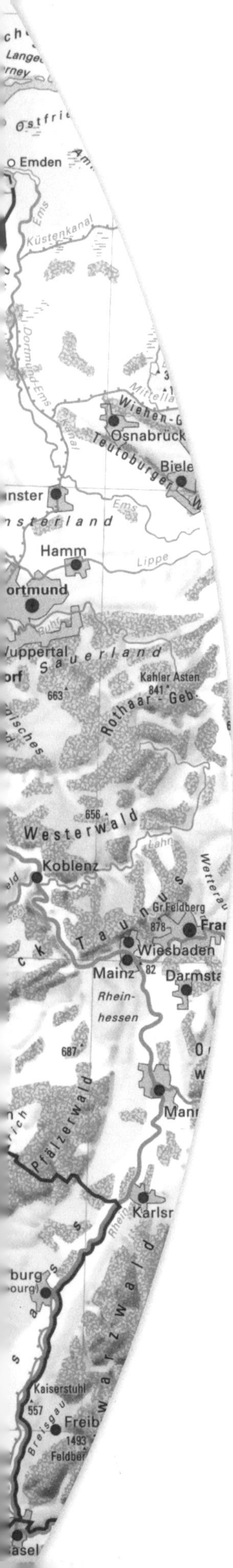

Impressum

Erdkunde 5

Herausgeber
Ulrich Eckert, Deggendorf
Max Huber, Schierling

Autoren
Markus Altmann, Regensburg
Ulrich Eckert, Deggendorf
Helmut Geiger, Sonthofen
Siglinde Handlos, Sonthofen
Max Huber, Schierling
Siegfried Ketterl, Stephansposching
Dr. Thomas Schneider, Augsburg
Dr. Bernd Stallhofer, Regensburg
Hermann Summer, Steventon

Mit Beiträgen von:
Dr. Egbert Brodengeier, Dresden
Thomas Ehrensperger, Weinsberg
Dr. Michael Geiger, Landau
Dr. Thomas Hoffmann, Achern-Sasbachried
Helmut Obermann, Ettlingen
Paul Palmen, Alsdorf
Herbert Paul, Asperg
Prof. Dr. Lothar Rother, Schwäbisch Gmünd
Dr. Andrea Schmidt, Dossenheim

9 783623 279107

1. Auflage

A 1 5 4 3 2 | 07 06 05 04 2003

Alle Drucke dieser Auflage können im Unterricht nebeneinander benutzt werden, sie sind untereinander unverändert. Die letzte Zahl bezeichnet das Jahr dieses Druckes.

www.klett-verlag.de/klett-perthes

ISBN 3-623-27910-2

Redaktion und Produktion
Ullrich Löbmann, Michael Hebestreit
Einband-Design und Layoutkonzept
pandesign, Büro für visuelle Kommunikation, Karlsruhe
Karten
Klett-Perthes Gotha, Dr. Henry Waldenburger
Zeichnungen
Steffen Butz, Karlsruhe
Medienservice Klaus Feske, Rottenburg
Rudolf Hungreder, Leinfelden-Echterdingen
Wolfgang Schaar, Stuttgart
Ursula Wedde, Waiblingen
Reproduktion
MedienService Gunkel & Creutzburg GmbH, Friedrichroda
Druck
Aprinta, Wemding

Erdkunde 5

Gymnasium Bayern

TERRA

KLETT-PERTHES
Gotha und Stuttgart

Inhalt

Erdkunde 5

▪ Die mit diesem Symbol gekennzeichneten Kapitel beschäftigen sich mit Beispielen aus deinem Heimatland Bayern.

Erdkunde – dein neues Fach

Unsere Erde hat viele Gesichter. Auch die Menschen, die auf ihr leben, sind verschieden. Geh mit uns auf Entdeckungsreise!

1

Der Name deines Schulbuches TERRA kommt aus dem Lateinischen und bedeutet „Erde“.

1

Was ist Erdkunde?

Schon vor über 2 000 Jahren haben sich die Griechen für die Erde interessiert. Sie nannten dies „geographica“, was „Erdbeschreibung“ bedeutet. Noch heute heißt diese Wissenschaft Geographie und das Schulfach Erdkunde.

Im Erdkundeunterricht erfährst du, wie Menschen bei uns und in anderen Teilen der Erde leben, wie sie arbeiten, wohnen und ihre Freizeit verbringen.
Du wirst Länder kennen lernen, wo das ganze Jahr eisige Kälte oder glühende Hitze herrscht, wo es fast täglich regnet oder wo oft jahrelang kein Regen fällt.
Du erfährst, wie die Menschen ihr Land nutzen und verändern, wo sie Bodenschätze abbauen und wie sie sich gegen Naturkatastrophen schützen.

Wozu Erdkunde?
Erdkunde will dir helfen, die Vielfalt der Menschen und Landschaften unserer Erde zu verstehen. Deshalb werden im Fach Erdkunde folgende Fragen häufig gestellt: Wo ist es? Warum ist es dort? Wie geschah es?
Am besten lernst du natürlich die Erde durch eigene Anschauung kennen. Du kannst aber nicht alle Gebiete der Erde selbst besuchen. Berichte, Bilder und Karten helfen hier weiter.

2 Ich lebe im Regenwald am Amazonas. In der Schule lerne ich Tembe, unsere Indianersprache. Aber ich muss auch Portugiesisch lernen, weil das die Amtssprache meines Landes ist. Da es bei uns immer sehr heiß ist, brauche ich kein T-Shirt zu tragen.

Südamerika
Brasilien

3 Ich wohne im größten Land der Erde. Im Norden befindet sich das größte Waldgebiet der Erde, das wir Taiga nennen. Unser Weihnachtsmann heißt Väterchen Frost und wir erwarten ihn und seine Geschenke ganz aufgeregt am 7. Januar.

Russland
Asien/Eu

Mein Land ist das einzige der Erde, das einen ganzen Kontinent umfasst. Meine Familie gehört zu den Aborigines. So nennt man die Ureinwohner, also die ersten Bewohner des Landes. Das Känguru, das im Beutel seiner Mutter aufwächst, kommt nur in unserem Land vor.

4

Meine Eltern nenne ich „Dad“ und „Mom“. Sie arbeiten beim Film in Hollywood. Bei uns gibt es Gebäude, so hoch, dass sie an den Wolken kratzen. Kein Land hat so viele Nationalparke mit so vielen einzigartigen Naturwundern.

6

5

Wir schreiben in der Schule nicht mit Buchstaben, sondern mit Zeichen. So schreibe ich den Namen meines Landes: 中国
Das erste Zeichen bedeutet „Mitte“, das zweite „Land“.
Übrigens hat kein Land der Erde mehr Einwohner als wir.

7

Ich gehöre zum Volk der Massai. Bei uns ist es Tradition, dass Mädchen ihre Köpfe kahl rasieren. Unsere bunten Halsreifen bestehen aus vielen kleinen Kugeln. In meinem Land entspringt der längste Fluss der Erde und unser Kilimandscharo ist der höchste Berg des Kontinents.

1 *Die Kinder auf diesen Seiten berichten über Besonderheiten, die auch zu den Inhalten des Erdkundeunterrichts gehören. In welchen Ländern und Kontinenten leben sie jeweils?*

2 *Schreibe einen kleinen Text, in dem du über dein Land berichtest. Wenn in deiner Klasse Kinder sind, die aus verschiedenen Ländern kommen, könnt ihr so schon viele interessante Dinge erfahren.*

Planet Erde

Astronauten blicken auf den Planeten Erde mit dem Mond im Hintergrund: Ein beeindruckender Anblick unseres Himmelskörpers im lebensfeindlichen, kalten Weltraum. Der Planet Erde ist der einzige Himmelskörper in unserem Sonnensystem, auf dem es Wasser an der Oberfläche und eine Lufthülle gibt. Sie machen ihn zum „blauen Planeten“ – erfüllt von Leben.

2

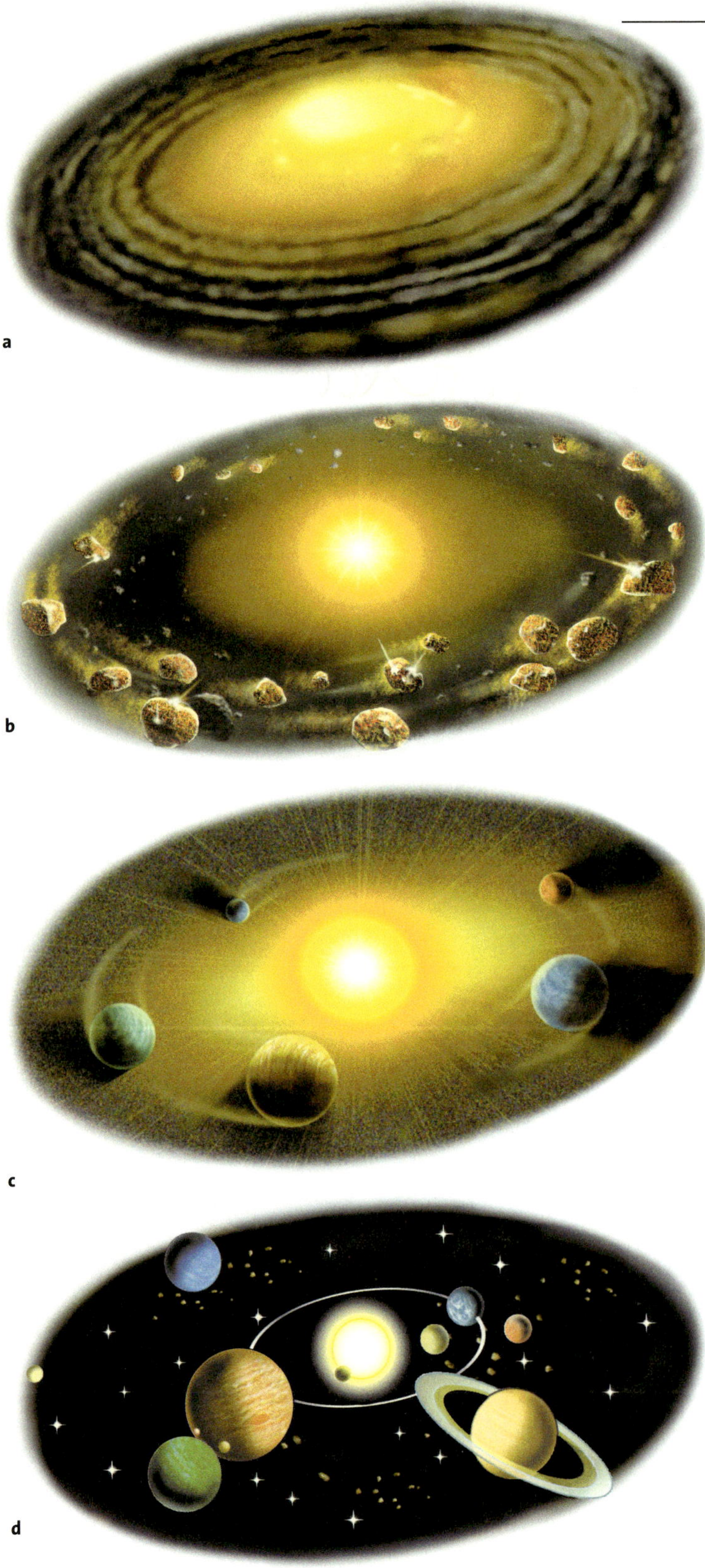

Die Geburt unseres Planetensystems

Planeten und andere Himmelskörper

Fragen und Antworten an junge Astronauten

1. Was ist das Universum und wie ist es entstanden?
Das Universum umfasst alles: dich, die Erde, die **Sonne**, unser Planetensystem und alle anderen Sternhaufen (Galaxien). Wissenschaftler nehmen an, dass das Universum vor 15 Milliarden Jahren durch eine gewaltige Explosion entstand (**Urknall**). Die Ausdehnung des Universums ist unvorstellbar. Unsere Erde ist darin Millionen Mal weniger als ein Sandkorn in der Wüste.

2. Warum wird unsere Galaxie Milchstraße genannt?
Sie heißt so, weil wir manchmal in klaren Nächten einen Teil davon als milchiges Band aus Millionen von Sternen sehen können. Die **Milchstraße** ist nur eine unter Milliarden anderer Galaxien im Universum.

3. Wie entstand unser Sonnensystem?
Viele Forscher glauben, dass es sich aus einer Gas- und Staubwolke bildete, die sich in eine riesige rotierende Scheibe verwandelte (1a). Im Zentrum dieser Scheibe entstand zunächst die Sonne, ein neuer Stern (1b). Um sie herum bildeten sich aus Staub- und Gasteilchen glühende Bälle – die neun **Planeten**, die um die Sonne kreisen. Dazu gehört auch die Erde (1 c und 1 d).

2

4. Wie groß ist die Sonne, woraus besteht sie?

Wenn die Sonne die Größe eines Fußballes hätte, wäre die Erde etwa so groß wie ein Punkt am Satzende. Die Sonne besteht aus glühenden Gasen. Sie ist an ihrer Oberfläche etwa 1,6 Mio. °C heiß.

5. Welches ist der heißeste und welches der kälteste Planet?

Venus ist der heißeste Planet mit etwa 460°C; eine Gasschicht lässt seine Wärme nicht ins Weltall entweichen. Pluto ist der kälteste Planet (-215°C), denn er ist am weitesten von der Sonne entfernt.

6. Gibt / gab es Leben auf dem Mars?

Wissenschaftler glauben, dass auf dem Mars einst Leben existiert haben könnte. Dort fand man Talformen, wie sie

3 **Der Mars**

das Wasser bildet, und Hinweise auf Bakterien. Bis zum Jahr 2020 soll eine Marsstation für Wissenschaftler gebaut werden, die den Planeten genauer untersuchen wollen. Vielleicht erfahren wir dann mehr.

7. Was sind Asteroiden und Kometen?

Asteroide sind Gesteinstrümmer, die sich planetenähnlich um die Sonne bewegen. Kometen sind eine Art „schmutziger Schneebälle“ mit gefrorenen Kernen aus Wasser, Gasen und Gestein. Wenn ein Komet zu nahe an die Sonne kommt, schmilzt sein Kern und hinterlässt einen riesigen Schweif aus Staub und gefrorenem Wasserdampf, der wie ein Feuerschweif aussieht.

1 *Benenne mithilfe der Eselsbrücke die neun Planeten.*

2 *Versuche herauszufinden, woher unsere Planeten ihre Namen haben.*

3 *Sammle Informationen über die Erkundung des Mars (Internet). Berichte in der Klasse.*

Kaum zu glauben

Die Sonne verliert sehr langsam ihre Strahlkraft, wird aber noch Millionen von Jahren scheinen.

Nicht alle Monde sind rund. Die beiden kleinen Monde des Mars sind kartoffelförmig. Du könntest sie übrigens an einem Tag umwandern.

Der Saturn ist so leicht, dass er auf dem Wasser schwimmen würde.

Die Erde rast um die Sonne mit einer Geschwindigkeit von etwa 107 000 km pro Stunde. Das ist 100 mal schneller als ein Verkehrsflugzeug fliegt.

→ *Asteroiden, siehe Seite 12*

4 *Eine gute Eselsbrücke:*
„Mein Vater erklärt mir jeden Sonntag unsere neun Planeten.“

→ *Internet, siehe Seiten 74/75 und 168*

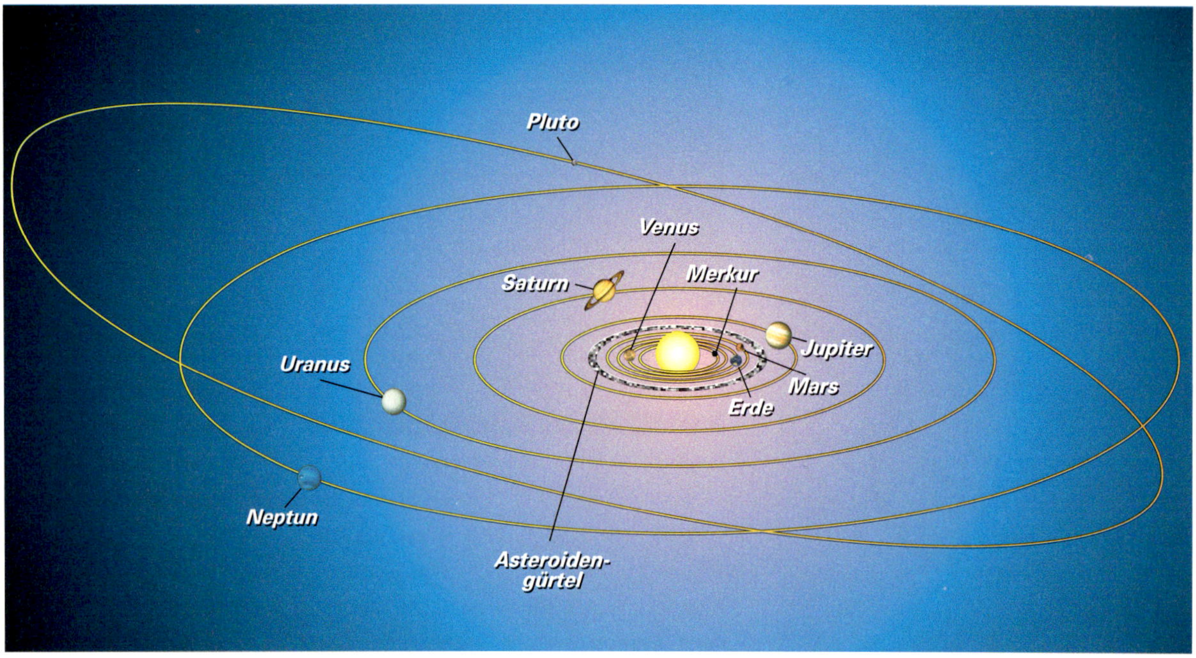

1 **Unser Sonnensystem:** *Auf Umlaufbahnen kreisen die Erde und die anderen Planeten um die Sonne.*

2 ***Weltbild im Mittelalter***

Die Erde – Teil unseres Sonnensystems

Lange glaubten die Menschen, die Erde sei der Mittelpunkt des Universums. In sehr alten Karten wird sie als Scheibe dargestellt. Erst vor etwa 500 Jahren fanden Astronomen (Sternenforscher) mithilfe von Berechnungen und besseren Fernrohren heraus,

- dass die Sonne der Mittelpunkt unseres Sonnensystems ist und sich nicht bewegt (**Fixstern**);
- dass die Erde ein kugelförmiger Planet ist, der zusammen mit acht weiteren Planeten die Sonne umkreist (**Erdrevolution**);
- dass sich die Erde um die „eigene Achse" dreht (**Erdrotation**);
- dass viele Planeten von Monden umkreist werden, und dass auch die Erde einen Mond hat.

Im Laufe der Jahrhunderte gelang es den Menschen, immer mehr Einzelheiten über unser Sonnensystem zu erfahren. Riesige Weltraumfernrohre (Teleskope) wurden gebaut. 1961 umkreiste der erste Raumfahrer in einer Weltraumkapsel die Erde. Er berichtete: „Die Sonne ist hier um ein Vielfaches heller als auf der Erde. Der Weltraum selbst ist dunkel, die Sterne sind hell und deutlich. Ich sehe heute zum ersten Mal die Kugelgestalt der Erde."

1969 landete schließlich der erste Mensch auf dem Mond. Etwas bis dahin Unvorstellbares war für die Menschen Wirklichkeit geworden.

Heute umkreisen Tausende von Satelliten die Erde und übertragen Fotos, Telefonate und Fernsehbilder in jeden beliebigen Teil der Erde.

Tag und Nacht auf der Erde

Kaum zu glauben
Der sonnenfernste Planet Pluto benötigt 248 Jahre für einen Umlauf um die Sonne.

Jahr und Monat – Tag und Nacht
Unsere heutige Einteilung der Zeit hat viel mit unserem Sonnensystem zu tun. Die Erde braucht 365 Tage und 6 Stunden, um einmal um die Sonne zu kreisen. Diese Zeitspanne nennen wir ein Jahr.
Der Mond braucht für einen Umlauf um die Erde etwa 28 Tage. Daraus hat man den „**Monat**“ abgeleitet.
Die Erde dreht sich in 24 Stunden einmal um ihre „eigene Achse“. Diese ist eine gedachte Linie, die vom Nordpol zum Südpol verläuft. Wir bemerken diese Drehung jeden Tag mit dem Sonnenaufgang im Osten und dem Sonnenuntergang im Westen. Eine Hälfte der Erde wird jeweils von der Sonne beschienen (**Tag**), die andere bleibt im Dunkeln (**Nacht**), da sie von der Sonne abgewandt ist.
Von der Drehbewegung selbst merken wir nichts, da sich die Luft mit uns gleichfalls mitbewegt – in einer atemberaubenden Geschwindigkeit: Etwa 30 km pro Minute.

Der erste Mensch auf dem Mond – Neil Armstrong aus den USA

1 Satelliten können besser als Funktürme Telefongespräche oder Fernsehsendungen über große Entfernungen übermitteln. Warum ist dies so?

2 Warum kommt es alle vier Jahre zu einem „Schaltjahr“, das einen Tag mehr hat?

3 Wie kannst du dir mithilfe der Bewegung von Mond, Sonne und Erde „Vollmond“ sowie „abnehmenden Mond“ bzw. „zunehmenden Mond“ erklären?

5 ***Beobachte den Mond***
Vollmond
abnehmender Mond
Neumond
zunehmender Mond

→ *Experiment: Entstehung von Tag und Nacht, siehe Seite 23*

Eselsbrücke
a *abnehmender Mond*
z *zunehmender Mond*

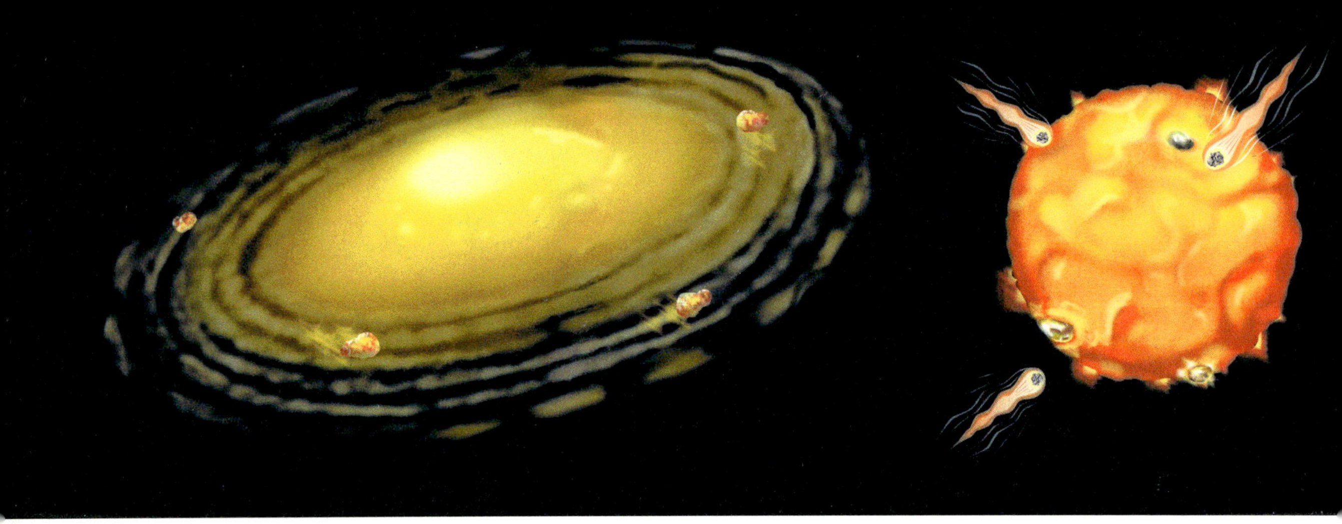

① **Die Geburt unseres Planeten**

Unsere Erde – Entstehung und Aufbau

Kaum zu glauben

In Bayern hat ein Meteorit vor etwa 15 Mio. Jahren einen riesigen Krater hinterlassen: das Nördlinger Ries mit einem Kraterdurchmesser von etwa 20 km.
Dort trainierten die Astronauten für die erste Mondlandung.

Zunächst war unsere Erde – wie alle anderen Planeten auch – ein glühender Ball aus geschmolzenem Gestein, der seine Kreise um die Sonne zog. Langsam kühlte er ab, und an seiner Oberfläche bildete sich eine dünne, feste Kruste. Die schwersten Bestandteile der Erde, Eisen und Nickel, sanken in das Innere und bildeten den Erdkern.
Immer wieder durchschlugen Meteoriten die dünne Kruste. Ständig brachen Vulkane aus und schleuderten Asche, Steine, aber auch riesige Mengen von Wasserdampf heraus. Langsam bildete sich eine **Lufthülle (Atmosphäre)** mit Sauerstoff, Stickstoff und Ozon, dem lebenswichtigen Schutz gegen das gefährliche UV-Licht der Sonne.
Auch die Temperatur auf der Erde sank; erster Regen fiel, und über Jahrmillionen konnten sich die Urmeere bilden. Dort entwickelte sich das erste Leben auf der Erde.

② ***Einschlagstelle eines Meteoriten in Arizona (USA):*** *Kraterdurchmesser 1 186 m*

Der Schalenbau der Erde

Die Erde gliedert sich wie eine Zwiebel in verschiedene Schalen. Es sind dies:

- die feste äußere **Erdkruste**, auf der wir Menschen leben;
- der **Erdmantel** aus glutflüssigem Gestein (Magma), der viele Vulkane auf der Erde speist;
- der **Erdkern**, der größtenteils fest ist und aus Metallen besteht.

Dieser **Schalenbau** lässt sich von den Größenverhältnissen her gut mit einem Pfirsich vergleichen: Die Pfirsichhaut wäre die Erdkruste, das Fruchtfleisch der Erdmantel über dem Kern.

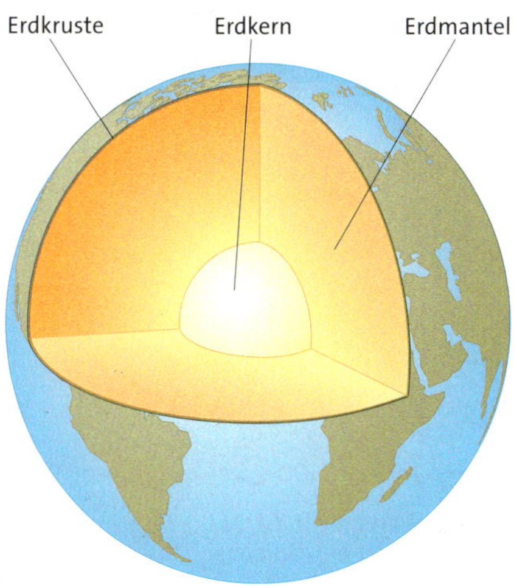

Die Kontinente bewegen sich

Man kann sich unsere Kontinente und Meeresböden wie riesige Schollen vorstellen, die auf der zähflüssigen Masse des Erdmantels schwimmen.
Vor vielen Millionen Jahren gab es nur eine einzige zusammenhängende Landmasse, einen **Urkontinent**. Dieser war von einem großen Ozean umgeben. Im Laufe der Jahrmillionen zerbrach die Landmasse. Durch Kräfte im Erdinnern drifteten (bewegten sich) die einzelnen Bruchstücke auseinander und formten sich langsam zu unseren heutigen Kontinenten. Bis heute hält diese **Kontinentaldrift** an.

1 *Betrachte im Atlas die Kontinente Afrika und Amerika. Woran erkennst du, dass beide Kontinente zusammenhingen?*

2 *Berechne: Wenn Europa und Amerika jährlich 2 cm auseinander driften, welche Entfernung ergibt das in 1 000 Jahren sowie in 1 Mio. Jahren?*

3 *Suche das Nördlinger Ries im Atlas. Woran erkennt man, dass hier ein Meteorit eingeschlagen hat?*

Kaum zu glauben

Wegen der Kontinentaldrift entfernen sich die Kontinente Amerika und Europa pro Jahr etwa 2 cm voneinander.

→ *Kontinente, siehe Seite 25*

Wie kam Leben auf die Erde?

Kaum zu glauben
In Australien müssen Schüler Kopfbedeckungen tragen, um sich vor UV-Strahlung zu schützen, da die Ozonschicht dort sehr dünn geworden ist. Man spricht von einem Ozonloch über Südaustralien und der Antarktis.

Geologie
ist die Wissenschaft von Aufbau, Entstehung und Entwicklung der Erde und ihrer Gesteine. Das Wort stammt aus dem Griechischen.

Seit Jahrtausenden fragen die Menschen nach dem Ursprung des Lebens auf der Erde. Eine religiöse Erklärung liefert die Schöpfungsgeschichte in der Bibel. Manche Wissenschaftler versuchen nachzuweisen, dass kleinste Lebenszellen über Kometen auf die Erde kamen. Andere glauben, dass Blitze in der Lufthülle chemische Reaktionen hervorriefen, die zur Entstehung von Zellen führten. Aber niemand weiß bis heute genau, wie Leben entstand. Doch eines ist sicher: Auf dem Planeten Erde waren die Voraussetzungen für die Entwicklung von Leben im Vergleich zu anderen uns bekannten Planeten günstig:

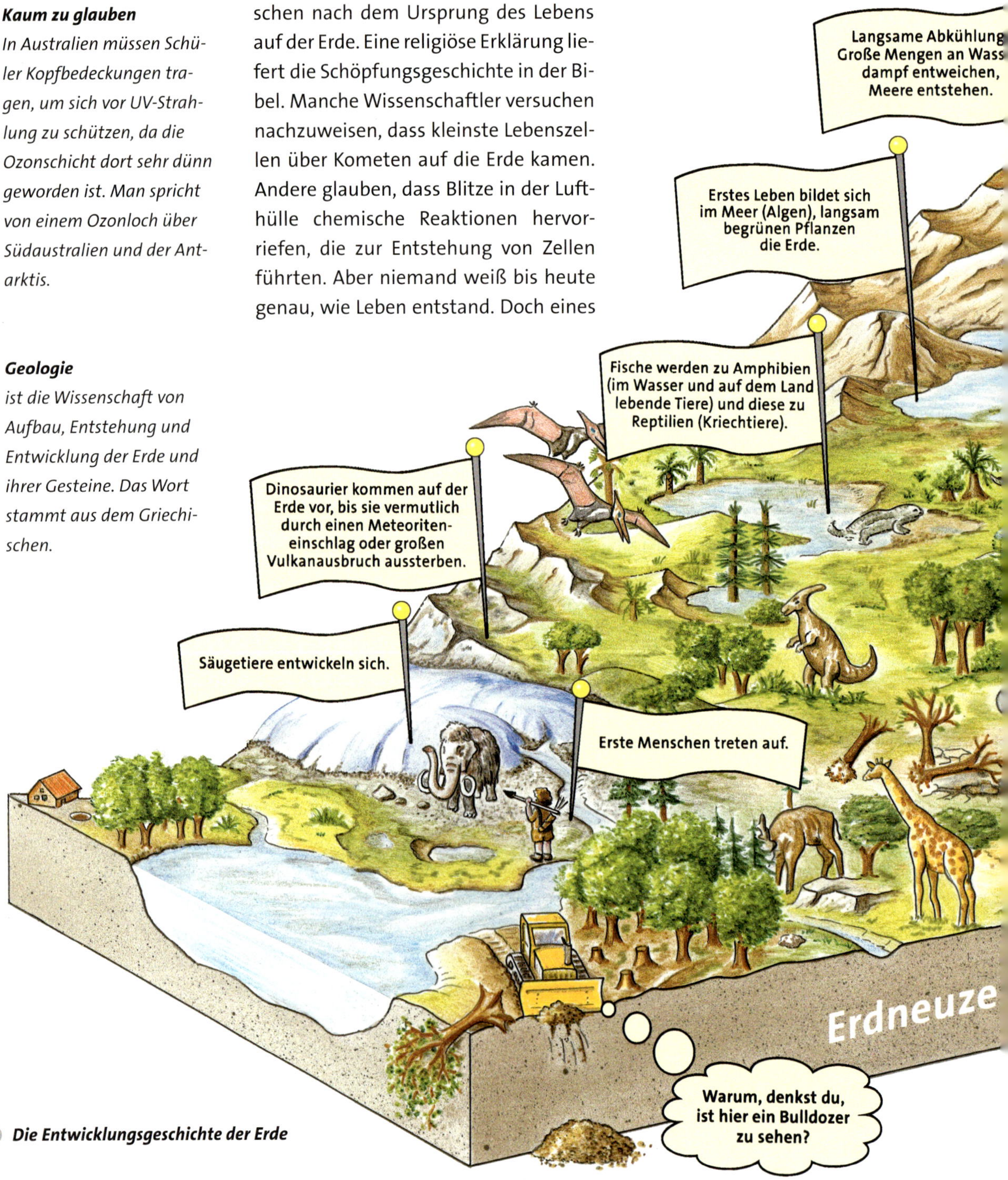

1 Die Entwicklungsgeschichte der Erde

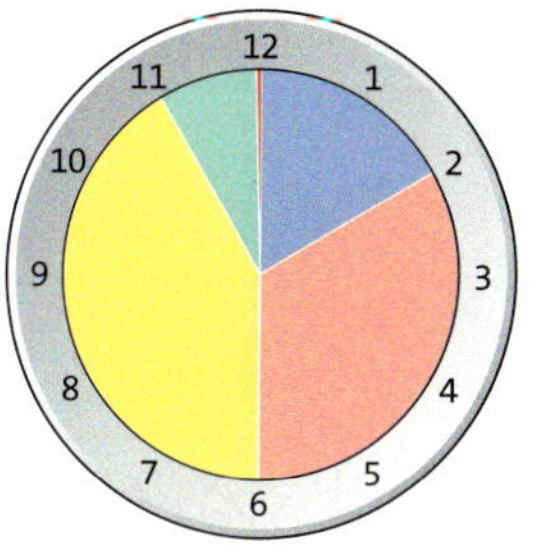

❷ *Die geologische Uhr*

Wir stellen uns vor, dass die Entwicklung der Erde statt etwa 4,5 Milliarden Jahre nur 12 Stunden gedauert hat. Dann würde jede Stunde 375 Mio. Jahre, jede Minute etwa 6 Mio. Jahre bedeuten.

Beginnen wir nun unsere Zeitreise durch die Erdgeschichte:

12.00 Uhr

Die Erde kühlt ab, sodass sich eine feste Kruste formt.

14.00 Uhr

Das Urmeer bildet sich.

18.00 Uhr

Erste einfache Lebewesen entstehen.

23.00 Uhr

Dinosaurier bevölkern für etwa 50 Minuten die Erde.

23.59 Uhr

Der Mensch tritt auf.

24.00 Uhr

Gegenwart.

- Der Abstand zur **Sonne** ist so groß, dass es weder zu heiß noch zu kalt auf der Erde ist.
- In der **Lufthülle** (**Atmosphäre**) ist genügend Sauerstoff für Lebewesen vorhanden.
- Eine **Ozonschicht** in der Lufthülle schützt Lebewesen vor der gefährlichen UV-Strahlung.
- **Wasser** in großer Menge gibt es auf keinem anderen Planeten unseres Sonnensystems; es ist eine wichtige Lebensgrundlage.

1 *Sammle weitere Informationen zum Thema „Ozonschicht“.*

TERRATraining

Planet Erde

Wichtige Begriffe
Atmosphäre
Erde
Erdkern
Erdkruste
Erdmantel
Erdrevolution
Erdrotation
Erdzeitalter
Fixstern
Jahr
Kontinentaldrift
Lufthülle
Milchstraße
Monat
Mond
Nacht
Ozonschicht
Planet
Schalenbau
Sonne
Tag
Urknall
Urkontinent
Wasser

1 Planeten-Sortiment

Die folgende Grafik zeigt die Größenverhältnisse unserer Planeten (1-9). Leider fehlen die Namen. Notiere sie ins Heft. Denke an die Eselsbrücke.

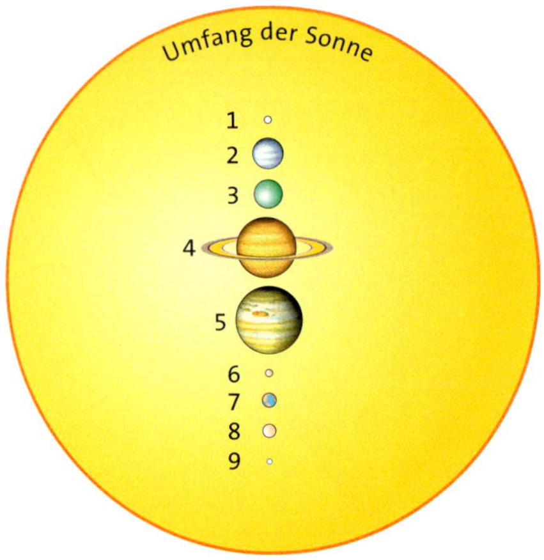

2 Planetensystem durchschaut

Finde die richtigen Begriffe heraus.

a) Die Drehung der Erde um die eigene Achse heißt ...

b) Der Unterschied zwischen Planeten und Monden in unserem Sonnensystem besteht darin, dass ein Mond einen ... umkreist und ein Planet die ... umkreist.

c) Der Sonne am nächsten ist der Planet ..., am weitesten weg von ihr dagegen ist ...

d) Früher glaubte man, dass die ... der Mittelpunkt des Universums sei, heute weiß man, dass die ... der Mittelpunkt unseres Planetensystems ist.

3 Finde die beste Erklärung für den Begriff „Erdrotation" heraus.

a) Die Erde dreht sich um sich selbst und zwar von Westen nach Osten.

b) Die Erde dreht sich um ihre eigene Achse und zwar gegen den Uhrzeigersinn.

c) Die Erde dreht sich um eine gedachte Achse zwischen den Polen von Westen nach Osten.

4 Bilderrätsel

a) Welche vier Begriffe sind im Bilderrätsel versteckt?

a

b

c

d

5 Münchhausen im Weltall

Der Lügenbaron Münchhausen erzählt seinen staunenden Zuhörern folgende Geschichte: „Auf meiner Kanonenkugel sitzend brauste ich los, um mir einige Planeten mal näher anzusehen. Je höher es hinauf ging, desto wärmer wurde es. Zunächst flog ich zum erdnächsten Planeten Pluto. Da sah es nicht anders aus als auf der Erde, also blieb ich dort keine Stunde. Schon nach 15 Minuten landete ich dann auf dem Mars. Von den Marsmenschen sah ich keinen einzigen, aber über 350 Meter hohe Riesenpalmen gab es an einem Meeresstrand. Weiter ging es zum Merkur. Dort war es auch am Tag eiskalt, weil dieser Planet am weitesten von der Sonne entfernt ist. Da flog ich schnell Richtung Erde zurück. Den Jupiter hätte ich unterwegs beinahe übersehen, weil er viel kleiner ist als unser Mond. Glücklich landete ich auf der Insel Hawaii im Indischen Ozean."

Überlege zusammen mit deiner Banknachbarin bzw. deinem Banknachbarn, was an der Geschichte nicht stimmt. Schreibe eine richtige Version der Geschichte in dein Heft.
Oder: Schreibe eine Lügengeschichte zum Planeten Erde. Lies sie in der Klasse vor. Fordere deine Mitschülerinnen und deine Mitschüler auf, das Falsche an der Geschichte zu erkennen und zu benennen.

6 *Erdgeschichte im Durcheinander*
Bringe folgende Stufen A-G der Entwicklung der Erde in die richtige Reihenfolge:

A Fleisch- und pflanzenfressende Dinosaurier beherrschen die Tierwelt.
B Auf dem glutflüssigen Ball ist keine Spur von Leben zu finden.
C Immer mehr Säugetiere entwickeln sich, die Dinosaurier sind ausgestorben.
D Große Meere entstehen, als sich die Erde abkühlt.
E Die ersten Menschen sind anzutreffen.
F Erstes Leben regt sich auf der Erde, die langsam grün wird.
G Aus Fischen werden Amphibien und diese zu Reptilien.

7 *Richtig oder falsch?*
Begründe deine Entscheidung.

a) Die ersten Menschen jagten auch kleine Dinosaurier.
b) Das Ozonloch über Südaustralien/Antarktis kann man mit einem guten Fernglas sehen.
c) Der Nordpol ist auch mit einem U-Boot erreichbar.
d) Astronauten sind auf anderen Planeten gelandet.
e) Ein Komet ist ein glühender Feuerball, der um die Erde kreist.
f) Alle Kontinente der Erde waren einst eine große Landmasse, die zusammenhing.

8 *Für Forscher*
Warum regt sich der Mensch in der Zeichnung auf?

Teste dich selbst
mit den Aufgaben 2, 3, und 6

Orientierung auf der Erde

Unsere Welt ist voller Ortsbezeichnungen, Wegweiser und fremder Namen. Wer soll sich da noch auskennen ... Auf den folgenden Seiten wirst du lernen, wie man sich auf dem Globus, im Atlas oder mit anderen Hilfsmitteln auf der Erde orientieren kann. Du wirst sehen, es macht Spaß, sich auf der Erde auszukennen.

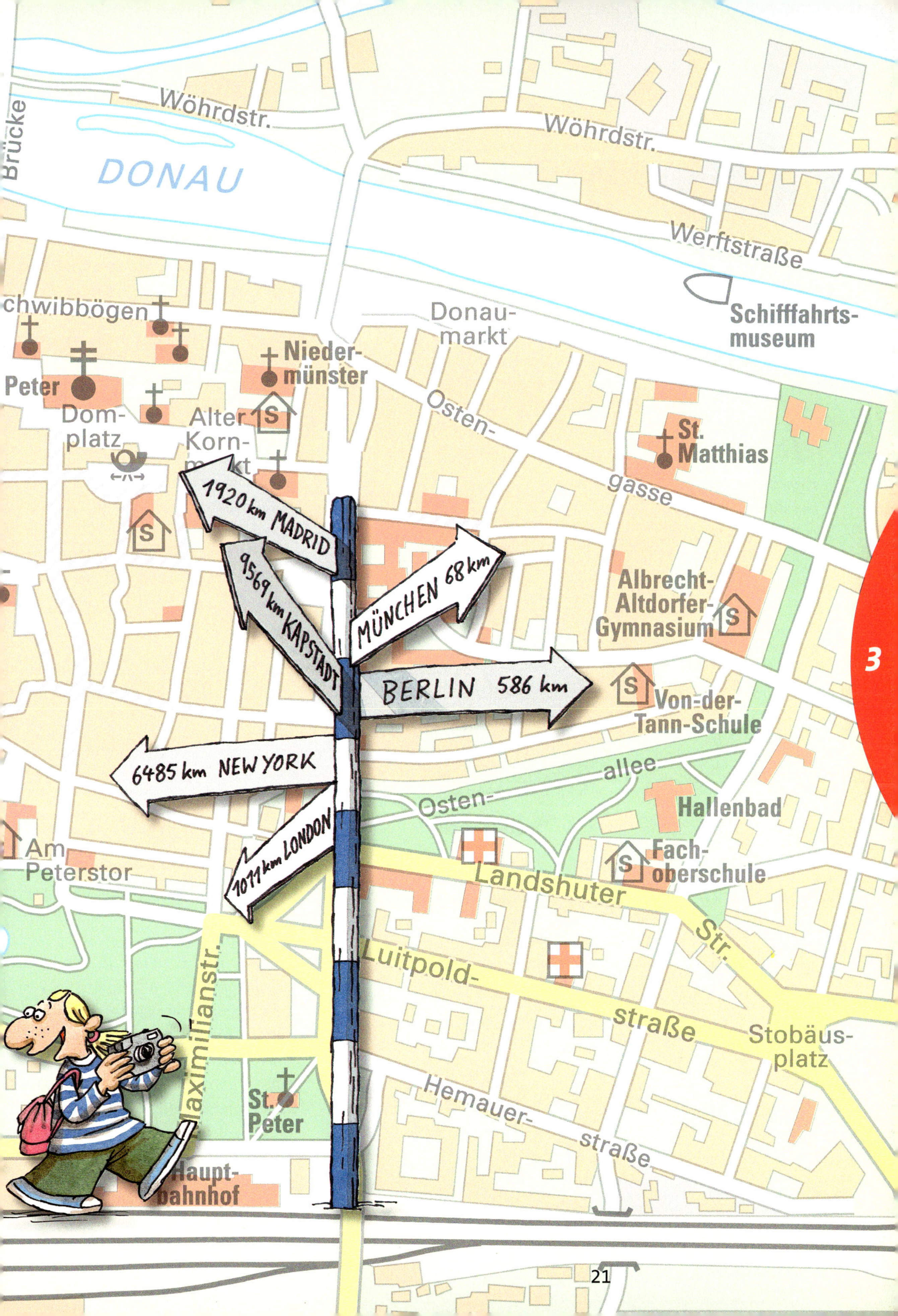
Brücke
Wöhrdstr.
Wöhrdstr.
DONAU
Werftstraße
Schifffahrts-
museum
chwibbögen
Peter
Dom-
platz
Nieder-
münster
Alter
Korn-
markt
Donau-
markt
Osten-
gasse
St.
Matthias
Albrecht-
Altdorfer-
Gymnasium
Von-der-
Tann-Schule
Osten-
allee
Hallenbad
Fach-
oberschule
Am
Peterstor
Landshuter
Str.
Luitpold-
straße
Stobäus-
platz
Maximilianstr.
St.
Peter
Haupt-
bahnhof
Hemauer-
straße
1920 km MADRID
9569 km KAPSTADT
MÜNCHEN 68 km
BERLIN 586 km
6485 km NEW YORK
1011 km LONDON
3

❶ ***Erster Globus, geschaffen von Martin Behaim in Nürnberg (1492)***

Der Globus – ein Modell der Erde

Vom Weltall aus haben Astronauten zum ersten Mal die Erde in ihrer wahren Gestalt gesehen. Aber schon viel früher hatten die Menschen sich ein verkleinertes Abbild (Modell) dieser Erde geschaffen – den **Globus** (lateinisch „Kugel"). Er ermöglicht uns einen Blick auf die Erde mit den richtigen Größenverhältnissen von Meeren und Kontinenten.

Schaut man auf einen Globus, so hat man einen entscheidenden Vorteil gegenüber dem Blick der Astronauten. Auf unseren Globen sind viele Informationen eingetragen, die eine Orientierung erleichtern: Namen von Ländern, Inseln, Meeren, Flüssen usw.

Der Globus wird durch den **Äquator** (lateinisch: „Gleichmacher") in eine Nord- und eine Südhalbkugel geteilt. Die beiden Pole (**Nordpol** und **Südpol**) sind beim Globus durch einen Stab verbunden, der die **Erdachse** darstellt. Da die Erdachse schräg zur Umlaufbahn der Erde um die Sonne steht, wird dies auch beim Globus so beibehalten. Die Erdkugel dreht sich in 24 Stunden einmal um die Erdachse, und zwar von West nach Ost. Deshalb siehst du am Morgen die Sonne im Osten aufgehen.

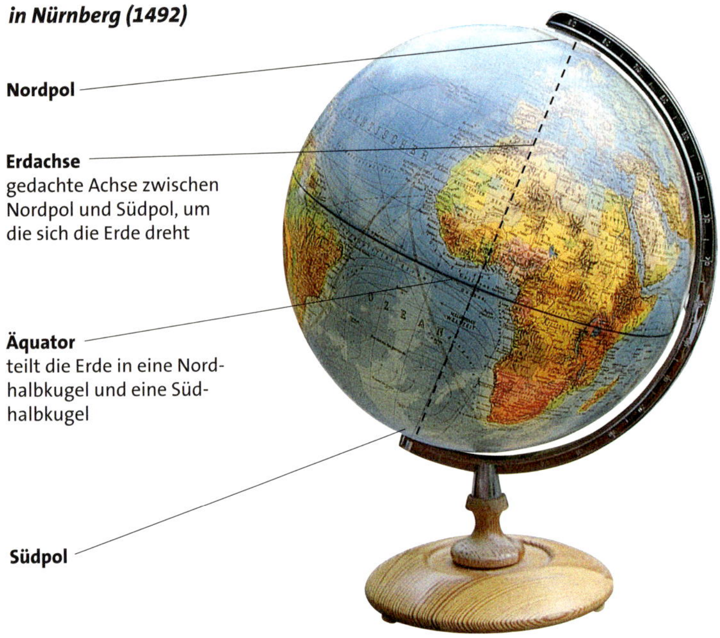

❷ ***Der Globus – ein verkleinertes Modell der Erde***

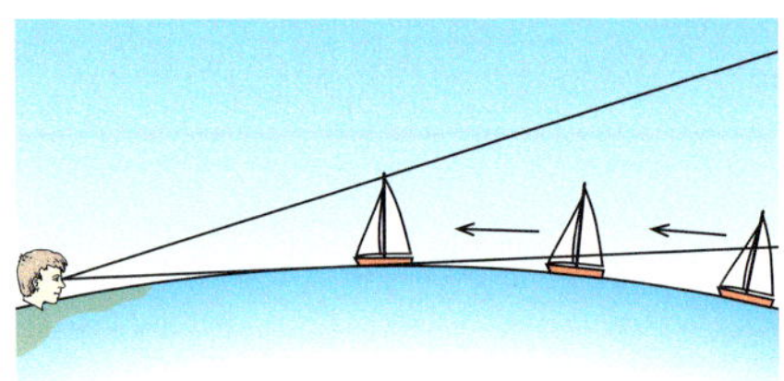

❸

1 *Segelschiffe tauchen am Horizont zuerst mit der Mastspitze auf, wenn sie sich einem Hafen nähern. Erkläre mithilfe der Zeichnung 3.*

2 *Überlege, warum Kinder in New York gerade aufgestanden sind, wenn wir in Deutschland schon zu Mittag essen.*

3 *Welches Land in Südamerika ist nach dem Äquator benannt?*

4 *Warum sind bei uns die Nächte viel kälter als die Tage? Beachte das Experiment 5.*

Experiment: Entstehung von Tag und Nacht

Material: *Globus; Dia-, Tageslicht-Projektor oder Taschenlampe, Plastilin*

Durchführung: *Verdunkelt zuerst das Zimmer. Baut das Experiment gemäß der Skizze auf. Stellt die Lichtquelle auf einen Tisch und beleuchtet damit den Globus. Dreht den Globus zuerst so, wie es der Erdrotation entspricht. Markiert dann mit Plastilin auf dem Globus einen Ort in Deutschland und einen genau südlich davon am Äquator. Dreht den Globus nun so, dass an diesen Orten Morgen, dann Mittag und schließlich Abend ist.*

Auswertung: *Erklärt am stehenden Globus, wo auf der Erde jeweils Tag und Nacht herrscht.*

Vergleicht den Zeitpunkt, an dem in Deutschland und am Äquator jeweils ein Tag beginnt (Sonnenaufgang) und endet (Sonnenuntergang).

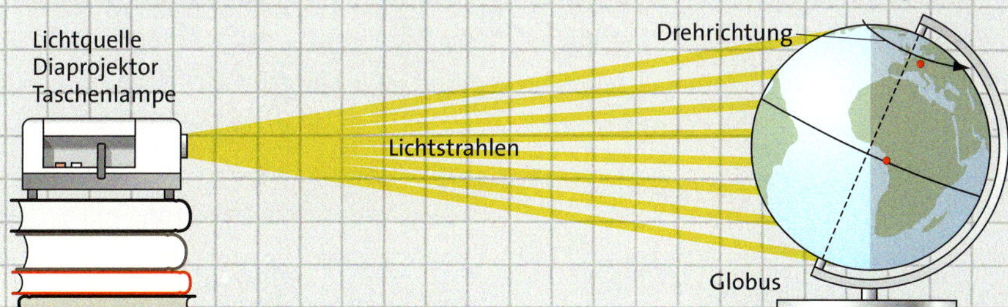

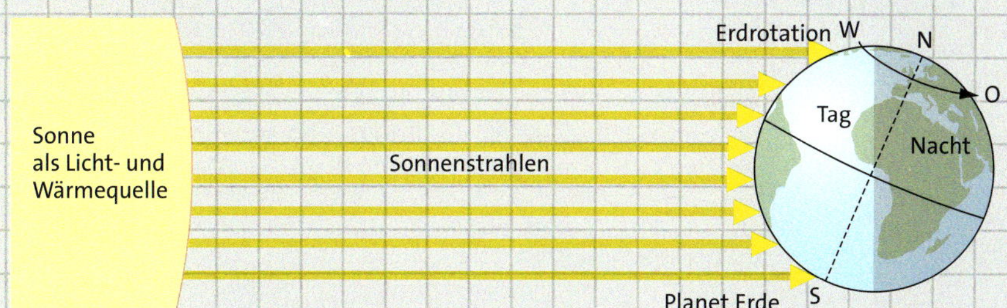

Zur Rechtschreibung

Der Globus

Genitiv: des Globusses

Plural: die Globen, aber auch: die Globusse

In der Nacht vom 14. zum 15. April 1912 stößt um 23.40 Uhr das Passagierschiff Titanic auf dem Atlantik mit einem Eisberg zusammen. In den aufgeschlitzten Schiffsrumpf dringt sofort Wasser ein. Das Schiff mit 2206 Menschen an Bord beginnt zu sinken. Um 0.10 Uhr sendet der Funker das Notsignal SOS und meldet seine Position, um in der Nähe fahrende Schiffe zu Hilfe zu rufen. Um 2.18 Uhr versinkt das Schiff. Kurz nach 4 Uhr erreicht die herbeieilende Carpathia die Unglücksstelle. Nur 705 Menschen werden gerettet. Wie konnte die Carpathia die Unglücksstelle finden?

1 Der Untergang der Titanic

Gradnetz – Kontinente – Ozeane

SOS

*Internationales Seenotzeichen (Funksignal) für „**s**ave **o**ur **s**ouls“ („Rettet unsere Seelen“) oder „save our ship“ („Rettet unser Schiff“)*

Das Gradnetz der Erde

Auf dem Globus kannst du ein Netz von Linien, das **Gradnetz** erkennen. Diese gedachten Linien benutzt man, um eine genaue Lage oder Position auf der Erde angeben zu können.

In west-östlicher Richtung umspannen die **Breitenkreise** die Erde. Der größte von ihnen heißt **Äquator**. Die Breitenkreise werden vom Äquator jeweils zum Nordpol und Südpol von 0 bis 90 durchnummeriert.

In nord-südlicher Richtung, vom Nordpol zum Südpol verlaufen die **Längenhalbkreise** oder **Meridiane**. Vom **Nullmeridian**, der durch Greenwich (London) verläuft, nummeriert man die Meridiane nach Ost bzw. West jeweils von 0 bis 180. Für die Bestimmung der Lage des Punktes A in Grafik 2 kannst du sagen: 60° nördliche Breite und 20° westliche Länge. Oder kürzer: A liegt 60° N und 20° W. Oder noch kürzer gesagt: A: 60° N / 20° W.

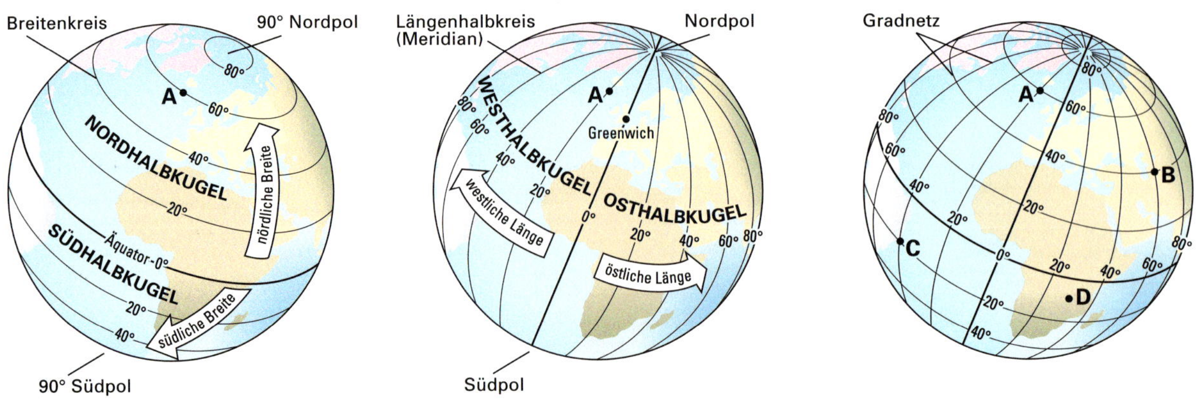

2 Das Gradnetz der Erde

Kontinente und Ozeane

Drehe den Globus einmal langsam gegen den Uhrzeigersinn. Dies entspricht der tatsächlichen Erdrotation von West nach Ost. Dabei überblickst du die großen Landmassen der Erde. Diese werden auch Erdteile oder **Kontinente** genannt. Zusammen nehmen die sieben Kontinente jedoch eine geringere Fläche auf der Erde ein als die drei großen Weltmeere, die **Ozeane**. Stellt sich da nicht die Frage, ob die „Erde“ ihren Namen zu Recht trägt oder nicht besser „Wasser“ hieße?

Namen, Gestalt, Größe und Lage der Kontinente solltest du dir besonders gut einprägen. Schwierig ist es in einigen Fällen, die Kontinente gegeneinander abzugrenzen. Europa und Asien bilden zum Beispiel eine zusammenhängende Landmasse. Diese Landmasse „Eurasien“ wird durch Festlegung einer Trennlinie entlang des Gebirges und Flusses Ural in zwei Kontinente unterteilt.

1 *Nenne die Kontinente und Ozeane, die du auf den Grafiken 3 bis 5 erkennen kannst.*

2 *Addiere jeweils die Flächengrößen aller Kontinente und aller Ozeane in der Tabelle 6. Vergleiche beide Summen.*

3 *Vergleiche die Flächengrößen von Kontinenten und Ozeanen: Schreibe drei Größenvergleiche auf. Zum Beispiel: Der Pazifik ist größer als alle Kontinente zusammen.*

4 *a) Beschreibe den Aufbau des Gradnetzes.*
b) Welche Breitenkreise und Meridiane begrenzen den Kontinent Afrika?
c) Bestimme in Grafik 2 die Lage der Punkte B, C und D im Gradnetz.

5 *Suche auf einer Weltkarte im Atlas einen Breitenkreis, auf dem ein Schiff die Erde umrunden kann.*

3

4

5

Kontinent
vom lateinischen „continens“ = zusammenhängend

Ozean
vom altgriechischen Ωκεανός (‚okeanos‘) = Weltmeer

6 **Die Flächengrößen der Kontinente und Ozeane (in Mio. km²)**

Australien	8
Europa	10
Antarktis	14
Südamerika	18
Nordamerika	24
Afrika	30
Asien	44
Indischer Ozean	75
Atlantischer Ozean	106
Pazifischer Ozean	180

→ *km² (Quadratkilometer), siehe Seite 37*

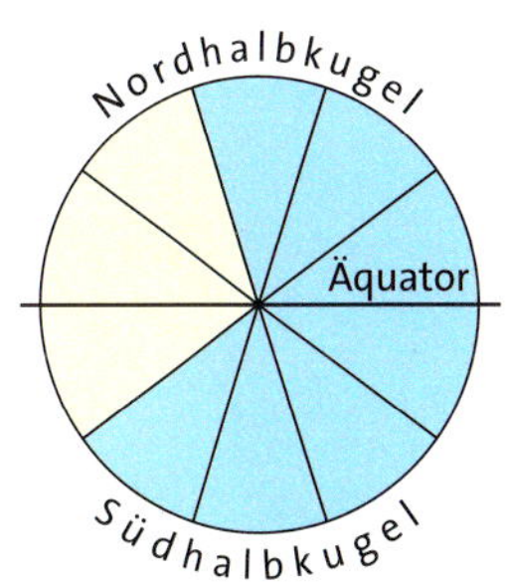

7 ***Vergleich der Wasser- und Landfläche auf der Nord- und Südhalbkugel***

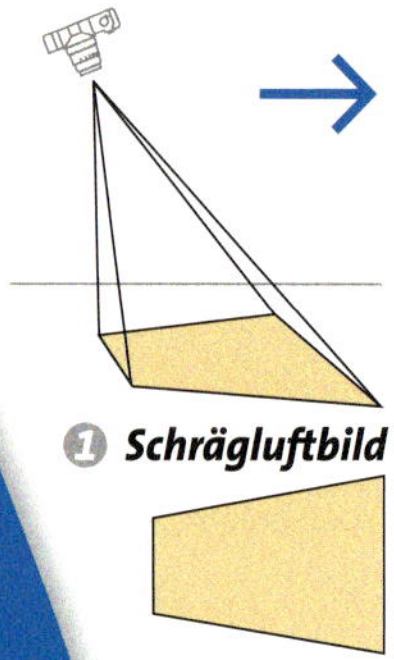

❶ **Schrägluftbild**

Wie weit ist es zur nächsten Stadt? Wie kann ich einen Treffpunkt vereinbaren, den jeder findet? Welcher Weg durch die Stadt ist der kürzeste? Können wir mit dem Auto bis zum Dom fahren? Solche Fragen vermag jeder zu beantworten, der sich mithilfe von Karten orientieren kann: Das heißt, die richtige Karte finden und diese lesen können.

❷ ***Schrägluftbild von Regensburg***

Vom Bild zur Karte

Auf dem Schrägluftbild kannst du die Altstadt von Regensburg, Straßen, den Bahnhof und die Donau deutlich erkennen. Beim Senkrechtluftbild sieht das schon etwas anders aus. Hier schaust du senkrecht auf die Altstadt. Hier siehst du besser den Grundriss.

Auch in **Karten** werden Stadt und Land so abgebildet, wie man sie senkrecht von oben sehen würde. Es ist aber nicht möglich, jede Einzelheit der Landschaft in der Karte darzustellen. Dazu würde der Platz nicht ausreichen. Je mehr man die abgebildete Wirklichkeit in einer Karte verkleinert, umso mehr muss man auswählen, vereinfachen und einebnen. So kann zum Beispiel nicht jede Einzelheit eines Hauses auf der Karte abgebildet werden. Mancher Grundriss ist vereinfacht. Andererseits müssen Wege oder Bäche, die oft sehr schmal sind, sehr viel breiter als in der Wirklichkeit eingezeichnet werden. Dieses „Übertreiben“ ist notwendig, damit man sie in der Karte überhaupt erkennen kann. Die exakte Breite von Straßen, Wegen, Eisenbahnlinien und Häusern lässt sich auf den meisten Karten also nicht abmessen. Zur Darstellung der Wirklichkeit benutzen die Kartenzeichner (Kartografen) Zeichen, Farben, Schrift und Linien. Diese werden in der **Legende** (Zeichenerklärung) erklärt.

1 *Vergleiche das Schrägluftbild und das Senkrechtluftbild von Regensburg: Welche Unterschiede kannst du erkennen?*

2 *Vergleiche die im Luftbild 3 festgehaltene Wirklichkeit mit dem Stadtplan 4:*
a) Welche Vereinfachungen hat der Zeichner für den Stadtplan vorgenommen?
b) Welche Symbole hat er dafür verwendet?
c) Was kann man auf dem Stadtplan 4 besser erkennen als im Luftbild?

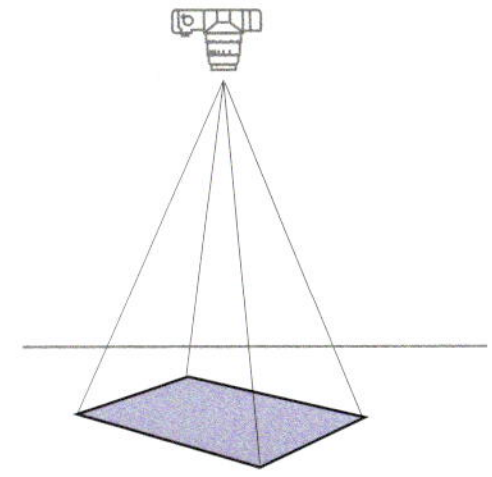

5 *Senkrechtluftbild*

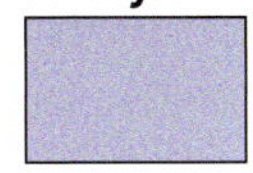

3 *Senkrechtluftbild von Regensburg 1:15 000*

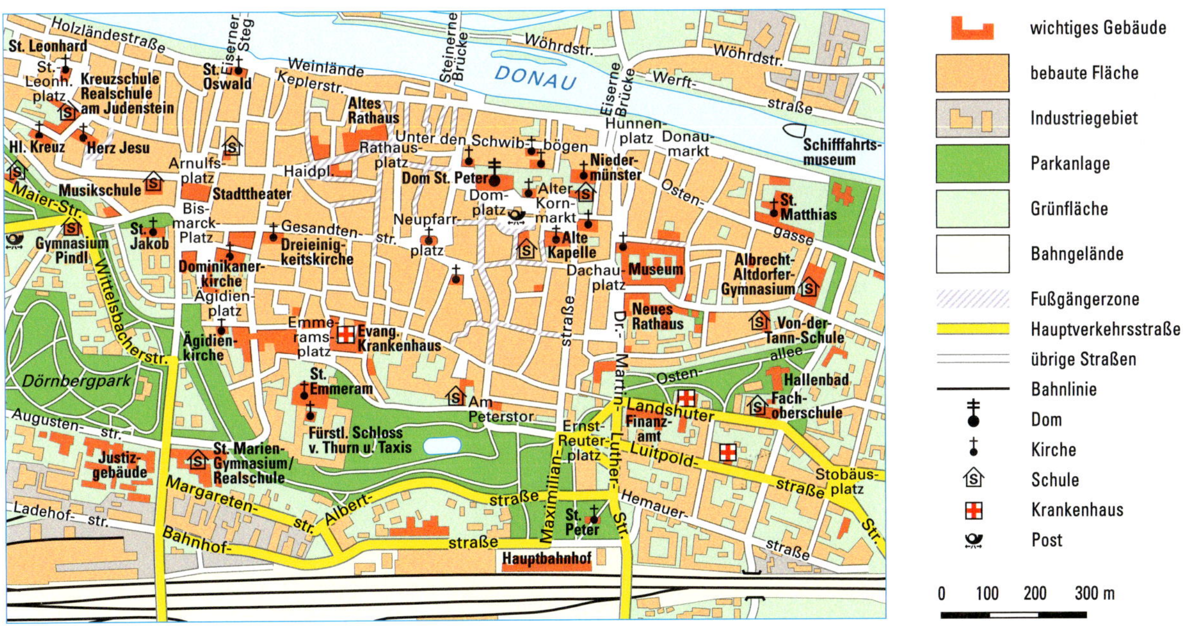

4 *Stadtplan Regensburg 1:15 000*

Jede Karte hat einen Maßstab

Um wie viel Mal die Wirklichkeit in einer Karte verkleinert ist, gibt der **Maßstab**, genauer gesagt die Maßstabszahl an. Dazu ein Beispiel: Dein Erdkundebuch liegt in Originalgröße vor dir, also 1:1. Das TERRA Buch im Foto 9 ist 5 mal verkleinert abgebildet. Hier entspricht 1cm im Foto einer Strecke von 5 cm in der Wirklichkeit. Wir sagen: Die Abbildung des Erdkundebuchs hat den Maßstab 1:5.

Dom
wichtiges Gebäude
geschlossene Bebauung
Parkanlage
Fußgängerzone
Kirche
Schule
Krankenhaus

0 100 200 300 m

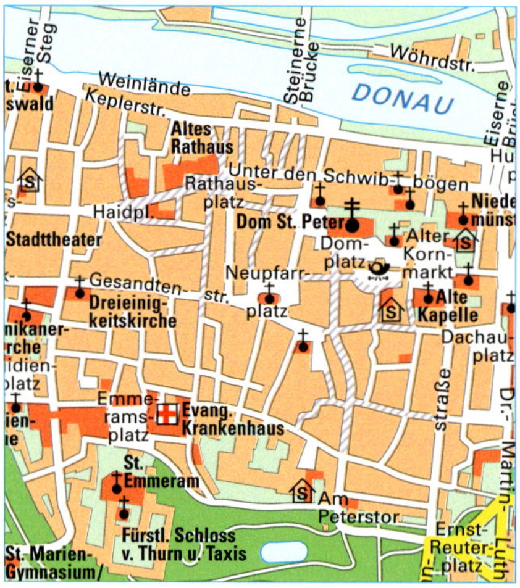

⑥ ***Stadtplan 1:15 000***

Dom
geschlossene Bebauung
Mischwald
Wiese
Kirche
Denkmal
Autobahn
Fernstraße
Eisenbahn

0 500 1000 m

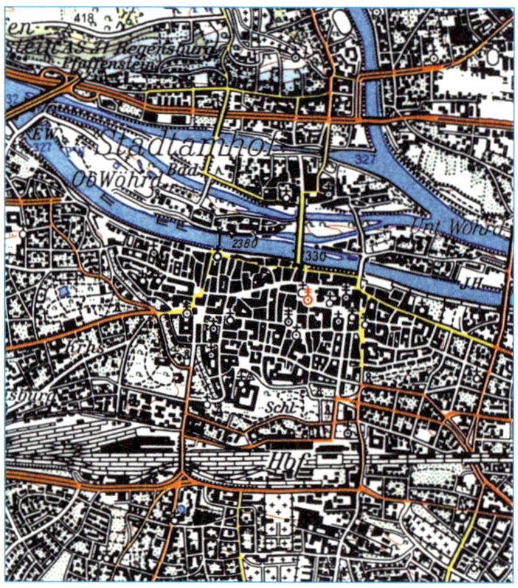

⑦ ***Topografische Karte 1:50 000***

⑨ ***Dein Schulbuch im Maßstab 1:5 und 1:10***

Dom, Kirche
geschlossene Bebauung
Wald, Grünland
Sehenswürdigkeit
Schloss
Autobahn
Fernstraße
Eisenbahn

0 2 4 km

⑧ ***Straßenkarte 1:200 000***

So sind zum Beispiel auf Karten mit dem Maßstab 1:15 000 alle Gegenstände 15 000 mal kleiner als in Wirklichkeit. Das bedeutet, dass 1 cm in der Karte 15 000 cm bzw. 150 m in der Wirklichkeit entspricht. Je stärker die Karten die Wirklichkeit verkleinern, desto mehr muss die Darstellung vereinfacht werden. Dann können zum Beispiel nur noch wichtige Straßen berücksichtigt werden; Orte erscheinen in ihrem Umriss oder als Kreissymbol. Mit der zunehmenden Verkleinerung nimmt die Ausdehnung des dargestellten Gebietes zu.

Verschiedene Karten und Inhalte

Wanderkarten enthalten Orte mit vereinfachtem Grundriss sowie Straßen- und Wegenetz, Freizeiteinrichtungen, Rad- und Wanderwege, Orientierungshilfen wie Türme und einzelne Bäume. **Topografische Karten** enthalten Landschaften, Flüsse, Siedlungen und wichtige Verkehrswege sowie Angaben zur Bodennutzung (Acker-, Grünland, Wald). **Straßenkarten** bilden Orte nur noch als Kreise oder Vierecke ab, Straßen sind mit Entfernungsangaben hervorgehoben. Mit einem **Stadtplan** kannst du dich in Orten besonders gut orientieren: zum Beispiel auf einem Stadtrundgang.

Karten lesen

1. Schritt: *Suche in der Legende der jeweiligen Karte nach dem Zeichen, das du benötigst, um zum Beispiel den Dom zu finden.*

2. Schritt: *Merke dir das entsprechende Zeichen und suche es auf der Karte. Präge dir den Standort ein.*

3. Schritt: *Falls du in der Karte auf neue, noch unbekannte Zeichen triffst, suche diese in der Legende und merke dir die Bedeutung.*

Entfernungen bestimmen

Entfernungen kannst du mithilfe der Maßstabsleiste feststellen oder mit der Maßstabszahl bestimmen.

1. Schritt: *Miss mit einem Lineal die gesuchte direkte Entfernung ab, zum Beispiel 3 cm (Karte 10).*

2. Schritt: *Stelle die Maßstabszahl der Karte fest, z.B. 1 000 000.*

3. Schritt: *Multipliziere die gemessene Entfernung mit der Maßstabszahl, hier 3 cm x 1 000 000 = 3 000 000 cm. Rechne das Ergebnis in eine sinnvolle Einheit um, hier: 3 000 000 cm = 30 000 m = 30 km.*

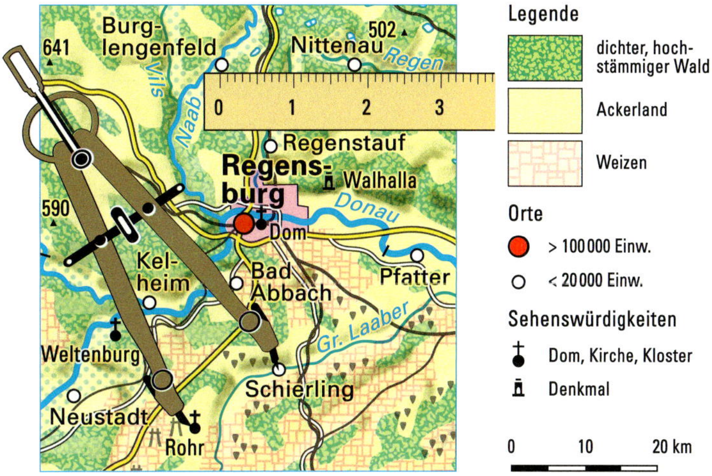

(10) ***Atlaskarte 1:1 000 000***

Mit dem Maßstab arbeiten

1 *Bestimme den Maßstab:*
a) 1 cm auf der Karte entspricht 250 m in der Wirklichkeit. Maßstab?
b) 1 cm entspricht 1 km. Maßstab?
c) 1 cm entspricht 10 km. Maßstab?

2 *Ermittle die Entfernungen:*
a) Karte 8: Entfernung vom Dom in Regensburg zum Keilberg.
b) Karte 10: Entfernung vom Dom in Regensburg zum Denkmal Walhalla.

3 *Vergleiche die Darstellung des Regensburger Doms bei verschiedenen Maßstabszahlen (Material 12). Erkläre die Unterschiede.*

4 *In Straßenkarten (8) kannst du die Wegstrecke auch direkt aus der Karte ablesen: Wie lang ist die Fahrtstrecke von Gallingkofen nach Fußenberg auf der Fernstraße?*

Umrechnungsbeispiele:

· 1000 · 100

3 km = 3000 m = 300 000 cm

: 100 : 1000

4 200 000 cm = 42 000 m = 42 km

(11)

(12) ***Kartenzeichen und Maßstab***

Mit dem Maßstab verändert sich auch die Darstellung einzelner Gebäude, hier des Doms in Regensburg.

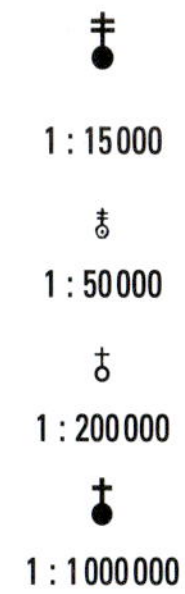

Topografie

vom griechischen τοποσ (tópos) = Ort und γραφειν (graphein) = schreiben

Der Schlossberg mit der Ruine Hohenurach *(Blick von Nord nach Süd)*

Von Höhenlinien und Höhenprofilen

Bei Wanderungen oder Fahrradtouren ist es wichtig zu wissen, wie das Gelände beschaffen ist. Wie groß sind die Höhenunterschiede? Geht es ständig bergauf? Wo geht es bergab? Wie steil ist das Gelände? Oder liegt eine Ebene dazwischen? Höhenlinien auf Karten lesen und Höhenprofile erstellen zu können, ist hier von Vorteil.

Jede Topografische Karte enthält **Höhenlinien**. Diese Linien verbinden alle Punkte einer Landschaft, die auf gleicher Höhe über dem Meeresspiegel (Normalnull) liegen. Für Berggipfel und andere wichtige Punkte stehen in den Karten genaue Höhenangaben.

Höhenlinien lesen

1. Schritt: *Suche die Höhenangaben an den Höhenlinien. Stelle fest, in welcher Richtung das Gelände ansteigt oder abfällt.*

2. Schritt: *Stelle Verlauf und Abstand der Höhenlinien fest: Wo diese eng beieinander sind, ist das Gelände steil; wo diese weiter auseinander liegen, ist das Gelände weniger steil bis flach.*

3. Schritt: *Ermittle für eine bestimmte Strecke den Höhenunterschied.*

Ein Höhenprofil zeichnen

1. Schritt: *Zeichne die Strecke von Ort A nach B in die Karte ein. Es ist die Querschnittslinie.*

2. Schritt: *Übertrage diese Querschnittslinie AB auf Millimeterpapier.*

3. Schritt: *Lege eine Höhenskala an. Achte auf die tiefste und auf die höchste Stelle des Querschnitts. Skaleneinteilung: zum Beispiel 1 cm entspricht 100 m.*

4. Schritt: *Übertrage die Schnittpunkte P1, P2 usw. der Karte an richtiger Stelle auf das Millimeterpapier. P1, P2 usw. sind Schnittpunkte der Höhenlinien mit der Querschnittslinie.*

5. Schritt: *Verbinde auf dem Millimeterpapier die Punkte A, P1, P2 … B. So erhältst du die Profillinie des Geländeschnittes von A nach B.*

1 *a) Ermittle die höchste und die tiefste Stelle in der Karte 2.*
b) Welcher Höhenunterschied ist bei einer Wanderung von A nach B zu überwinden?

2 *Zeichne zum Geländeschnitt CD in der Karte 3 ein Höhenprofil.*

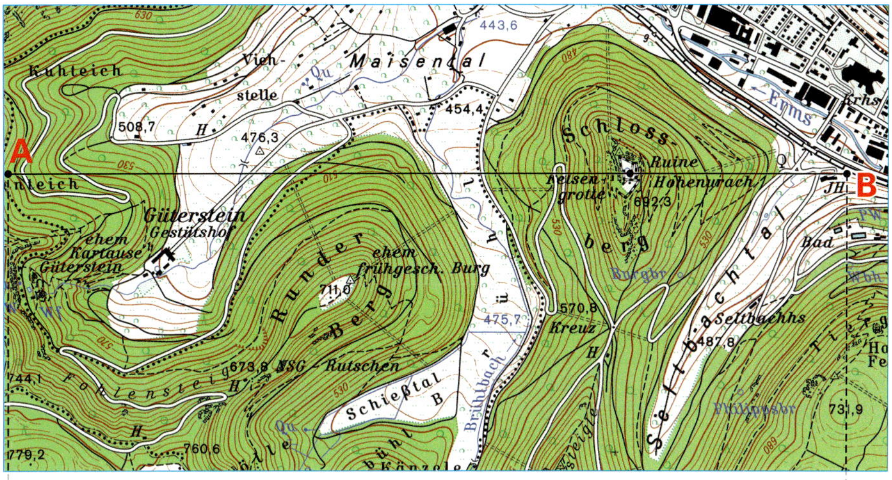

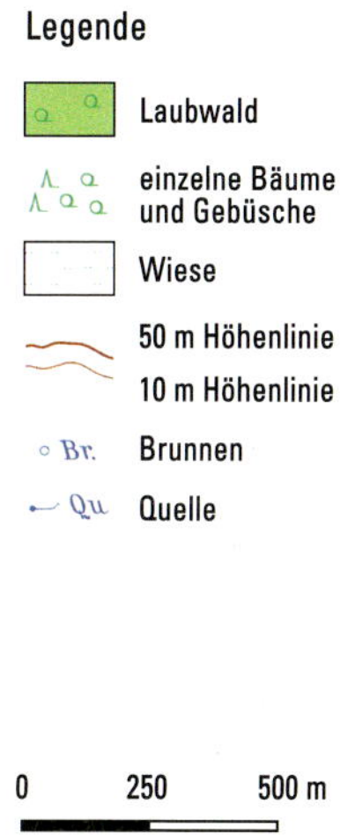

2 ***Ausschnitt aus der Topografischen Karte 1:25 000***

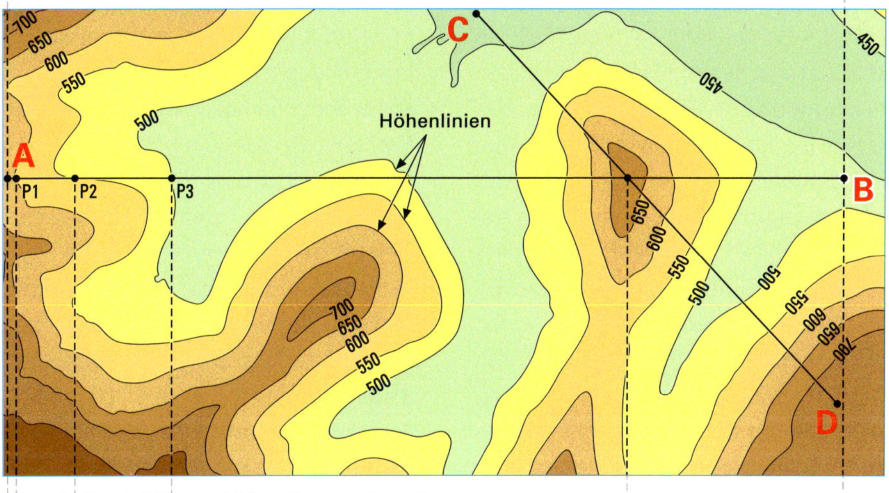

3 ***Ausschnitt als Höhenschichtenkarte 1:25 000***

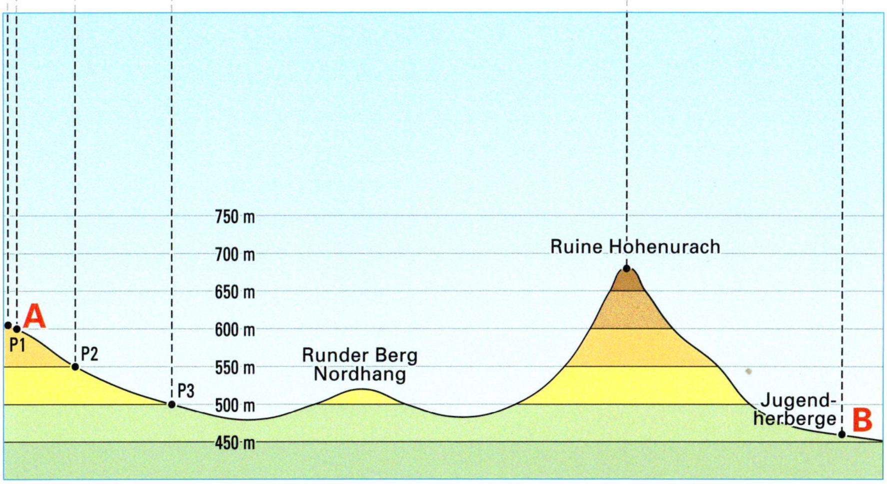

4 ***Profil***

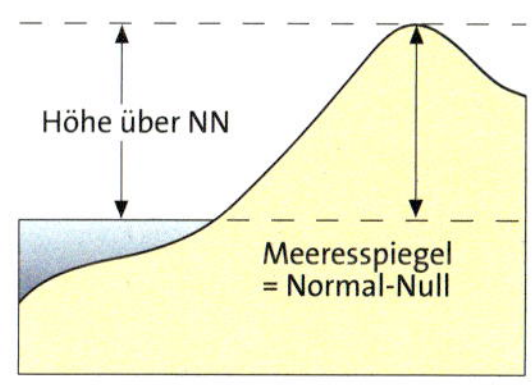

5 ***Was heißt Höhe über NN?***

→ *Normalnull, siehe Seite 92*

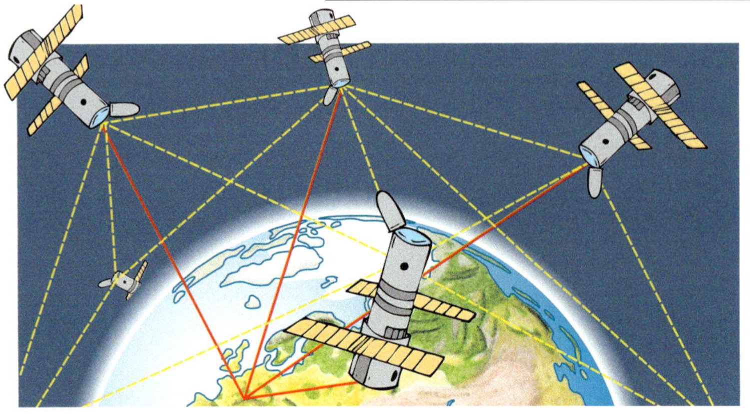

① *Orientieren mit dem GPS-System*

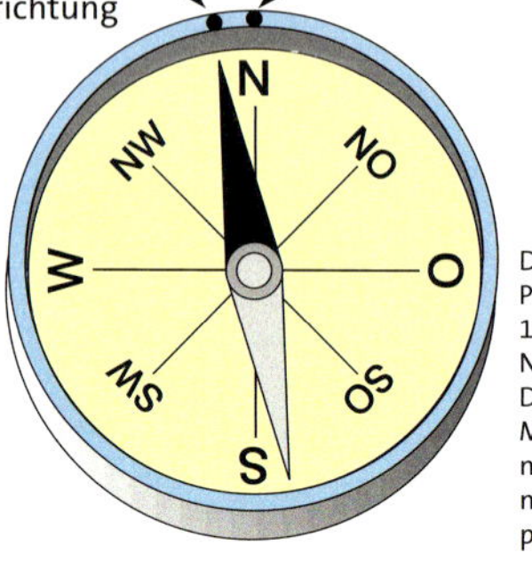

Der magnetische Pol liegt fast 1 000 km vom Nordpol entfernt. Deshalb zeigt die Magnetnadel nicht genau nach dem geographischen Norden.

③ *Orientieren mit dem Kompass*

Orientieren im Gelände

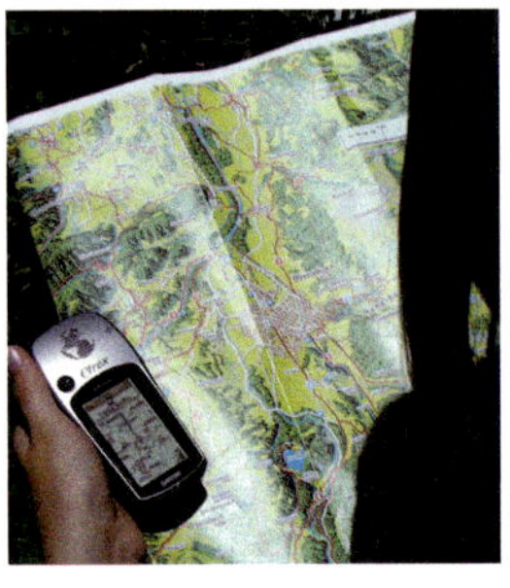

② *GPS-Empfänger*

Orientieren mit GPS

Seit 1993 kreisen 24 Satelliten in 20 200 km Höhe um die Erde und bilden zusammen mit Bodenstationen das erdumspannende Navigationssystem GPS (global positioning system), das in Flugzeugen, Schiffen und Autos genutzt wird. GPS ist so aufgebaut, dass zu jeder Zeit und an jedem Ort der Erde die Signale von mindestens vier Satelliten empfangen werden können. Ein Empfänger, zum Beispiel in einem Auto, kann aus der Laufzeit von mindestens drei Signalen seine momentane Position genau bestimmen.

Orientieren mit dem Kompass

Im alten China hatte man entdeckt, dass ein länglicher „Magnetitstein", auf einem Brettchen befestigt und in einer Wasserschale schwimmend, immer in die gleiche Richtung zeigt. Mit diesem ersten **Kompass** konnten chinesische Seeleute auf See ihren Kurs halten.

So ein Kompass ist ein Instrument, mit dem du die Himmelsrichtungen bestimmen kannst. Deswegen ist er auf deinen Wanderungen nützlich. Er hat eine drehbar gelagerte magnetische Nadel, die sich auf den magnetischen Nordpol ausrichtet. Wenn du die Windrose so lange drehst, bis die Nadel auf den Punkt etwas links vom Buchstaben N zeigt, dann kannst du alle Himmelsrichtungen exakt ablesen.

Orientieren mit Kirchen

Christliche Kirchen baute man meist in Ost-West-Richtung mit dem Altar im Osten, weil dann die Gläubigen zur aufgehenden Sonne blickten, dem Symbol der Hoffnung.

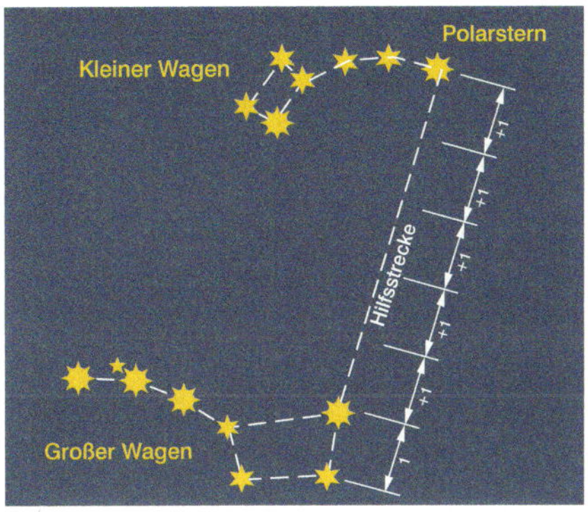

Wo ist Norden?

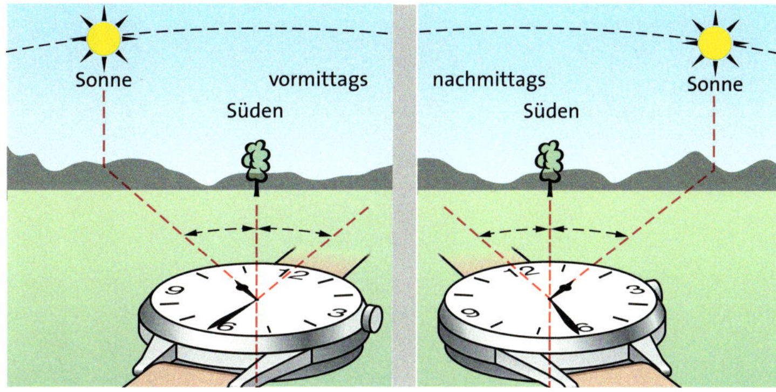

6 **Wo ist Süden?**

Orientieren mit den Sternen

In einer klaren Nacht ist auch eine Orientierung mit den Sternbildern möglich. Suche zuerst das Sternbild des „Großen Wagens" und finde von da aus den Polarstern. Dazu musst du die hintere Achse fünfmal verlängern. Der Polarstern steht immer genau im Norden.

Orientieren mit Sonne und Uhr

– Halte die Uhr waagerecht und drehe sie so, dass der kleine Zeiger zur Sonne zeigt.
– Die Mitte zwischen dem kleinen Zeiger und der Ziffer 12 weist nach Süden.

Von März bis Oktober musst du wegen der Sommerzeit eine Stunde abziehen.

Orientieren mit Bäumen

Weil bei uns häufig Westwinde herrschen, breiten sich die Äste von freistehenden Bäumen stärker in Ostrichtung aus (Windschur).

7 **Windschur**

Wie du einen Kompass baust

Material: *Korken, scharfes Messer, Nähnadel, Dauermagnet, flache Glasschüssel, Klebstoff, Wasser*

1. Schritt: *Schneide zwei dünne Scheiben von dem Korken ab.*

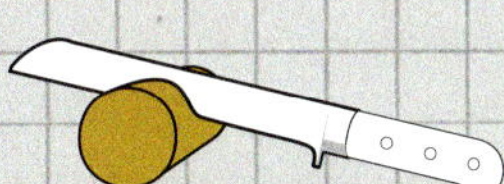

2. Schritt: *Streiche mit dem Magneten mehrmals über die Nadel, und zwar vom Nadelöhr zur Spitze hin. Die Nadel wird dadurch magnetisiert.*

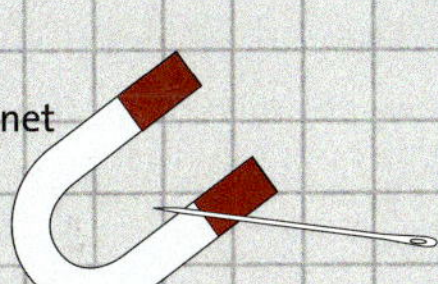

3. Schritt: *Klebe die Nadel zwischen die Korkscheiben.*

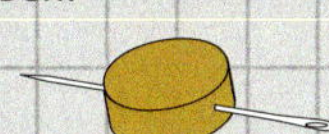

4. Schritt: *Fülle die Schale mit Wasser und setze den Korken mit der Nadel vorsichtig auf das Wasser. Die Kompassnadel richtet sich langsam aus und zeigt die magnetische Nordrichtung.*

5. Schritt: *Wenn du nun einen Pappring mit den Himmelsrichtungen auf den Schüsselrand klebst, hast du einen kompletten Kompass.*

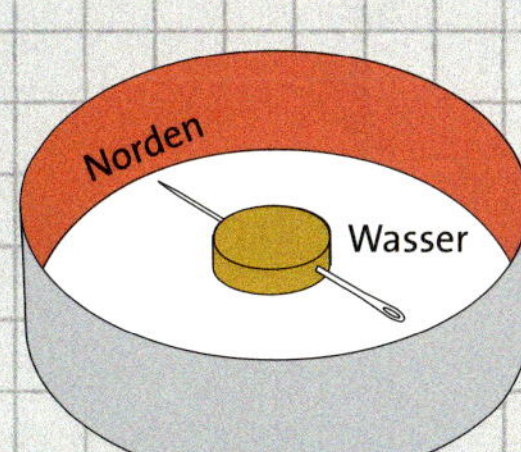

3 ***Aborigines im Inneren Australiens***

Wie sich andere orientieren

1

2

Unsichtbare „Traumpfade“

Die Ureinwohner im Inneren Australiens, die Aborigines, leben in einer von Natur aus lebensfeindlichen Umgebung. Um sich zurechtzufinden, haben sie Landkarten fest im Kopf verankert: Alle Berge, Flüsse, Quellen und Bäume sind mit Erzählungen und Ereignissen aus der Vorzeit verknüpft, als die Ahnen das Land durchwanderten und dieses mit ihren Liedern „ins Leben sangen“. Jeder Aborigine besitzt solche Gedächtnislandkarten in Form von Liedern. Mit ihnen kann er die unsichtbaren „Traumpfade“ der Vorfahren anderen Ureinwohnern mitteilen, auch solchen, die seine Sprache nicht verstehen, sondern nur die Melodie erkennen. Der Inhalt der Lieder lässt sich auch auf Zeichnungen darstellen, die zur Orientierung dienen. Sie erzählen zum Teil ganze Geschichten von heute und früher. Wie gut sich Aborigines-Kinder in der Wildnis zurechtfinden, zeigt sich, wenn sie mit ihren weißen Mitschülerinnen und Mitschülern im Busch unterwegs sind. Dann sind diese auf die Kenntnisse der Aborigines angewiesen. Denn nur sie wissen, wo sie sich gerade befinden, wo es Wasser gibt, was man essen oder wie man Spuren lesen kann.

4 ***Malerei der Aborigines „Women dreaming“***

1 Denke dir zum Bild eine Geschichte aus. Wie unterscheiden sich deine „Karten im Kopf“ von denen der Aborigines?

5 ***„Navigator“ mit Auslegerboot (Tobriand-Inseln, Papua-Neuguinea)***

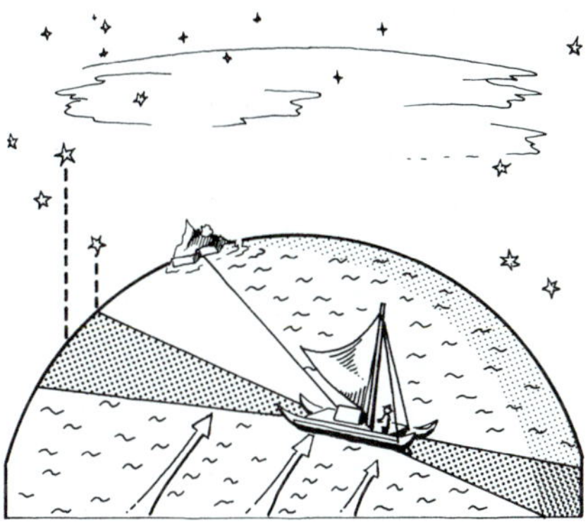

6

Auf dem „Sternenpfad“ unterwegs

Nichts bietet dem Auge einen Halt am Horizont. Rundum nur das Wasser des Stillen Ozeans: Hier ohne moderne Geräte den richtigen Weg finden – kaum vorstellbar. Doch bei den Polynesiern in der Südsee gibt es immer noch Seefahrer, die ohne Kompass und Karte mit ihren kleinen Auslegerbooten von Insel zu Insel fahren. Sie legen dabei häufig hunderte von Kilometern über das offene Meer zurück, um Gastgeschenke und Handelsgüter mit ihren Nachbarn auszutauschen.

Ihre Vorfahren waren die tüchtigsten Seefahrer aller Zeiten. Schon vor über 2000 Jahren haben sie die Inseln im „Polynesischen Dreieck“ besiedelt. Bei ihren langen Seereisen waren sie auf die Beobachtung der Natur angewiesen. Sie orientierten sich tagsüber nach der Sonne und fuhren nachts auf dem „Sternenpfad“. Sie wussten genau, wann und an welcher Stelle bestimmte Sterne am Horizont auf- und untergingen. Außerdem richteten sie sich nach Richtung und Stärke der Meeresströmungen, nach dem Wellengang, nach der Farbe der Wolken und des Wassers sowie nach den vorherrschenden Winden. Sie beobachteten die Seevögel und wussten, welche jeweils ufernah, zwischen den Inseln oder auf dem offenen Meer unterwegs waren. Wer all dies beherrschte, war ein angesehener Navigator. Seine Ausbildung dauerte bis zu 30 Jahren. Sein Wissen war geheim und wurde nur an die eigenen Nachkommen vererbt. Auf unberechtigte Weitergabe stand die Todesstrafe.

2 *Es heißt: Wissen bedeutet Macht. Überlege, was das für die Navigations-Kunst der Polynesier bedeutet.*

7 ***Das „Polynesische Dreieck“***

1 ***Atlas von Farnese***: *Marmorstatue aus dem 1.Jh. v. Chr. (Nationalmuseum Neapel)*

Die Welt im Atlas

Schon gewusst?
Für Atlas erlaubt der Duden zwei Pluralbildungen: Atlasse und Atlanten sowie zwei Genitive: des Atlasses und des Atlas.

In der griechischen Sage wird vom Kampf zwischen den Göttern um die Vorherrschaft berichtet. Atlas, aus dem Geschlecht der Titanen, musste als Strafe für seine Teilnahme am Kampf gegen den Göttervater Zeus fortan das Himmelsgewölbe tragen.
Die Menschen im alten Griechenland stellten sich vor, dass das Himmelsgewölbe im Westen des Mittelmeeres auf der Erde bzw. auf dem Meer aufliege. Dort, so glaubte man, stütze Atlas mit seinen breiten Schultern den Himmel ab. An diese Sage hat sich der berühmte Kartograf Gerhard Mercator aus Duisburg erinnert, als er im Jahre 1595 erstmals den Namen **Atlas** für eine Sammlung von Karten verwendet hat. Seither haben die Kartografen viele verschiedenartige Atlanten hergestellt.

Karten im Atlas
Der Erdkundeatlas ist eine unentbehrliche Hilfe im Erdkundeunterricht. Wenn du in deinem Atlas blätterst, findest du ganz unterschiedliche Karten. Jede Karte stellt ein Thema für ein bestimmtes Gebiet dar. Die Seite 37 zeigt drei Kartenausschnitte von Europa mit drei verschiedenen Themen. Beim Lesen dieser Karten erhältst du Informationen über die Vegetation bzw. die landwirtschaftliche Nutzung (3), die Höhenlage von Landschaften und Orten (4) sowie über die Bevölkerungsdichte (5). Das Thema jeder Karte wird im Titel bzw. in der Überschrift formuliert, zum Beispiel: „Europa: Landschaften". Mit dem Kartenthema erkennst du das Gebiet, das abgebildet ist, und die Kartenart.
Zu jeder Karte gehört eine **Legende**. Sie erklärt, welche Bedeutung Farben und Zeichen in der Karte haben. Die Legende ist also der Schlüssel zum Lesen und Verstehen einer Karte.

1 *Neben dem Atlas für den Erdkundeunterricht gibt es viele andere Atlanten. Nenne einige Beispiele.*

2 *Die Karte 3 wird als Landschaftskarte bezeichnet, weil sie in grober Form das Bild der Landschaft zeigt. Nenne die in der Karte vorkommenden Arten*

a) der natürlichen Vegetation (Pflanzenwelt) und

b) der landwirtschaftlichen Nutzung.

3 *Suche in Karte 4 den höchsten Berg Norwegens (Galdhøpiggen) und die Hauptstadt Schwedens (Stockholm). Stelle für beide die Höhen über Normalnull fest.*

4 *Vergleiche in der Karte 5 die Bevölkerungsdichte an der Küste und im Gebirge. Wo ist sie höher?*

5 *Schreibe auf, welche Bedeutung Grün in den Karten 3 bis 5 jeweils hat. Lege dazu eine Tabelle an:*

Kartenart	**Bedeutung von Grün**
Landschaften	
Höhenschichten	
Bevölkerung	

6 *Suche im Atlas Deutschlandkarten mit den zwei Themen Landwirtschaft und Naturräume. Welche Bedeutung hat in diesen Karten die Farbe Grün?*

3 ***Europa: Landschaften***

4 ***Europa: Höhenschichten***

5 ***Europa: Bevölkerung***

2 ***Was ist ein km² (ein Quadratkilometer)?***

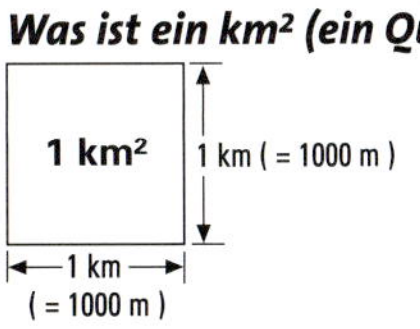

Einw./km² = Einwohner pro km²

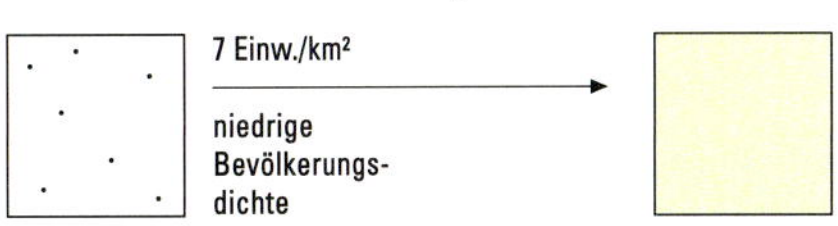

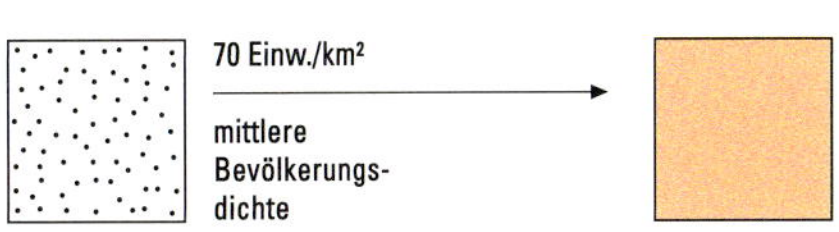

❶ ***Eisbär auf einem Müllplatz in Churchill***

Chubut 132 B4
Chugokugebirge 92 C3/4
Chur 56 C2
Churchill; Fluss zur
Hudson Bay 118/119 J4
Churchill; Fluss zur
Labradorsee 118/119 M4
Churchill; Stadt in
Kanada 118/119 J4
Cienfuegos 120/121 E4
Cima dell'Argentera 56 B3

❸ ***Ausschnitt aus dem Register eines Atlas***

Wer mit dem Atlas richtig umgehen kann, der wird schnell und sicher einen bestimmten Ort oder eine bestimmte Karte finden.
Im Atlas gibt es dazu drei wichtige Hilfen:
1. das Register (Verzeichnis geographischer Namen),
2. das Inhaltsverzeichnis (Kartenverzeichnis),
3. die Kartenübersichten.

Wie du mit dem Atlas arbeitest

❷ **Die „Stadtstreicher" von Churchill**

Immer wenn es Winter wird, im Oktober, schweben die Menschen von Churchill Town in Lebensgefahr. Raubtiere im weißen Pelz streifen durch ihre Straßen. Auf der Suche nach leicht zu findender Nahrung schlagen sich die „Stadtstreicher" auf den Müllplätzen der Stadt den Wanst voll. Ganz gefährlich wird es für die Bewohner, wenn die „weißen Ungetüme" die Mülltonnen an den Häusern plündern oder gar in ihre Häuser einbrechen.
Nach etwa zwei Monaten ist der Spuk vorbei. Mit rußgeschwärztem Fell verlassen die „Stadtstreicher" Churchill sowie die Gegend um Churchill und ziehen sich auf die im Winter zugefrorene Hudson Bay zurück: In Churchill geht die gefürchtete „Eisbär-Saison" zu Ende.

Eine interessante Nachricht aus einer Zeitschrift. Aber weißt du, wo Churchill liegt?

Geographische Namen auffinden

Jeder Atlas enthält, alphabetisch angeordnet, ein Verzeichnis geographischer Namen wie Orte, Flüsse, Seen und Meere. Du nutzt dieses ***Register*** *(Ausschnitt 3) in folgender Weise:*

1. Schritt: *Suche zuerst den Namen im Register. Hinter dem Namen stehen drei Angaben. Die erste Zahl gibt die Kartenseite im Atlas an, die du aufschlagen musst, z.B. Churchill Seite 118/119. Die folgenden Zahlen geben ein Gradnetzfeld an, in dem das Objekt zu finden ist.*

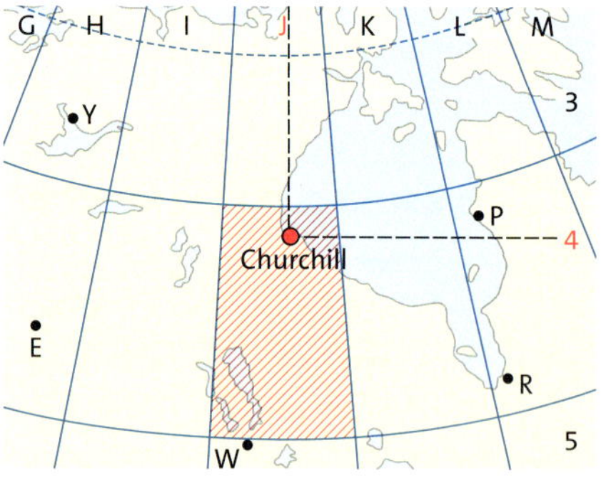

❹

2. Schritt: *Suche dann das angegebene Gradnetzfeld auf, z.B. für Churchill J4.*

3. Schritt: *Entnimm aus der Legende die Angaben über das Objekt, z.B. Churchill: Stadt in Kanada, am gleichnamigen Fluss, hat unter 100 000 Einwohner.*

5 **Singapur**

6 **Bei Quito**

7 **Nahe Ayers Rock**

8 ***Meerechse und Krabben auf den Galapagosinseln***

Bestimmte Karten auffinden

Der Atlas enthält wie dein Schulbuch ein Inhaltsverzeichnis. Damit kannst du schnell eine ganz bestimmte Karte auffinden, zum Beispiel eine Staatenkarte zu Europa. Für jede Karte werden das dargestellte Gebiet der Erde, das Thema und die Atlasseite angegeben.

1. Schritt: *Schlage das Inhaltsverzeichnis auf und suche den Kartenblock „Europa" und die Staatenkarte.*

2. Schritt: *Schlage die angegebene Seite auf und prüfe, ob die Karte auch die gesuchten Informationen enthält.*

1 *Lustige Namen und „Zungenbrecher": Suche die Namen im Register, schlage die angegebenen Seiten auf und notiere:*

Name	ist was	liegt wo
Fudschijama	Berg	Japan/Asien
Honolulu		
Mississippi		
Ouagadougou		
Popocatépetl		
Canberra		
Vatnajökull		
Wladiwostok		

2 *Fotos 5 bis 8: Weißt du, wo die Orte oder Gebiete liegen? Lege eine Tabelle an:*

Ort bzw. Gebiet	Atlasseite	Gradnetzfeld	Lagebeschreibung

3 *Suche in deinem Atlas:*
a) mithilfe des Inhaltsverzeichnisses die Karte „Afrika: Höhenschichten".
b) mithilfe der Kartenübersicht die Karte „Nordamerika: Wirtschaft".

Ausprachehinweise und Wortbedeutungen

- *Honolulu [honelulu] polyn.: = „Geschützter Hafen"*
- *Mississippi [mißißipi] indian.: Misi Sipi = „Großes Wasser"*
- *Popocatépetl [popokateepetel] aztek.: = „Rauchender Berg"*
- *Canberra [känbera], austral.: = „Treffpunkt"*
- *Vatnajökull [watnajöökűdl] isländ.: = „Wassergletscher"*
- *Wladiwostok [wladiwaßtok]: russ.: = „Beherrsche den Osten"*

Orientierung auf der Erde

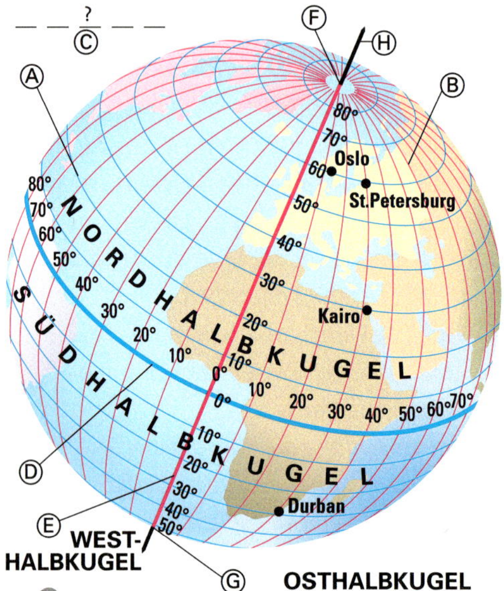

❶

1 Das Gradnetz im Griff

a) Finde die richtigen Begriffe.

A Von Westen nach Osten verlaufende Netzlinien heißen ...

B Von Norden nach Süden verlaufende Netzlinien heißen ... oder ...

C Beide Linienarten zusammen ergeben das ...

D Der längste Breitenkreis heißt ...

E Der durch Greenwich bei London verlaufende Längenhalbkreis heißt ...

F Der nördlichste Punkt der Erde heißt ...

G und der ihm gegenüberliegende Punkt ...

b) Gib die Lage im Gradnetz für die Städte Oslo, St. Petersburg, Kairo und Durban an.

Wichtige Begriffe
- Äquator
- Atlas
- Breitenkreis
- Erdachse
- Globus
- Gradnetz
- Höhenlinie
- Karte
- Kompass
- Kontinent
- Längenhalbkreis
- Legende
- Maßstab
- Meridian
- Nordpol
- Nullmeridian
- Ozean
- Register
- Stadtplan
- Straßenkarte
- Südpol
- Topografische Karte
- Wanderkarte

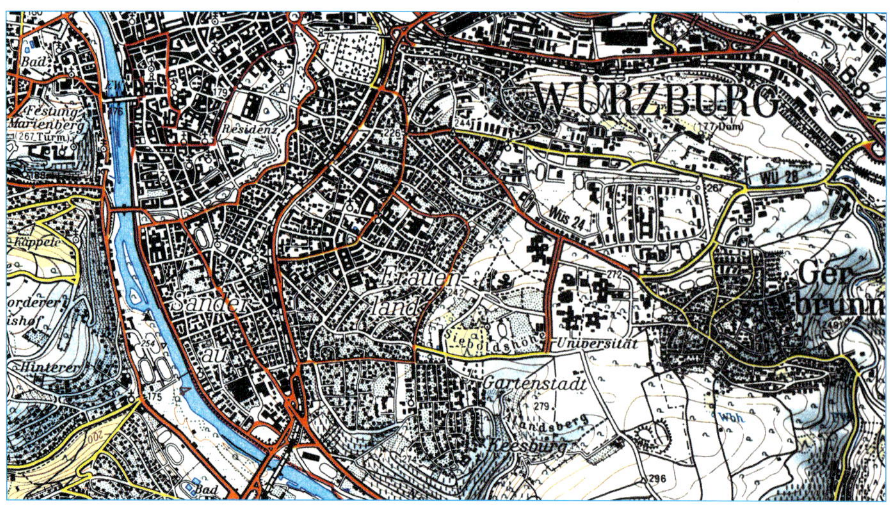

❷ **Ausschnitt aus der Topografischen Karte 1:50000**

0 500 1000 1500 2000 m

2 Kartenmaßstab

Bestimme mithilfe des Kartenmaßstabes (Karte 2) die Entfernung von der Würzburger Universität zur Residenz.

3 Zum Knobeln

Du stehst mit dem Kompass direkt am magnetischen Nordpol. Was zeigt er an?

4 Kartenzeichen

Erkläre mithilfe der Karte 2 einem Ortsfremden die kürzeste Straßenverbindung von der Festung Marienberg zur Residenz.

5 Kannst du planen?

Arbeite mit der Karte 3: Vom Dorf Kirchheim soll zum Nachbardorf Apfelbach eine Straße gebaut werden.

a) Zeichne ein Profil von Dorf zu Dorf.

b) Plane eine sinnvolle Wegtrasse für die Straße. Lege dazu Transparentpapier auf die Karte. Zeichne den Verlauf der geplanten Straße ein.

c) Bestimme die Länge dieser Straße. Vergleiche mit der direkten Entfernung von Dorf zu Dorf.

6 Bilderrätsel:

Erkläre den gesuchten Begriff.

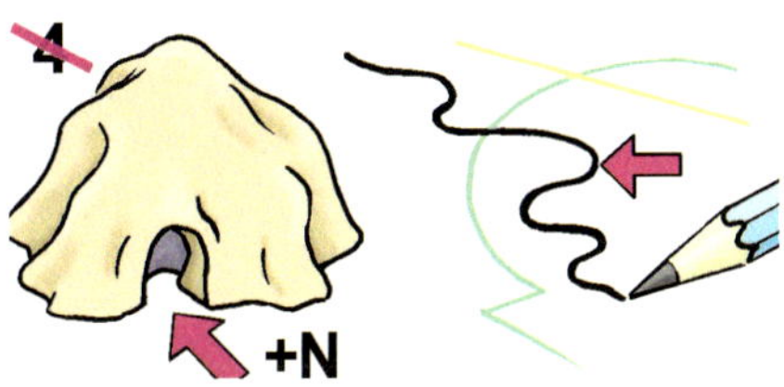

7 Geheimnisvolle Berge

Ordne in Zeichnung 4 die Profile 1 bis 4 den Bergformen A bis D zu.

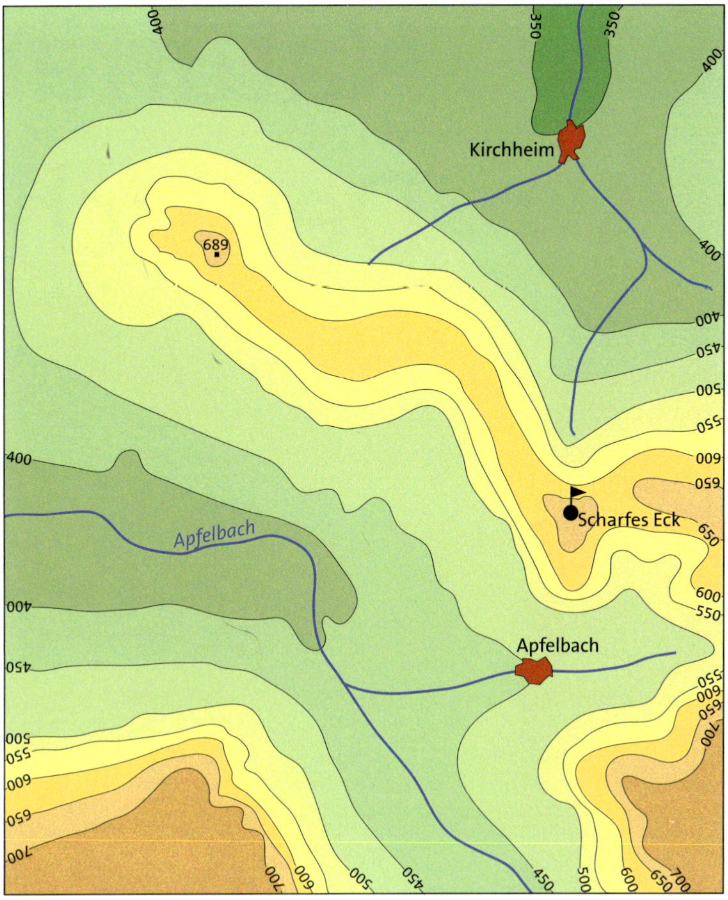

3 0 250 500 750 1000 1500 2000 m

Maßstab 1:50 000

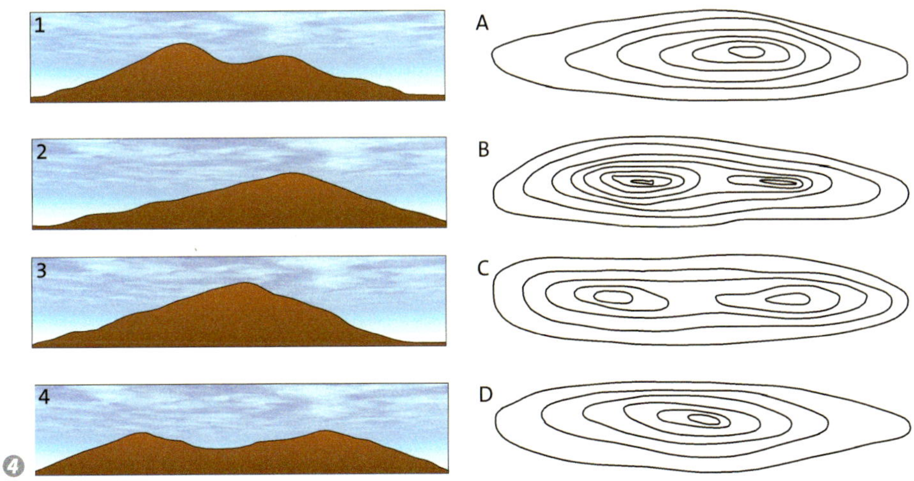

4

Teste dich selbst

mit den Aufgaben 1 b und 7

Training

Naturräume in Deutschland

Deutschland kannst du in verschiedene Teilräume gliedern, so zum Beispiel auch in Naturräume. Diese haben unterschiedliche Oberflächenformen (Relief), verschiedenartige Böden oder auch für sie typische Gesteine. Deutschland verfügt über abwechslungsreiche und schöne Naturräume. Auf den folgenden Seiten lernst du sie kennen: Alpen und Alpenvorland, Mittelgebirgsland, Norddeutsches Tiefland und Küste. Auf zur spannenden Reise durch Deutschland!

Wohin fährt der Bus?
Welche Städte, Gebirge, Flüsse und Seen haben die Reisegäste auf ihrer Rundfahrt bereits gesehen? Finde dies mithilfe der Wortsilben heraus. Die Wortsilben, die übrig bleiben, ergeben rückwärts gelesen das Reiseziel.

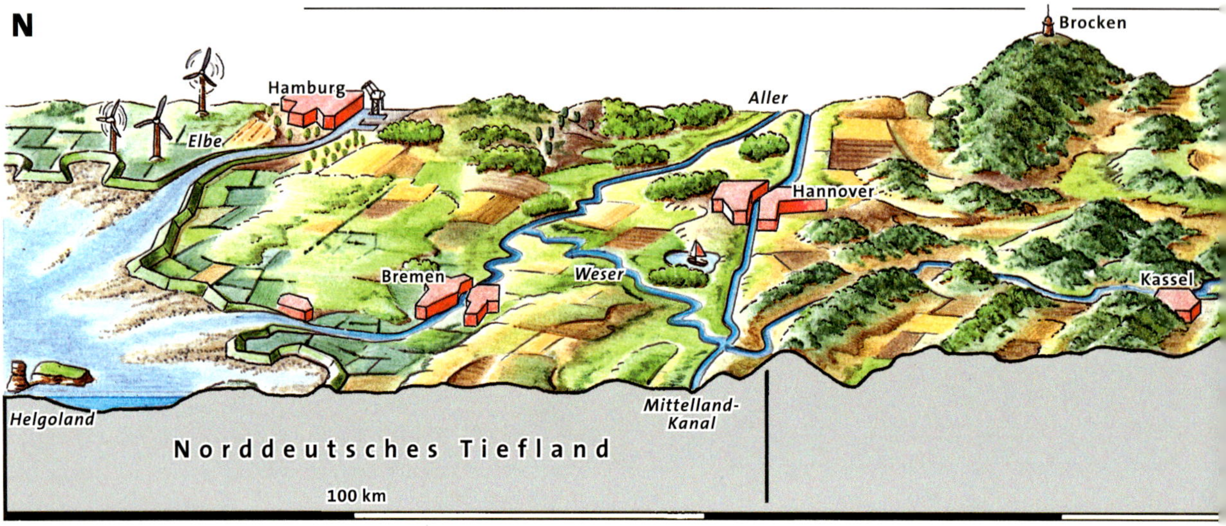

1 *Nord-Süd-Profil durch Deutschland*

2

4

Von der Küste zu den Alpen

3

Maxl

In unserem Sommerurlaub war ich mit meinen Eltern auf der Insel Helgoland. Von Bremen sind wir mit dem Schiff drei Stunden gefahren. Das war toll.

Anna

Ich bin vor einigen Wochen mit meinem älteren Bruder auf den Großen Arber gewandert. Wir mussten beide viel schwitzen. Wir konnten vom Gipfel in zwei Länder blicken.

Lisa

Ich fuhr mit meiner Familie am Wochenende mit dem Fahrrad um den Ammersee. Wir besichtigten ein berühmtes Kloster auf einem Berg. Das war vielleicht anstrengend.

Tobias

Ich wohne in Regensburg. Nächstes Jahr fährt unsere Klasse in ein Skilager bei Füssen. Dort befindet sich in der Nähe ein berühmtes Schloss. Das wollen wir auch besichtigen.

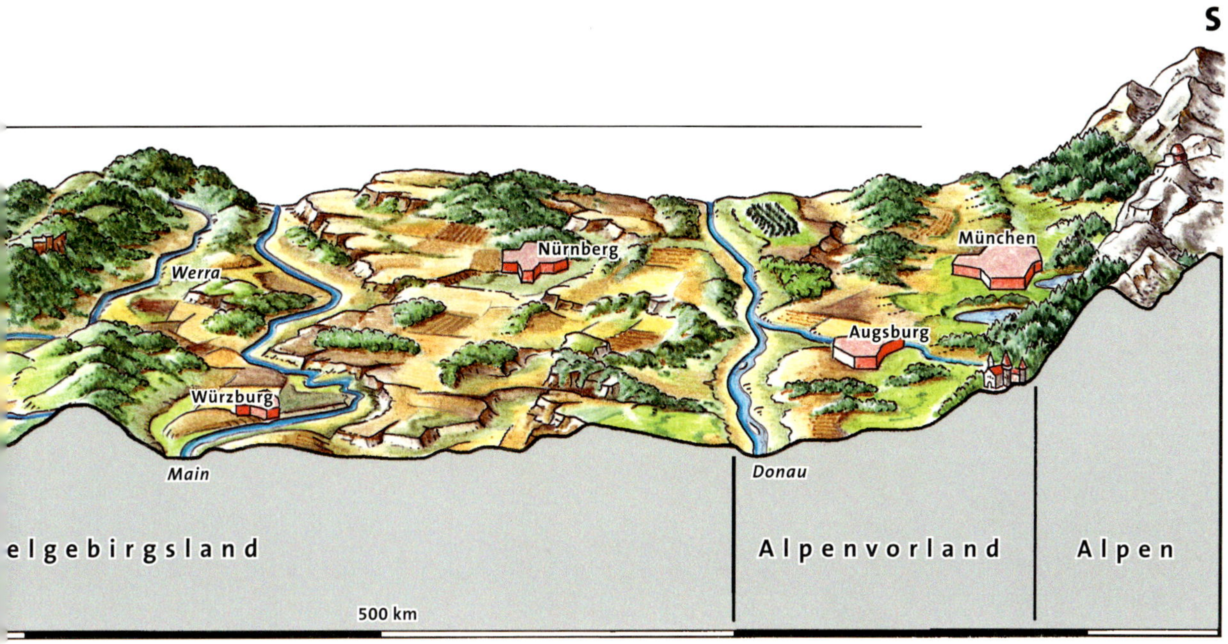

5

6

1 Arbeite mit dem Atlas:

a) In welchem Meer hat Maxl gebadet? Verfolge die Strecke, die Maxl mit dem Schiff gefahren ist. Wie weit ist es von Bremen nach Helgoland?

b) Wo liegt der Große Arber? In welcher Höhe konnte Anna mit ihrem Bruder die Aussicht genießen? In welche Länder konnten sie blicken?

c) In welchem Naturraum liegt der Ammersee? Wie heißt das berühmte Kloster? Wie viele Kilometer ist Lisa etwa gefahren?

d) In welches Gebirge fährt Tobias mit seiner Klasse? Nenne einige Orte, die auf der Fahrtstrecke liegen. Wie heißt das Schloss in der Nähe von Füssen?

7

Schon gewusst?

800 Kilometer beträgt die Nord-Süd-Ausdehnung Deutschlands zwischen der Insel Helgoland in der Nordsee und der Zugspitze in den Alpen. Ein Flugzeug überquert auf dieser Strecke in einer Stunde die vier großen Naturräume Deutschlands.

1 **Atlaskarte und Transparentpapier**

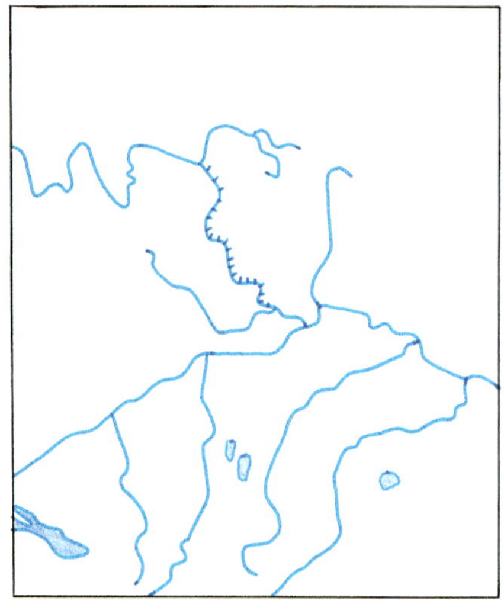

2 **Gewässer**

In unserem Gedächtnis sind Vorstellungen über verschiedene Räume gespeichert. Diese dienen uns zur Orientierung. Wie aber kommen solche Merkkarten in unseren Kopf? Das Zeichnen von Kartenskizzen ist dazu ein einfacher und nützlicher Weg.

Eine Kartenskizze zeichnen

In deinem Heimatort kennst du dich gut aus. Leicht findest du deine gewohnten Wege. Wirst du von Fremden gefragt, wie sie in deinem Ort zum Beispiel zum Bahnhof oder Rathaus kommen, kannst du ihnen den Weg dorthin beschreiben. Du kannst dies, weil du dir deine Umgebung vorstellen kannst. Von deinem Wohnort hast du sozusagen eine „Karte im Kopf“.

Aber nicht nur die Räume, in denen du dich täglich bewegst, musst du dir vorstellen können. „Karten im Kopf“ brauchst du von deinem Bundesland Bayern, von Deutschland, von Europa, ja, von der ganzen Welt. Wie aber kommen solche „Karten in den Kopf“?

Es gibt ein gutes Mittel, um sich eine Karte einzuprägen: Du zeichnest eine Skizze von ihr. In vier Arbeitsschritten kannst du zum Beispiel eine Kartenskizze von Bayern zeichnen.

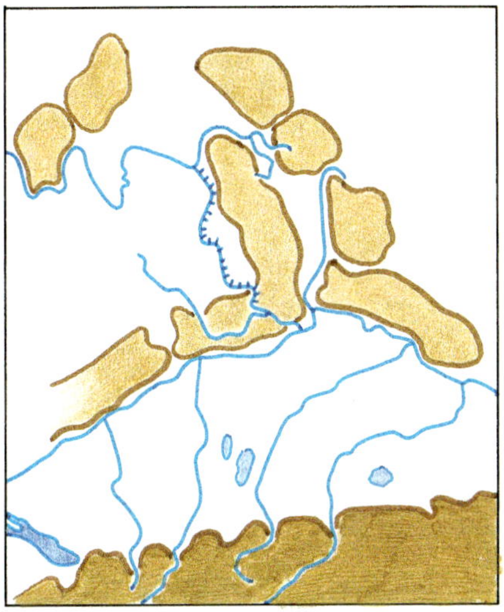

3 **Gebirge**

4 **Städte und Beschriftung**

Eine Kartenskizze zeichnen

1. Schritt: Atlaskarte und Transparentpapier

Suche im Atlas die Landschaftskarte von Deutschland, auf der auch die Landschaften von Bayern eingezeichnet sind. Lege Transparentpapier auf die Karte und hefte dieses mit Büroklammern fest. Dein Kartenausschnitt wird durch die Grenzen Bayerns festgelegt, die du rot markierst.

2. Schritt: Gewässer

Zeichne die wichtigsten Flüsse und großen Seen mit blauem Farbstift nach. Viele kleine Flussbiegungen (wie an der Donau) kannst du dabei begradigen. Der Main-Donau-Kanal soll so wie im Atlas gekennzeichnet werden.

3. Schritt: Gebirge

Übertrage die Umrisse größerer Gebirge mit braunem Farbstift. Auch hier darfst du die Linien vereinfachen. Die Mittelgebirge sollen hellbraun und die Alpen dunkelbraun ausgemalt werden.

4. Schritt: Städte und Beschriftung

Nun zeichnest du noch die größeren Städte Bayerns ein (roter Punkt). Beschränke dich dabei auf maximal zehn. Beschrifte anschließend mithilfe des Atlasses die „stumme Karte" mit den entsprechenden Namen in verschiedenen Farben: Flüsse blau, Gebirge und Städte schwarz.

1 *Beschreibe deinen Schulweg. Fertige dann aus dem Kopf eine Skizze deines Schulweges an.*

2 *Zeichne eine Kartenskizze deiner Heimatregion. Suche dafür eine geeignete Atlaskarte.*

3 *Fertige eine Kartenskizze von Deutschland mit den großen Naturräumen an. Versuche dabei stark zu vereinfachen.*

4 *Zeichne eine einfache Kartenskizze von einem Kontinent deiner Wahl. Trage dabei maximal vier große Flüsse, fünf Gebirge sowie fünf Großstädte ein.*

Topografie-Kenntnisse
sind das Merkwissen zu
Name *– heißt wie?*
Merkmal *– ist was?*
Lage *– liegt wo?*

Beispiel
Heißt wie? München
Ist was? Landeshauptstadt
Liegt wo? An der Isar

Lernregel
Beim Topografie-Lernen merkst du dir die Namen in einem Zusammenhang. Beispiel: „Iller, Lech, Isar, Inn fließen von Süden zur Donau hin; Altmühl, Naab und Regen kommen von Norden entgegen."

Was du alles benötigst

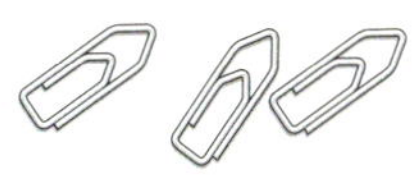

Alpen und Mittelg

Deutschland weist sehr abwechslungsreiche Naturräume auf. Einen großen Teil nimmt das Mittelgebirge ein. Im Süden schließen sich das Alpenvorland und das beeindruckende Hochgebirge der Alpen an. Entdecke diese großartigen Naturräume!

irge

5

1 Panoramabild der Alpen (Blick von Norden nach Süden)

Der Alpenraum

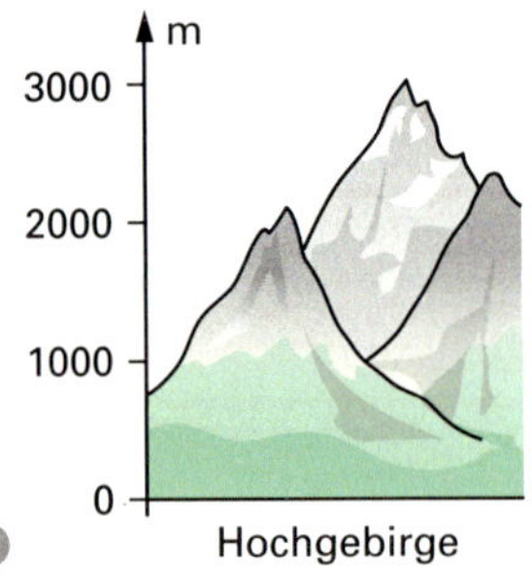

2

3 Matterhorn

Die **Alpen** sind das größte **Hochgebirge** Europas – 1250 km lang und bis zu 250 km breit. Knapp 12 Millionen Menschen leben in diesem Raum, und sieben Staaten haben daran Anteil: Österreich, Slowenien, Deutschland, die Schweiz, Liechtenstein, Frankreich und Italien.

Trotz vieler Straßen und Eisenbahnlinien sind die Alpen nach wie vor Europas größtes Verkehrshindernis. Schnell und sicher kann das Hochgebirge nämlich nur auf wenigen Strecken durchquert werden. Viele hochgelegene Bergstraßen und Pässe sind wegen der Schneemassen oder der Lawinengefahr mehrere Monate im Jahr gesperrt. Lange Eisenbahn- und Straßentunnel durch die Gebirgszüge hindurch bieten jedoch Schutz vor Naturgefahren und machen den Verkehr ganzjährig vom Wetter unabhängig.

Früher lebten die Bewohner der meisten Alpenortschaften fast ausschließlich von der Landwirtschaft. Heute bietet der blühende Tourismus den Bauern auch andere Verdienstmöglichkeiten. In vielen Gebieten kam es zu einem regelrechten **Massentourismus**. Jedes Jahr verbringen über 50 Millionen Menschen ihren Urlaub in den Alpen. Hinzu kommen noch mehr als 100 Millionen Tagesausflügler. Über 350 Millionen Übernachtungen kann der Alpenraum jährlich verbuchen.

1 *Vergleiche das Panoramabild 1 mit einer geeigneten Atlaskarte:*
   a) Benenne die erkennbaren Seen, Städte und Alpentäler.
   b) Suche Täler, die für eine Verbindung zwischen Deutschland und Italien geeignet sind.

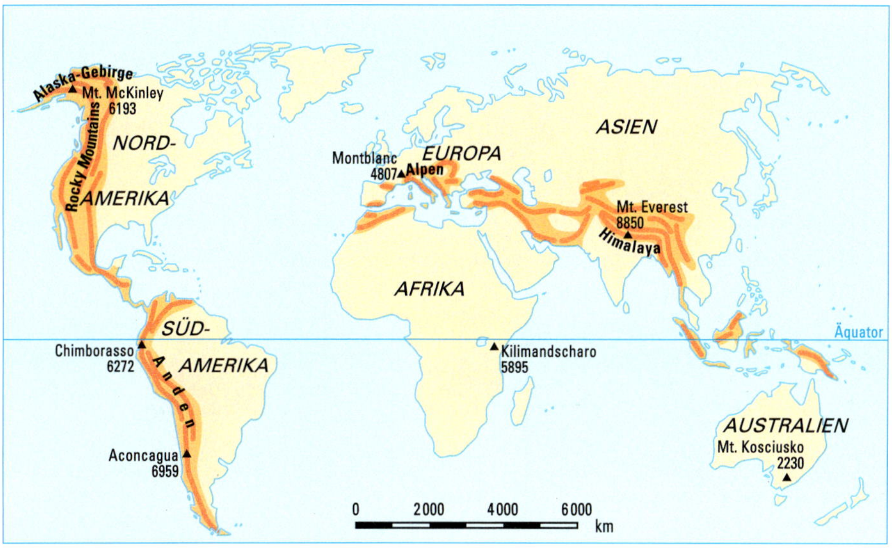

4 ***Berühmte Berggipfel***

Gipfel der Erde

Schon immer beeindruckten Berge die Menschen. Man vermutete dort den Sitz der Götter und hatte großen Respekt vor den herausragenden Berggipfeln.

Der **Montblanc** (4 807 m) ist der höchste Berg Europas. Ab einer Höhe von etwa 2 500 m bis zum Gipfel sind seine Hänge von einer bis zu 20 m dicken Eisschicht bedeckt. Am 8. August 1786 erreichten der Kristallsucher Jaques Balmat und der Arzt Michel-Gabriel Paccard als Erste den Gipfel. Die Erstbesteigung wurde durch 20 Goldtaler belohnt und gilt als Geburtsstunde des Alpinismus.

Der **Mount McKinley** (6 193 m) im amerikanischen Bundesstaat Alaska ist der höchste Berg Nordamerikas. Die indianischen Ureinwohner nannten ihn respektvoll Denali, was so viel wie „der Hohe“ bedeutet. Oberhalb von 2 000 m ist er das ganze Jahr über schneebedeckt. Die Erstbesteigung gelang 1913.

Der **Aconcagua** (6 959 m) in den Anden Argentiniens ist der höchste Berg Südamerikas. 1897 wurde er erstmals bestiegen. Auch heute noch ist eine Besteigung sehr gefährlich, da häufig Orkane mit Windgeschwindigkeiten von bis zu 200 km/h und Temperaturstürze auf -45 °C auftreten.

Der **Mount Everest** (8 850 m) im Himalaya ist der höchste Berg der Erde. Er liegt genau auf der Grenze zwischen Nepal und Tibet. Die Tibeter nennen ihn Tschomolungma – „Thron der Götter“. 1953 erreichten der Neuseeländer Edmund Hillary und der Nepalese Tensing Norgay als Erste den Gipfel.

Der **Kilimandscharo** (5 895 m) in Tansania ist der höchste Berg Afrikas. Er ist aus drei Vulkanen zusammengewachsen und das ganze Jahr über mit Schnee bedeckt. Die Erstbesteigung erfolgte 1889 durch den Geographen Hans Meyer und den Bergsteiger Ludwig Purtscheller.

5 ***Montblanc***

6 ***Mount McKinley***

7 ***Mount Everest***

❶ ***Wiedemerkopf in den Allgäuer Alpen***

Die Entstehung der Alpen

❷ ***Fossilien aus den Alpen***

❸ ***Nautilus – früherer „Meeresbewohner der Alpen"***

Wer nach einem anstrengenden Aufstieg – oder nach schneller Fahrt mit der Bergbahn – auf einem Gipfel der Alpen steht, blickt über ein „Meer von Berggipfeln". Kaum jemand weiß aber, dass er tatsächlich auf einem einstigen Meeresboden steht. Dieser wurde im Laufe von Millionen von Jahren um tausende Meter emporgehoben. Nicht selten findet man deshalb in den Felsen der Berge **Fossilien**, das sind Versteinerungen einstiger Meerestiere und -pflanzen.

Wie kommen diese Fossilien in die Gipfelregionen? Welche Kräfte konnten den Meeresboden falten und in solch große Höhen hochheben?

Die Geologen haben dafür folgende Erklärung: Vor etwa 170 Millionen Jahren war im Raum der heutigen Alpen und der Adria ein großes Meer. Auf dem Boden dieses Meeres lagerten sich zum Beispiel Kalkschalen toter Meerestiere ab. Flüsse führten Geröll, Sand und feineres, tonhaltiges Material in dieses Meer. So bildeten sich während Millionen von Jahren mehrere tausend Meter mächtige Ablagerungen. Diese wurden durch Druck und Hitze zu Gestein verfestigt.

Vor etwa 110 Millionen Jahren wurde das flache Meer durch Bewegungen der Kontinente kleiner. Afrika driftete auf Europa zu. Dabei wurden die Meeresablagerungen zusammengeschoben und zu mächtigen Falten aufgeworfen.

Bei diesem Vorgang schoben sich ganze Gesteinsfalten als Decken über andere Gesteinsschichten. Sie ragten zunächst als einzelne Inseln aus dem Meer heraus. Das gefaltete Gestein wurde mit der Zeit zu einem **Hochgebirge** herausgehoben.

Sobald erste Teile der Alpen aus dem Meer herausragten, begannen Wasser, Wind und später Gletscher, das junge **Faltengebirge** abzutragen.

Experiment: Wir „basteln“ ein Faltengebirge

Dazu brauchen wir:

– *Dünne, etwa gleich große Moosgummistücke in zwei Farben;*

– *zwei Holzklötze.*

Wir wollen die Faltung von Gesteinsschichten beim Zusammendriften von Kontinentalplatten nachahmen:

Die Moosgummistücke stellen die „Gesteinsschichten“ dar und werden aufeinander gelegt. Dann schieben wir den Klotz, der das südlich liegende „Afrika“ darstellt, in Richtung auf den Klotz „Europa“ zu. Je schmaler der Zwischenraum zwischen „Afrika“ und „Europa“ wird, desto mehr werden die Schichten gefaltet.

5

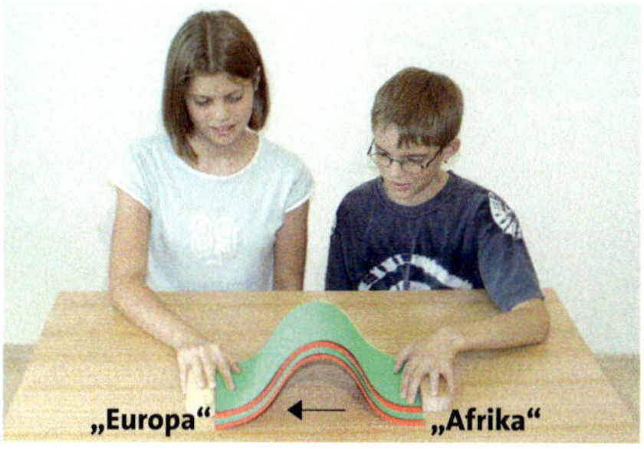

6

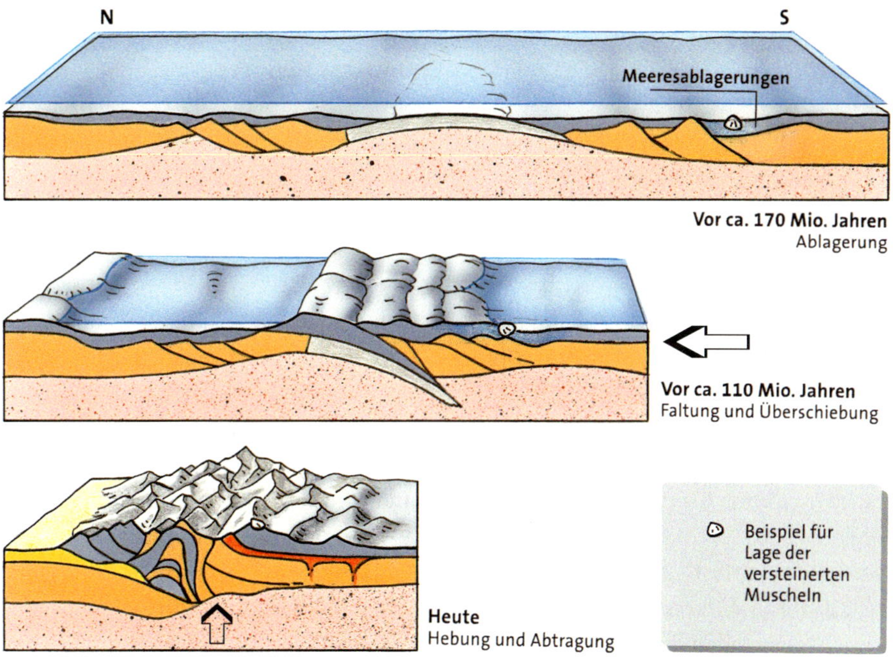

Entstehung der Alpen

1 *Beschreibe den Berg in Foto 1 und fasse zusammen, was Text und Grafik 4 über die Entstehung der Alpen aussagen.*

2 *Suche in deinem Atlas vier Alpengipfel, die über 4 000 m hoch sind. Nenne sie.*

3 *Führe mit deinen Mitschülerinnen und Mitschülern das Experiment zur Entstehung von Faltengebirgen durch.*

→ *Gesteine und Fossilien, siehe Seiten 82/83*

1 Morteratschgletscher

Kaum zu glauben

Vor gut 5000 Jahren kam ein Mensch am heutigen Hauslabjoch in Südtirol ums Leben. Jahrtausendelang schloss ihn Gletschereis ein. Seine Leiche blieb im Eis konserviert und kam erst durch das Abtauen des Similaungletschers im Jahre 1991 wieder ans Tageslicht. Die Mumie gilt als archäologische Sensation und wird im Volksmund nach dem Fundort in den Ötztaler Alpen „Ötzi" genannt.

Gletscher: Ströme aus Eis

Entstehung von Gletschern

Wegen seiner landschaftlichen Schönheit ist der Alpenraum ein beliebtes Urlaubsgebiet. Nicht alle Touristen aber wissen, dass bei der Ausformung des heutigen Landschaftsbildes die **Gletscher** eine große Rolle spielten.

Alleine in der Schweiz gibt es heute noch mehr als 1800 Gletscher, darunter den größten Gletscher Europas, den Aletsch. Er ist 25 km lang; seine Eismassen bedecken ein Gebiet, das viel größer ist als der Chiemsee. Wie konnten solche Gletscher in den Alpen entstehen?

In Höhen über 3000m steigt auch während des Sommers die Temperatur nur an wenigen Tagen über den Gefrierpunkt. Deshalb fallen dort die Niederschläge meist als Schnee. In Mulden unterhalb der steilen Gipfel legt sich während des ganzen Jahres eine Schneeschicht über die andere. Der Druck auf die unteren Schichten nimmt zu: Aus Schnee entsteht Gletschereis.

Die schweren, fließfähigen und verformbaren Eismassen des Gletschers bewegen sich langsam talwärts. Je nach Gefälle und Stärke des Eises liegt die „Geschwindigkeit" zwischen wenigen Metern und mehreren 100 Metern im Jahr. Dabei bilden sich an der Gletscheroberfläche Risse und tiefe Spalten.

Der obere Teil des Gletschers wird reichlich mit Schnee „genährt". In diesem **Nährgebiet** fällt während des Jahres mehr Schnee, als an warmen Tagen dort abtaut. Der untere Teil mit der **Gletscherzunge** ist das **Zehrgebiet**. Hier schmilzt das Eis; in **Gletscherbächen** fließt das Schmelzwasser ab.

Gletscher verändern Täler

Der Gletscher transportiert Schuttbrocken und Sand. Er reißt Gestein vom Untergrund los und nimmt Steine mit, die seitlich von den Hängen auf die Eisfläche stürzen. Die vielen im Eis eingelagerten Steinbrocken schleifen den Untergrund ab, wenn sich der Gletscher talwärts bewegt. Im Zehrgebiet, wo die Gletscherzunge abschmilzt, bleiben Wälle zurück, die der Gletscher an seinen Rändern aufschob. Diese **Seiten-** und **Endmoränen** bestehen überwiegend aus grobem Felsschutt und kantigen Gesteinsbrocken.

Während des **Eiszeitalters** bewegten sich gewaltige Eisströme die Berghänge und **Täler** hinab. Sie wirkten wie riesige Hobel in den Tälern, die sie breiter und tiefer machten. So entstanden aus den V-förmigen Tälern, die vom Wasser der Alpenbäche und -flüsse geschaffen worden waren, nun Trogtäler mit ihrem U-förmigen Querschnitt.

2 **Mittelbergferner in den Ötztaler Alpen 1949**

4 **Mittelbergferner 2000**

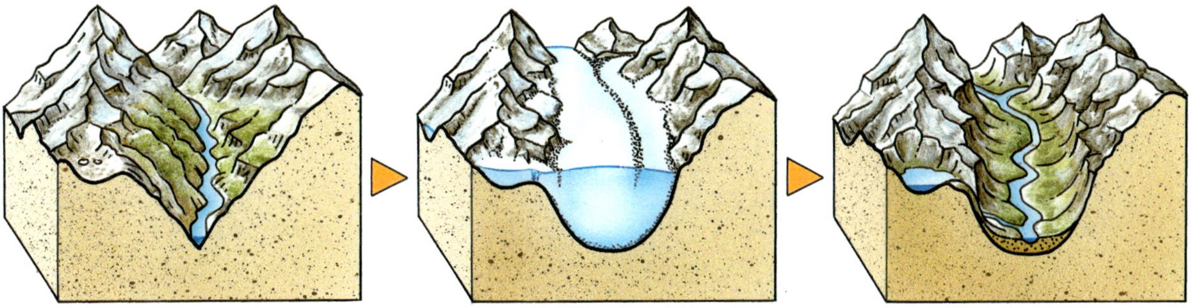

3

1 Im Foto 1 sind einzelne Teile des Gletschers mit Buchstaben gekennzeichnet. Benenne diese.

2 Vergleiche die Fotos (2 und 4). Beschreibe, wie sich die Ausdehnung des Gletschers verändert hat.

3 Erkläre, welche Veränderung der Talform (Grafik 3) der Gletscher während des Eiszeitalters bewirkte.

→ Eiszeitalter, siehe Seiten 56/57

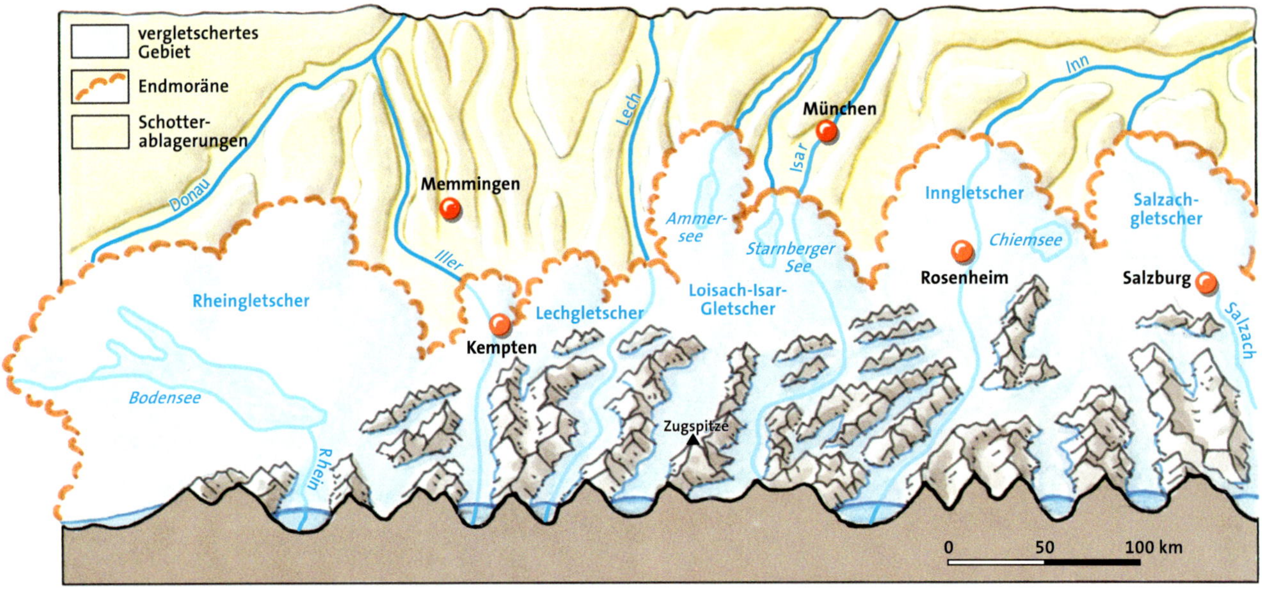

❶ Alpen und Alpenvorland (Ausschnitt) während der letzten Kaltzeit

Ein wichtiger Abschnitt in der jüngeren Erdgeschichte ist das Eiszeitalter, in dem Zeitabschnitte mit tieferen Temperaturen (Kaltzeiten bzw. Eiszeiten) mit wärmeren Phasen (Warmzeiten) abwechselten. Das Alpenvorland ist durch vier Kaltzeiten geprägt. Man nennt sie kurz: Günz, Mindel, Riss und Würm. Ihre Namen erhielten sie von Flüssen im Alpenvorland. Ihre zeitliche Anordnung vom ältesten (Günz) zum jüngsten Zeitabschnitt (Würm) folgt dem Alphabet.

Alpenvorland – im Eiszeitalter geformt

Vor etwa 20 000 Jahren – während der letzten Kaltzeit – waren weite Teile Europas von einer mächtigen Eisschicht bedeckt. Von den vereisten Alpen reichten die Gletscher, die noch viel größer waren als die heutigen, weit in das Vorland. Auch ganz Nordeuropa lag unter dickem Eis. Selbst in den höheren Regionen unserer Mittelgebirge finden wir heute noch Spuren der Vereisung. Ähnliche klimatische Bedingungen, wie sie während der Kaltzeiten bei uns herrschten, liegen heute in Grönland und in den Polargebieten vor.

Spuren der Eiszeit im Alpenvorland

Wo das Alpenvorland während der letzten Kaltzeit von Eismassen bedeckt war, erstreckt sich heute die abwechslungsreiche **Grundmoränenlandschaft** mit Wiesen, Mooren und kleinen Seen.

Als sich die schweren Eismassen langsam in das Vorland hinausschoben, schürften die Gletscherzungen tiefe, meist langgestreckte Becken aus. Darin entstanden nach dem Abschmelzen des Eises große **Zungenbeckenseen**, wie der Chiemsee, der Starnberger See, der Ammersee und der Bodensee.

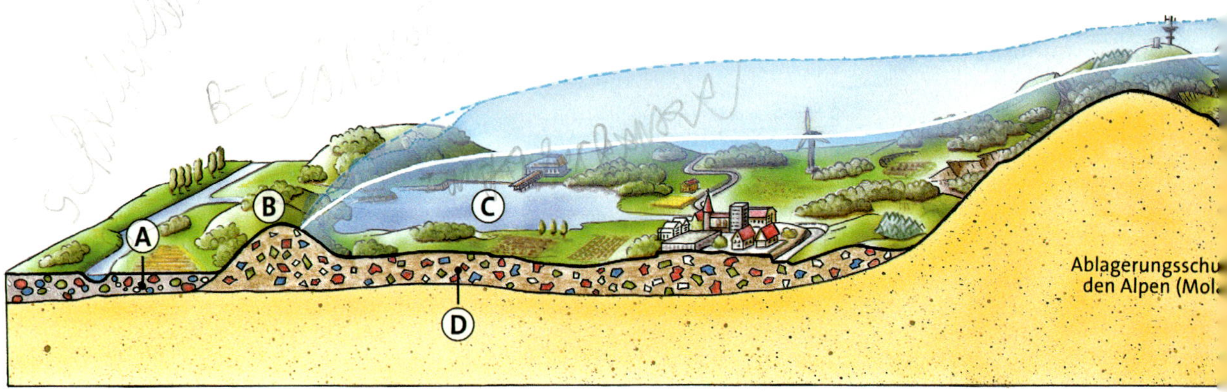

❷ Eiszeitlich überformte Landschaft der Alpen und des Alpenvorlands

3 Blick über den Bodensee (Alpenvorland) auf die Alpen

Kaum zu glauben
Die größten Gletscher gibt es in der Antarktis. Das Eis erreicht dort eine Mächtigkeit bis zu 4 500 m. wIm Bereich des Bodensees war das Eis etwa 1 000 m mächtig.

Im Bereich der heutigen Flüsse Iller, Isar, Inn und Salzach stauten **Endmoränenwälle** ebenfalls solche Seen auf. Doch schon vor langer Zeit durchbrach das gestaute Wasser diese Hindernisse. Heute erinnern nur noch weite Ebenen, die von den Seeablagerungen gebildet wurden, daran, dass sich dort einst Zungenbeckenseen befanden. Auch die derzeit noch bestehenden Seen werden allmählich kleiner, weil einmündende Flüsse mitgeführtes Gesteinsmaterial im Seebecken ablagern und die Seen deshalb verlanden.

→ *Kaum zu glauben: Chiemsee, siehe Seite 77*

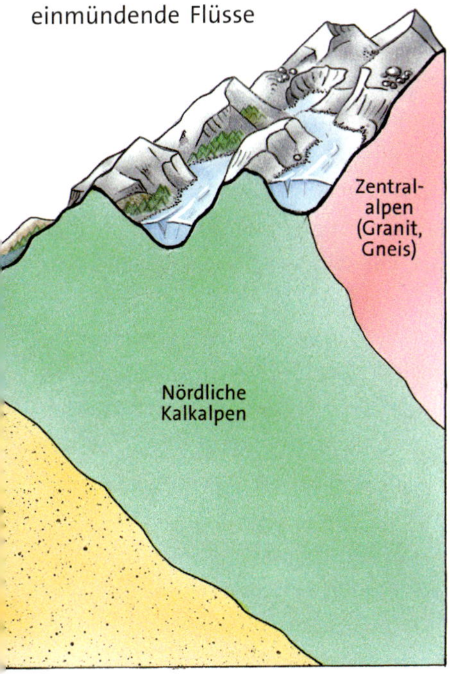

Nördlich der **Endmoränen** schütteten die Schmelzwasserflüsse ausgedehnte Flächen aus dem mittransportierten Schotter und Sand auf. Die Landeshauptstadt München liegt auf einer solchen ebenen Schotterplatte.

→ *Spuren des Eiszeitalters, siehe Seiten 88/89*

Aus den weiten **Schotterflächen** haben heftige Stürme feinen Gesteinsstaub ausgeblasen. Er setzte sich, oft weit entfernt, als Löss ab und verwitterte meist zu fruchtbarem Lösslehm. Solche Böden werden heute intensiv landwirtschaftlich genutzt.

→ *Löss, siehe Seiten 108/109*

1 *Suche im Atlas Städte, deren heutiges Gebiet im Eiszeitalter von Gletschern bedeckt war.*

2 *Arbeite mit Schema 2 und Foto 3:*
a) Ordne den Buchstaben A, B, C und D die richtigen Begriffe zu: A = ...
b) Welche eiszeitlichen Formen sind in Foto 3 zu sehen?

3 *Im Schema 2 kannst du erkennen, dass die Steine in der Schotterfläche gerundet und in der End- sowie Grundmoräne kantig sind. Erkläre diesen Sachverhalt.*

→ *Verformung der Steine, siehe Seite 76*

1 *Zugspitzmassiv bei Ehrwald (Blick von Westen nach Osten)*

Höhenstufen der Vegetation

2

3

4

Mit der Zugspitzbahn vom Sommer ...

Bahnhof Garmisch-Partenkirchen: Das Thermometer zeigt 20 °C. 710 m über Normalnull liegt der Ausgangspunkt unserer heutigen Fahrt auf den höchsten Berg Deutschlands. Wir steigen in die 140 Personen fassende Zahnradbahn, die sich ratternd in Bewegung setzt. Vorbei an satten Weiden im Talgrund führt die Fahrt über die Station Eibsee durch immer lichter werdende Nadelwälder. Am Haltepunkt Riffelriss zeigt der Höhenmesser bereits 1640 m an. Die letzten Nadelbäume gehen in krummwüchsiges niedriges Gehölz über. Darüber ragt steiler Fels empor, von Grasflächen, so genannten Matten, unterbrochen.

... in den Winter

Die Zahnradbahn verschwindet in einem 4500 m langen Tunnel und kommt auf einer Geröllwüste in 2600 m Höhe wieder ans Tageslicht. Als wir nach 60-minütiger Fahrt aussteigen, blendet uns das Weiß eines großen Gletscherfeldes. Jetzt heißt es umsteigen: In nur wenigen Minuten schweben wir in einer Gondel dem Zugspitzgipfel entgegen. Gerade noch 7 °C zeigt das Thermometer, als wir aussteigen. Gut, dass wir so warme Kleidung dabei haben. Manche der zahlreichen Touristen hier oben sind zu dünn angezogen und bleiben deshalb nur kurz im Freien auf der großen Aussichtsplattform.

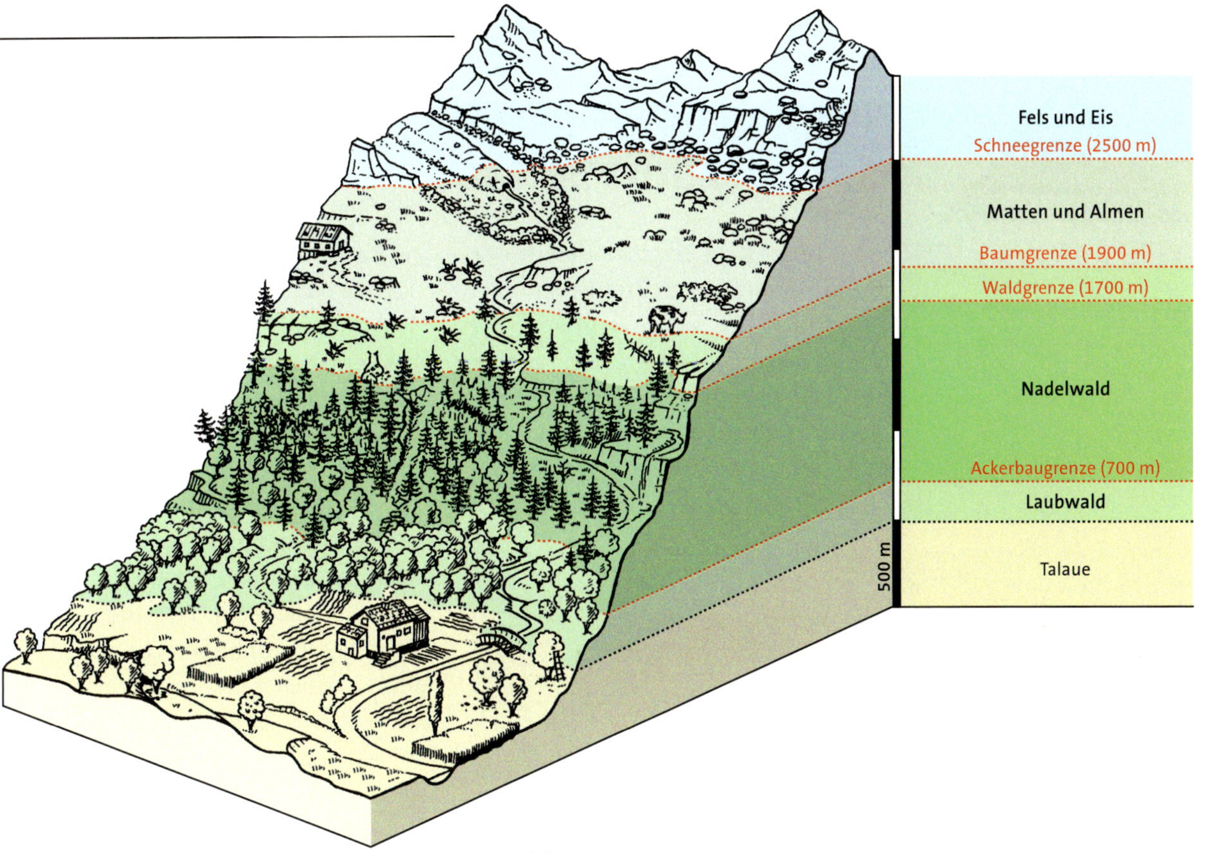

5 *Modell der Höhenstufen und Höhengrenzen in den Nordalpen*

Höhenstufen und Höhengrenzen

Wie du bei der Fahrt auf die Zugspitze bemerkt hast, ist die Temperatur mit zunehmender Höhe ständig zurückgegangen. Bei dem Höhenunterschied von etwa 2200 m zwischen Talstation und Gipfel betrug die Temperaturabnahme 13 °C. Das sind etwa 6 °C auf 1000 m. Mit dem Rückgang der Temperatur hat sich auch die Pflanzenwelt (Vegetation) vom Tal bis zum Gipfel stark verändert. Dies liegt daran, dass die Wachstumszeit, die den Pflanzen pro Jahr zur Verfügung steht, mit zunehmender Höhe immer kürzer wird. Deswegen weist jede Höhenstufe eine ganz bestimmte Vegetation auf. Den Grenzbereich zwischen zwei **Höhenstufen** nennt man dabei **Höhengrenze**.

1 *Suche die Zugspitze im Atlas. Zu welchem Gebirge gehört sie?*

2 *Beschreibe die Höhenstufen, die du in den Fotos 2 bis 4 erkennst.*

3 *Welche Höhengrenze liegt höher, die Waldgrenze oder die Baumgrenze? Begründe deine Antwort.*

4 *Berechne: In der Talstation Garmisch herrschen 0 °C. Wie hoch ist dann die Temperatur auf der Zugspitze?*

5 *Der Blick von der Zugspitze reicht in die Gebirgswelt von vier Ländern. Welche sind dies? Verwende den Atlas.*

Kaum zu glauben

Die Zugspitzbahn befördert pro Jahr etwa 500 000 Touristen auf den höchsten Berg Deutschlands.

Wandel des Alpenraums – das Bergdorf Serfaus

Für viele einstige Bergbauerndörfer ist der **Tourismus** von größter Bedeutung. Das gilt auch für Serfaus in Tirol.

Der Ort liegt auf einer Hochterrasse über dem oberen Inntal in 1427 m Höhe. Mit 2000 Stunden Sonne im Jahr ist Serfaus der Ort mit der längsten Sonnenscheindauer in den Nordalpen. Hohe Bergmassive ringsum schützen vor starken Winden und Regenwolken.

Wie die meisten Ferienorte in den Alpen hat Serfaus eine **Sommersaison** und eine **Wintersaison**. Der Wintersport ist für viele Menschen zur beliebtesten Urlaubsform geworden. Auch Serfaus hat sich darauf eingestellt.

Mit dem Einsetzen des **Massentourismus** in der zweiten Hälfte des 20.Jahrhunderts kamen immer mehr Gäste nach Serfaus. Etwa 220 Tourismusbetriebe stellen fast 5300 Gästebetten zur Verfügung und können rund 825000 Übernachtungen im Jahr verzeichnen. Viele Bewohner des Ortes sind vom Tourismus abhängig.

1 Wintersport-Möglichkeiten im Gebiet von Serfaus

- großes, schneesicheres Skigebiet
- hochkomfortable Gondel- und Sesselbahnen, Beschneiungsanlagen
- 160 Pistenkilometer, 111 Loipenkilometer auf 1200 bis 2700m Höhe
- Ski- und Snowboard-Angebote, Skitouren, Langlauf, Schneeschuhwandern, Kutschfahrten
- Skischulen, Skikindergarten
- Eislaufen, Eisstockschießen

2 Damit wirbt Serfaus im Winter

- faszinierende Blumen- und Bergwelt
- ausgezeichnete Wanderwege
- Familienferienort
- Wandern, Mountainbiken
- Wander- und Bergführer
- Tennisplätze, Freischwimmbad, Reitmöglichkeiten, Bogenschießen
- niveauvolle Unterkünfte und qualitätsvolle Gastronomie
- Wellness und Entspannung

3 Damit wirbt Serfaus im Sommer

④ *Serfaus 1932*

⑤ *Serfaus 2002*

⑥ Übernachtungen in Serfaus (in 1000)

Jahr	Winter	Sommer
1960	33	45
1970	174	110
1980	307	135
1990	367	165
2000	616	208

Doch das war nicht immer so. Bevor der Tourismus zur Haupteinnahmequelle wurde, war die Not der Einwohner durch eine hohe Bevölkerungszahl, zu kleine Bauernhöfe und eine ertragsarme Landwirtschaft stets groß, wie die Dorfchronik berichtet: „Im 18. und 19. Jahrhundert zogen alljährlich 600 bis 700 Kinder aus dem Oberinntal nach Süddeutschland, um sich dort für Feldarbeiten oder als Hütekinder für Schweine und Ziegen anstellen zu lassen. Auch aus Serfaus waren durchschnittlich 20 bis 30 Kinder dabei. Als Lohn bekam jedes Kind neue Kleider und ein Paar Schuhe. Die Eltern dieser ‚Schwabenkinder' waren froh, wenigstens für einige Monate ein paar Esser weniger verköstigen zu müssen."

1 Suche Serfaus auf einer Atlaskarte. In welchem Land liegt der Ort?

2 Werte das Panoramabild 1 aus:
a) Bis auf welche Höhe führt die höchste Seilbahn im Gebiet von Serfaus?
b) Wie kommt man als Skifahrer von Serfaus zur Scheid?
c) Welche Wintersport-Möglichkeiten zeigt das Panoramabild 1?

3 In Serfaus machen heute mehr Menschen im Winter Urlaub als im Sommer. Welche Gründe gibt es dafür?

4 Begründe, warum der Tourismus nicht immer die Haupteinnahmequelle war.

5 Ermittle mithilfe einer Suchmaschine (z. B. www.yahoo.de oder www.google.de) touristische Angebote bekannter Ferienorte in den Alpen.

→ *Internet, siehe Seiten 74/75*

Ein Interview führen und auswerten

Ihr möchtet viel über ein bestimmtes Thema erfahren, das euch interessiert? Dann ist es am besten, wenn ihr einen Experten fragt, der euch dazu Auskunft geben kann. Ihr könnt mit ihm ein Interview (eine Befragung) durchführen. Eure Ergebnisse könnt ihr danach den Schülern anderer Klassen, euren Lehrerinnen und Lehrern sowie euren Eltern vorstellen. Was ihr bei einem Interview beachten müsst, lernt ihr auf diesen Seiten.

Unsere Klasse war im Sommer für eine Woche in Serfaus. Wir wollten viel über den Tourismus in dem Ferienort wissen. Deshalb befragten Luise und Felix Herrn Gorka, einen Tourismusexperten.

Luise: War Serfaus schon immer ein Ferienort?

Herr Gorka: Nein. Abgesehen von einer Zeit des Erzabbaus bis etwa 1750 lebten die Bewohner von der Landwirtschaft. 1860 gab es 138 kleine bäuerliche Betriebe. Die Einkommen waren so gering, dass viele Leute als Hilfsarbeiter in Deutschland oder die Kinder als Hütekinder bei Bauern Geld verdienen mussten.

Felix: Wann haben sich die schlechten Lebensverhältnisse verbessert?

Herr Gorka: Erst im 20. Jahrhundert, als die ersten Urlauber kamen. 1926 wurde die erste Alpe als Skihütte bewirtschaftet, 1929 eine Alpenvereinshütte eröffnet. In kurzer Zeit entstanden eine Skischule, der Fremdenverkehrsverband, eine Bank und der Sportverein. Es gab zwar drei Gasthäuser, aber nicht genügend Übernachtungsmöglichkeiten. Nun richteten auch Bauern Gästezimmer ein, da die Besucherzahlen rasch anstiegen. 1931/32 waren es bereits über 30 000 Übernachtungen.

Luise: Und von da an ging es den Menschen besser?

Herr Gorka: Nein. Es gab noch einmal bittere Not im Ort. Wegen des Zweiten Weltkrieges kamen kaum noch Gäste. 1942 zerstörte ein Brand den Dorfkern.

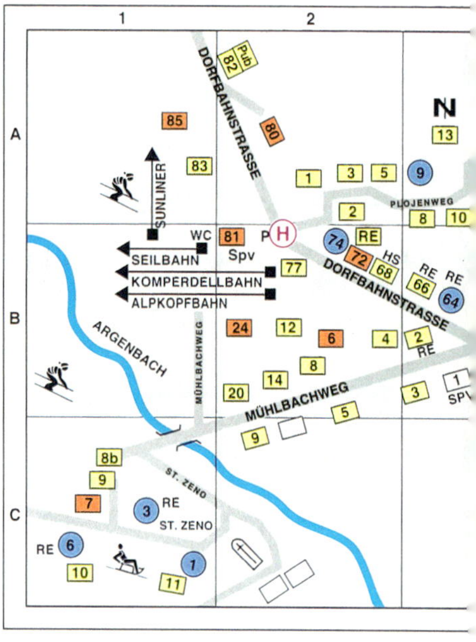

1 *Ortsplan von Serfaus*

Felix: Hat sich der Ort davon erholt?

Herr Gorka: Zum Glück! Nach 1950 setzte der Tourismus langsam wieder ein. 1960 begann dann eine stürmische Entwicklung. Immer mehr Gäste kamen aus vielen Ländern Europas. In kurzer Zeit wurden über 100 Hotels, Pensionen und Gasthäuser gebaut. Dazu entstanden weitere Einrichtungen: ein Schwimmbad, Sportanlagen, viele Seilbahnen und Lifte. Heute gibt es in Serfaus fast 5 300 Gästebetten. Die Liftanlagen können stündlich 60 000 Personen befördern.

Luise: Welche Veränderungen brachte der Anstieg des Tourismus für den Ort?

Herr Gorka: Der Tourismus hat das Leben im Dorf stark verändert. Heute gibt es nur noch 34 Bauernhöfe. Keine Bauernfamilie lebt nur von der Landwirtschaft. Die Urlauber ermöglichen den Bauern ein besseres Einkommen als früher. Dennoch brauchen wir unsere Landwirte, denn sie pflegen und erhalten unsere schöne sowie schützenswerte Landschaft.

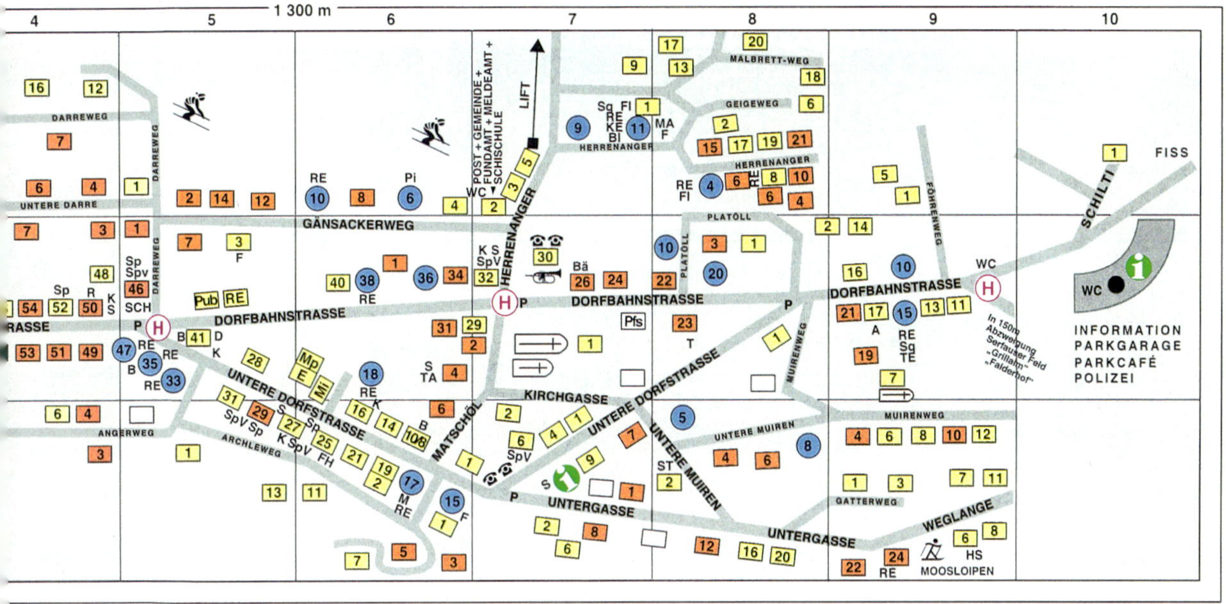

Hotels, Gasthöfe

Pensionen/Privatzimmer mit Frühstück

Ferienwohnungen

Felix: Bringt der Tourismus auch Nachteile?

Herr Gorka: Ja. Besonders der Verkehr wurde zum Problem. Die Zufahrtstraße zum Ort kommt von Osten, die Seilbahnstationen zu den Skigebieten liegen im Westen – ohne ausreichende Parkflächen. Wir fanden eine Lösung: Die Autos werden am Ortseingang abgestellt und eine unterirdische Luftkissenbahn bringt die Gäste in den Ort. Der Bau der Bahn war nur durch die Einnahmen aus dem Tourismus möglich.

Luise: Vielen Dank für das Interview.

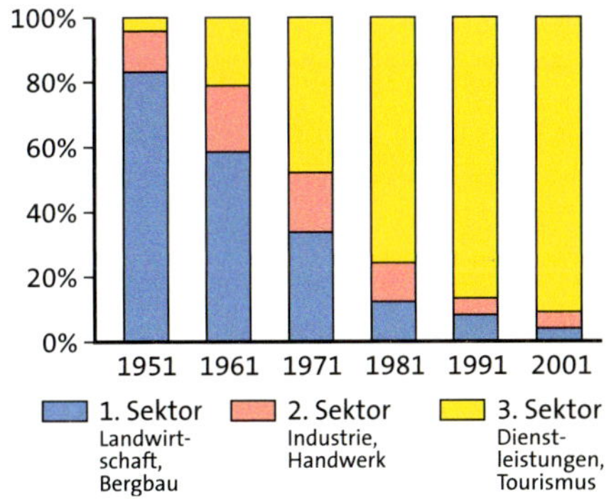

2 *Womit die Einwohner von Serfaus ihren Lebensunterhalt verdienen*

So könnt ihr ein Interview führen

Vor dem Interview

1. Schritt: *Macht euch mit dem Thema (zum Beispiel Tourismus) vertraut. Überlegt euch Fragen und schreibt sie auf:*
- *zur Entwicklung des Ortes*
- *zu Vor- und Nachteilen des Tourismus*
- *zu Maßnahmen zum Umweltschutz*

2. Schritt: *Teilt Gruppen ein, die die Interviews zu den einzelnen Themen führen.*

3. Schritt: *Sucht geeignete Gesprächspartner (z.B. Bürgermeister, Umweltschützer, Hotelbesitzer, Landwirte).*

4. Schritt: *Bittet die Interviewpartner, euch Material mitzubringen (z.B. Ortsplan, Prospekte, Statistiken und Zahlen).*

Während des Interviews

5. Schritt: *Sorgt für eine angenehme Gesprächsatmosphäre. Stellt eure Fragen und zeichnet das Gespräch auf (z.B. auf Kassettenrekorder). Fragt um Erlaubnis.*

Nach dem Interview

6. Schritt: *Wertet die Interviews aus und vergleicht eure Ergebnisse.*

7. Schritt: *Stellt eure Ergebnisse anderen Klassen, den Lehrern oder den Eltern vor.*

3 Bevölkerungsentwicklung von Serfaus

Jahr	Bevölkerung
1615	582
1750	1116
1800	788
1900	577
1950	665
1960	710
1970	852
1980	927
1990	1047
2000	1100

→ *1., 2. und 3. Sektor; siehe Seite 138*

Was bedeutet der Tourismus an unserem Schulort für uns? – ein Projekt

Bei einem Projekt arbeitest du mit deinen Mitschülerinnen und Mitschülern in einer Gruppe über einen längeren Zeitraum hinweg an einem Thema. Das Ergebnis dieser Arbeit könnt ihr am Ende des Projekts vorstellen.

Der Tourismus spielt in Urlaubsgebieten, z.B. an der Küste, in den Mittelgebirgen und in den Alpen eine große Rolle. Unsere Klasse hat in einem Projekt untersucht, inwieweit es uns betrifft, wenn Urlauber sich in unserem Schulort erholen.

Wir leben in Sonthofen (Oberallgäu) in einer Region, in der viele Menschen Urlaub machen. In unserer Klasse sind 28 Schüler. Bei 23 von uns erzielt die Familie in immer stärkerem Maße Einkommen aus dem Tourismus.

1

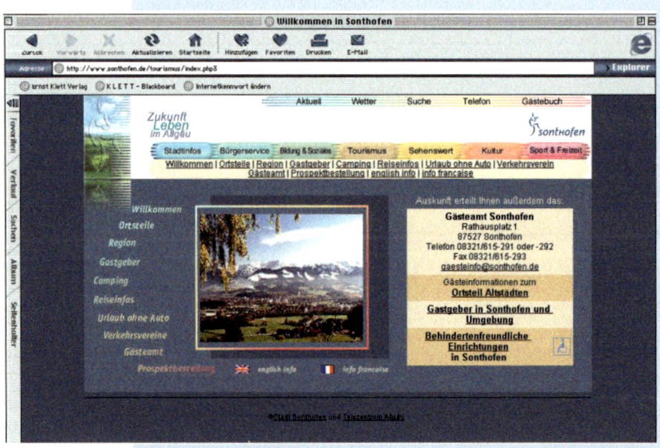

2

Um Informationen über die Bedeutung des Tourismus an eurem Schulort zu bekommen, könnt ihr Interviews führen, Prospekte sammeln und auswerten: Womit wird geworben? Das Internet liefert euch viele Informationen:
– Bilder eurer Heimatregion, eures Ortes ...
– was ihr alles in der Freizeit machen könnt
– Ortsplan und Links zu den Verkehrsvereinen – Angaben (z.B. Einwohner) zu eurem Ort
– Attraktionen, Geschichte ... eures Ortes

Tourismus, ein wichtiger Wirtschaftsfaktor

Der Tourismus ist für uns im Allgäu eine wichtige Einnahmequelle. Pro Tag gibt ein Übernachtungsgast etwa 50 € aus. Bei 210 000 Übernachtungen pro Jahr in unserer Stadt sind das rund 10,5 Mio. €. In unserem Landkreis übernachten jährlich 8,5 Mio. Gäste. Diese geben dabei etwa 425 Mio. € aus.

Hinzu kommen noch rund 10 Mio. Tagesausflügler. Jeder verbraucht durchschnittlich 15 €, das ergibt weitere 150 Mio. €. Kein Wunder, dass es vielen von uns schlechter gehen würde, wenn wir keine Gäste mehr hätten, die bei uns übernachten.

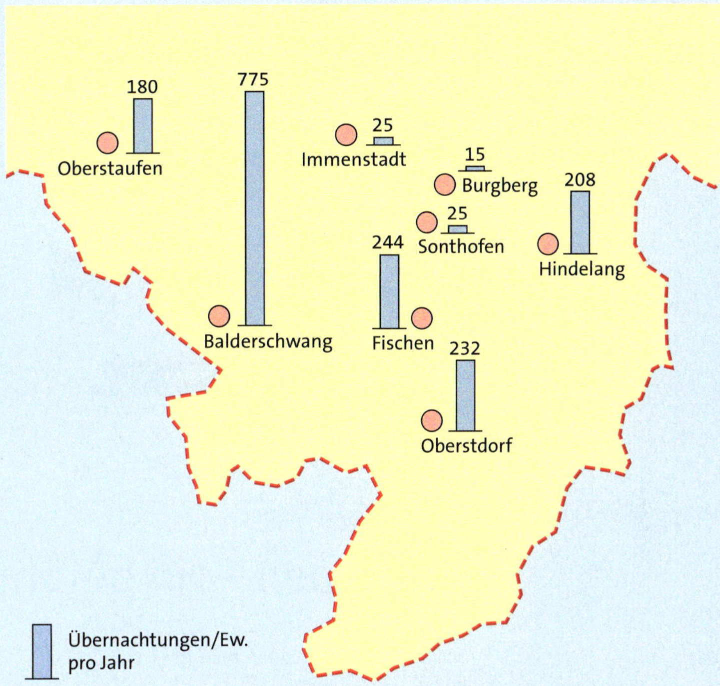

Eine Untersuchung durchführen

1. Schritt:

Besprecht, was ihr untersuchen wollt, zum Beispiel:

- *Wie entwickelt sich der Tourismus in unserem Schulort?*
- *Warum kommen so viele Touristen zu uns?*
- *Welche Folgen hat der Tourismus für unseren Ort und unsere Region?*
- *Haben wir durch den Tourismus mehr Vorteile oder mehr Nachteile?*

2. Schritt:

Überlegt, welche Informationen ihr für die Untersuchung benötigt und durch welche Arbeitsweisen ihr diese Informationen erhalten wollt, z.B.:

- *Zahlen, Diagramme, Karten zum Tourismus im Ort aus Zeitungsartikeln und Prospekten besorgen*
- *Informationen aus dem Internet über die Entwicklung des Tourismus in eurem Ort beschaffen*
- *Interviews mit Betroffenen (Hotelbesitzer, Bürgermeister, Touristen, Umweltschützer, Eltern ...) führen*

→ Ein Interview führen und auswerten, siehe Seiten 62/63

3. Schritt:

Bildet Arbeitsgruppen und verteilt die Aufgaben.

4. Schritt:

Erledigt die verteilten Aufgaben in Gruppen.

5. Schritt:

Kontrolliert eure Ergebnisse. Wertet sie mit den anderen Gruppen der Klasse aus.

- *Welche Probleme gab es?*
- *Was ist gut gelungen?*
- *Was müssen wir das nächste Mal verbessern?*

6. Schritt:

Überlegt, wie ihr die Ergebnisse den Schülern anderer Klassen, euren Eltern und Bekannten sowie euren Lehrerinnnen und Lehrern präsentieren könnt, z. B:

- *an einer Wandzeitung*
- *durch eine kleine Ausstellung*
- *in der Schülerzeitung*

→ *Aus Zahlen Diagramme zeichnen, siehe Seiten 156/157*
→ *Internet, siehe Seiten 74/75*

1 ***Lawinenunglück in Galtür (Österreich) im Winter 1999***

3

Mittwoch, 24. Februar 1999

Tödliche Lawine traf das Zentrum des Ferienortes Galtür

Sie gruben mit Schaufeln und bloßen Händen in den Schneemassen. Verzweifelt kämpften Einheimische um das Leben der Verschütteten. Es war 16.15 Uhr, als gestern die Katastrophe über den kleinen Ort am Ende des Paznauntals in Tirol hereinbrach. Eine von drei Lawinen erreichte mit mehreren hundert Metern Breite den Dorfkern der Tourismushochburg. Mehrere Wohnhäuser und Frühstückspensionen wurden von der Staublawine einfach weggerissen. „Es war eine wahnsinnige Finsternis und Druckwelle“, berichtete eine Augenzeugin.

Die Alpen – ein gefährdeter Lebensraum

Lawinen

Staublawinen können entstehen, wenn in kurzer Zeit viel trockener Pulverschnee auf Altschnee fällt und dann auf der schrägen Fläche abgleitet. Große Geschwindigkeit und eine ungeheure Druckwelle bewirken schwere Zerstörungen.
Wird eine feste Schneeoberfläche z.B. durch Ski- oder Snowboardfahrer aufgebrochen, geht eine Schneebrettlawine ab.
Grundlawinen entstehen bei Tauwetter, wenn der Schnee weich, nass und schwer wird und auf der matschig gewordenen Unterlage ins Tal abrutscht.

Immer häufiger scheinen in den letzten Jahren in den Alpen schwere Naturkatastrophen aufzutreten, die große Schäden anrichten und auch Menschenleben fordern.
Die Bewohner sind es seit langem gewohnt, mit Naturgewalten zu leben. Die Erfahrung von Jahrhunderten hat sie gelehrt, an welchen geschützten Stellen sie ihre Dörfer sowie Höfe bauen und wo sie einigermaßen sicher ihre Verkehrswege anlegen können.
Durch den einsetzenden Massentourismus wurde jedoch der Alpenraum weiter erschlossen, die Dörfer wuchsen. Da Bauland knapp wurde, baute man nun auf Flächen, die man früher wegen Gefährdung mied. Weil deshalb Naturkatastrophen immer mehr Menschen im Alpenraum bedrohen, versuchen sich

2 ***Bannwald über Andermatt (Schweiz)***

4 ***Lawinenschutz über einer Straße***

diese zu schützen: Als sicherster Lawinenschutz gilt der **Bannwald**. In ihm kann sich keine Lawine entwickeln. Er kann auch Schneerutschungen von höher gelegenen Hängen aufhalten. Ist der Wald zum Beispiel durch Luftverschmutzung geschädigt und damit nicht mehr so dicht, dann bietet er keinen ausreichenden Schutz. Oft hat man ihn aber auch gerodet, um Almen zu erweitern oder um neue Skipisten anzulegen. Deshalb muss man nun durch aufwändige Baumaßnahmen die Siedlungen und Verkehrswege vor Lawinen schützen. Nach dem Unglück in Galtür wurden dort etwa 9 Mio. Euro in den Lawinenschutz investiert.

Muren entstehen meist dadurch, dass hoch oben am Berg die Pflanzendecke zerstört wird. Schmelzwasser aus Schnee oder Gewitterregen durchnässen den Berghang, der dann plötzlich ins Rutschen gerät. An murengefährdeten Stellen helfen meist keine Schutzbauten. Deshalb dürfen dort keine Häuser oder Verkehrswege gebaut werden.

Manchmal verursachen Muren große Katastrophen: So verschüttete 1987 eine riesige Mure das italienische Veltlintal, staute den Fluss Adda auf und schnitt die Stadt Bormio vom Verkehr ab.

Auch **Hochwasser** ist eine Gefahr. Wo Regenwasser nicht durch einen Bergwald aufgehalten wird, fließt es rasch zu Tal. Die Gebirgsbäche können dann bei Hochwasser 300-mal so viel Wasser führen wie normal. Im österreichischen Stubaital verteilte 1987 ein Hochwasser den Felsschutt über den gesamten Talboden.

6 ***Zerstörte Waggons nach dem Murenabgang 1995 in Vorarlberg (Österreich)***

5 ***Folgen des Hochwassers im Stubaital 1987***

1 *Gefahren durch Lawinen und Muren. Fasse zusammen:*
a) Ursachen für die Entstehung von Lawinen und Muren,
b) Auswirkungen für die Menschen,
c) Man sagt: „Stirbt der Bergwald, so drohen Hochwassergefahren." Beschreibe den Zusammenhang.

2 *Sind dir Naturkatastrophen bekannt, die in deiner Heimatregion aufgetreten sind? Berichte darüber.*

Alpen und Mittelgebirge

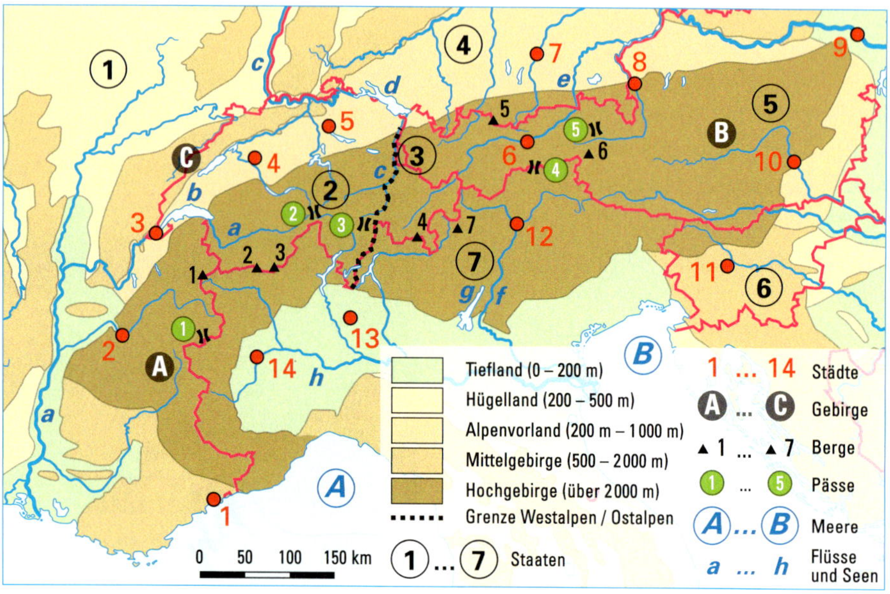

1

Wichtige Begriffe

Alpen
Bannwald
Eiszeitalter
Endmoräne
Faltengebirge
Fossilien
Gletscher
Gletscherbach
Gletscherzunge
Grundmoränen-landschaft
Hochgebirge
Hochwasser
Höhengrenze
Höhenstufe
Lawine
Massentourismus
Mure
Nährgebiet
Naturraum
Schneegrenze
Schotterfläche
Seitenmoräne
Sommersaison
Tal
Tourismus
Wintersaison
Zehrgebiet
Zungenbeckensee

1 *Wer kennt sich gut aus?*

Arbeite mit Karte 1 und benenne

a) die Staaten ① bis ⑦, die Städte 1 bis 14

b) die Berge 1 bis 7, die Gebirge A bis C

c) die Flüsse, Seen a bis h; Meere A und B

d) die Pässe 1 bis 5

2 *Eisverkäufer gesucht*

Stelle eine Eiskarte „Köstliches aus den Alpen und dem Alpenvorland" zusammen. Welche „Eisbecher" würdest du noch anbieten?

3 *Richtig oder falsch?*

- *Die Alpen sind das höchste Gebirge der Welt.*
- *Der Mount Everest ist höher als die Zugspitze.*
- *Oberhalb der Baumgrenze kann man gut Ackerbau betreiben.*
- *Der Bannwald schützt Dörfer vor Lawinen.*
- *Die Bewohner des Alpenraums leben heute vor allem von der Landwirtschaft.*

2

3

4

Teste dich selbst

mit den Aufgaben 1 c, 1 d und 5

4 Erkennst du die Unterschiede?

Vergleiche die Zeichnungen 3 und 4. Welche Veränderungen kannst du erkennen? Notiere sie in deinem Heft.

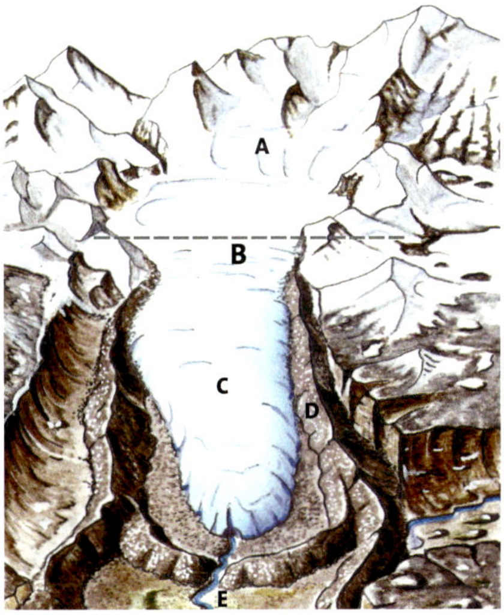

5

5 Gletscherexperte gesucht

Für welche Begriffe stehen die Buchstaben A–E und die gestrichelte Linie in der Zeichnung 5?

6 Tourismusexperten und Umweltschützer nehmen Stellung

„Je mehr Bergbahnen und Skilifte, desto besser." Bildet eine Gruppe mit Tourismusexperten und eine mit Umweltschützern. Diskutiert den Ausspruch.

7 Bilderrätsel

Welche zwei Begriffe sind im Bilderrätsel versteckt? Erkläre sie.

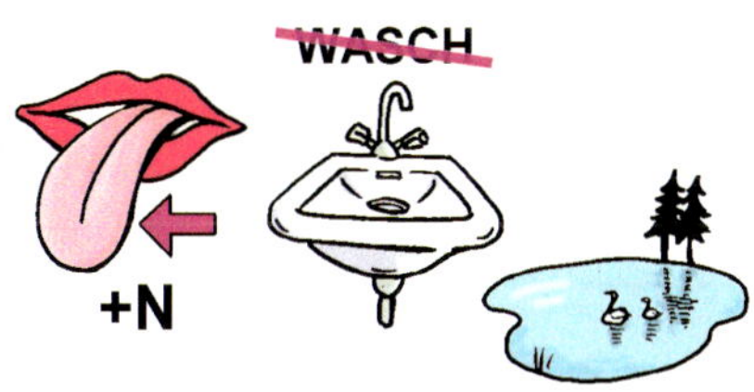

Training

1 *Mittelgebirgslandschaft bei Bischofsmais (Bayerischer Wald)*

Mittelgebirge

Bei einem Flug von München nach Berlin kann man selbst aus großer Höhe bewaldete Bergrücken erkennen, zum Beispiel Teile des Bayerischen Waldes und des Fichtelgebirges. Im Gegensatz zum schroffen Hochgebirge der Alpen haben sie sanft gerundete Formen und sind deutlich niedriger. Man bezeichnet sie deshalb als **Mittelgebirge**.

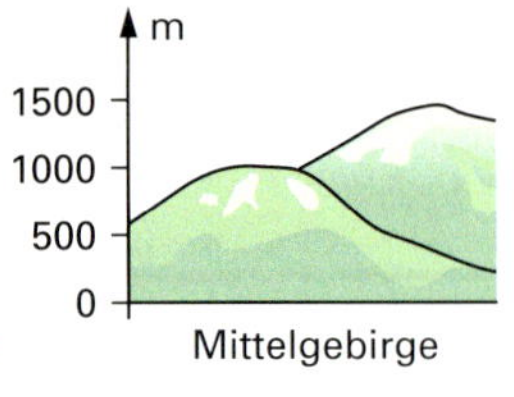

2

Der Formenschatz

Wie kommt es zu dem unterschiedlichen Aussehen von Hochgebirgen und Mittelgebirgen? Geologen erklären dies so: Im Erdaltertum, also vor mehreren hundert Millionen Jahren, waren die Mittelgebirge höher als heute. Mit der Zeit wurden diese abgetragen, sanken ab, und ein großes Meer überflutete sie. So lagerten sich auf den alten Gebirgssockeln, dem **Grundgebirge**, im Erdmittelalter die jüngeren Schichten des **Deckgebirges** ab.

Am Anfang der Erdneuzeit begann die Entstehung der Alpen. Dabei wurde der Gesteinskörper der Mittelgebirge verbogen und zerbrochen. Vor allem an seinen Rändern wurden einzelne Schollen herausgehoben und deshalb stark abgetragen (zum Beispiel Bayerischer Wald und Schwarzwald). Deshalb treten hier an vielen Stellen Gesteine des alten Grundgebirges, wie Gneis und Granit, zu Tage. Heute ist oft nur noch der Rumpf dieser **Bruchschollengebirge** übrig. Höhere Teile sind inzwischen abgetragen, Gräben teilweise aufgefüllt worden.

3 ***Deutsche Mittelgebirge***

- *Schwarzwald (Feldberg, 1493 m)*
- *Bayerischer Wald, (Großer Arber, 1457 m)*
- *Erzgebirge (Fichtelberg, 1214 m)*
- *Harz (Brocken, 1142 m)*
- *Fichtelgebirge (Schneeberg, 1051 m)*
- *Schwäbische Alb (Lemberg, 1015 m)*
- *Thüringer Wald (Großer Beerberg, 982 m)*

→ *Gneis und Granit, siehe Seite 82*

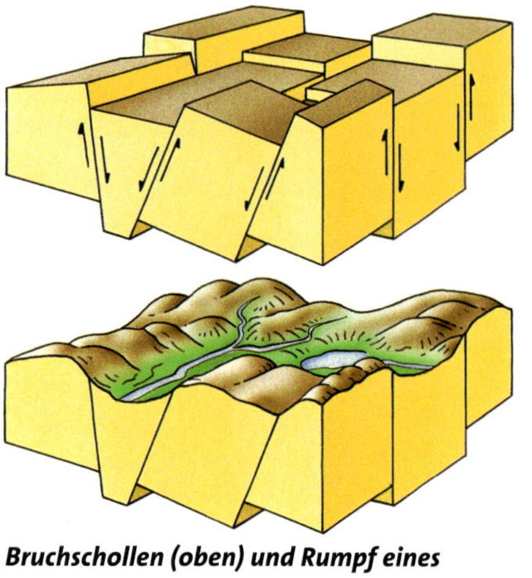

4 ***Bruchschollen (oben) und Rumpf eines Bruchschollengebirges (unten)***

5 **Schichtstufenlandschaft bei Streitberg (Fränkische Alb)**

Das Süddeutsche Schichtstufenland

Eine besondere Entwicklung nahm das Süddeutsche **Schichtstufenland**. Hier wurden die Gesteinsschichten des Deckgebirges bei der Auffaltung der Alpen nur wenig herausgehoben, dafür aber etwas gekippt. Im Nordwesten lagen sie daraufhin ein wenig höher. Deshalb wirkte hier die Abtragung besonders stark. Die Ränder der einzelnen Schichten wurden treppenförmig immer mehr nach Süden und Südosten zurückverlegt.

6 **Schichtstufen in der Schwäbischen Alb**

Ein solcher Treppenrand ist in der Fränkischen Alb und der Schwäbischen Alb besonders gut zu erkennen. Mit der Eisenbahn oder dem Auto fährt man zwischen Stuttgart und Ulm die steile Stufe des Albrandes auf der „Geislinger Steige" hinauf. Früher konnte die Bahn diese Steigung nur mit einer zweiten Lokomotive überwinden.

An einigen Stellen befinden sich vor den Schichtstufenrändern einzelne Erhebungen. Diese Berge bezeugen, dass die Schichtstufe früher bis hierhin reichte. Man nennt sie deshalb **Zeugenberge**.

1 *Erkläre mithilfe der Zeichnungen im Schema 4, warum heute von den Bruchschollen nicht mehr viel zu sehen ist.*

2 *Überlege, wie man den Aufbau des Süddeutschen Schichtstufenlandes mit einem einfachen Modell veranschaulichen kann. Welche Materialien würden sich dafür gut eignen?*

3 *Beschreibe und erkläre den Unterschied zwischen Hochgebirgen und Mittelgebirgen.*

Kaum zu glauben

In einem Steinbruch in Solnhofen bei Eichstätt fand man mehrere versteinerte Skelette einer seltsamen, taubengroßen Tierart. Dieses Tier hatte schon Flügel wie ein Vogel, aber auch Zähne in seinem langen Schnabel wie ein Saurier. Dieser „Urvogel" Archäopteryx lebte vor etwa 150 Millionen Jahren, als weite Teile Süddeutschlands von einem Meer bedeckt waren.
Du kannst ihn in Eichstätt im Museum besichtigen.

7 **Archäopteryx**

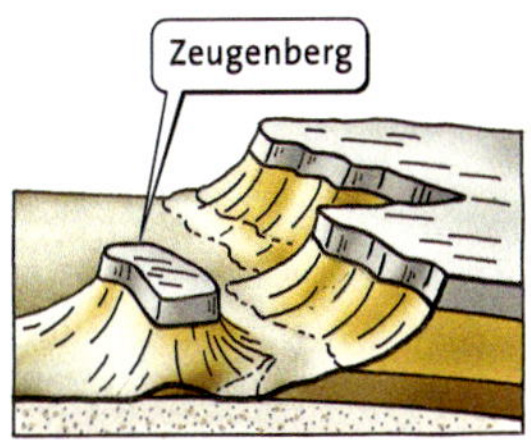

8 **Schichtstufe mit vorgelagertem Zeugenberg**

1 ***Logo des Nationalparks Bayerischer Wald***

2 „Nächste Station ‚Seelensteig'! Der Nationalpark-Erdgasbus hält neben einem rauschenden Bach. Eine Brücke führt hinüber, und schon befindet man sich in einem dunklen ‚Urwald'. Über einen auf Pfählen verlaufenden Steg wandert man über vermodernde Urwaldriesen, zwischen moosbedeckten Felsblöcken, zwängt sich an jungen Büschen vorbei und blickt auf silbergraue, abgestorbene Fichten. Jung und alt, beginnendes Pflanzenleben und verrottende Pflanzenreste. Dieser Kreislauf wird dem Besucher hier deutlich vor Augen geführt."

3 ***Im Nationalpark Bayerischer Wald***

Nationalpark Bayerischer Wald – Natur Natur sein lassen

Kaum zu glauben
Der Nationalpark Bayerischer Wald ist das größte Naturwaldschutzgebiet in ganz Mittel-, Süd- und Westeuropa.

Schon gewusst?
Als erster Nationalpark der Welt wurde 1872 der Yellowstone-Nationalpark in den USA gegründet. Heute gibt es weltweit über 2 000 Nationalparke, davon 13 in Deutschland.

→ *Nationalpark Wattenmeer, siehe Seiten 94/95*

Wälder und Tiere im Nationalpark

Das Nationalparkgebiet ist größtenteils vom Wald geprägt. Dazwischen gibt es Hochmoore, die aus meterdicken Torfschichten bestehen, kristallklare Bergbäche und kleinere Seen.

In der Tierwelt ist die ursprüngliche Artenvielfalt des Bayerischen Waldes nicht vollständig erhalten geblieben. Wolf, Bär und Luchs z.B. wurden schon vor über 150 Jahren vom Menschen ausgerottet. Der Luchs jedoch hat heute von Böhmen (Tschechische Republik) her wieder selbst zurückgefunden. Auch die natürlich vorhandene Pflanzenwelt hat der Mensch stellenweise über lange Zeit umgestaltet, um die Flächen besser nutzen zu können.

Das Naturerbe bewahren

Ohne Eingriffe des Menschen wäre Mitteleuropa heute fast vollständig mit Urwäldern bedeckt. Einen großen Teil der Wälder hat man jedoch schon vor Jahrhunderten gerodet, um Weiden und Äcker anzulegen. Der verbliebene Wald liefert den nachwachsenden Rohstoff Holz, der vielseitig verwendet werden kann, z.B. als Brennstoff, zur Papierherstellung, für Möbel oder beim Hausbau. Deshalb pflanzten die Menschen im Wirtschaftswald meist nur Bäume, die schnellen und hohen Ertrag brachten.

Im **Nationalpark** geht man neue Wege. Der Wirtschaftswald wird nicht mehr genutzt und entwickelt sich wieder hin zum Naturwald. Dort finden vom Menschen verdrängte Tiere und Pflanzen eine sichere Heimat. Der Mensch soll aber nicht ganz ausgeschlossen werden: Besucher finden im Nationalpark Erholung, können ursprüngliche Natur

erleben und sich die natürliche Waldentwicklung in Informationszentren zeigen lassen.
Im Nationalpark gelten jedoch besondere Vorschriften. Wege dürfen nicht verlassen, Pilze nicht gesammelt und Gewässer nicht mit Booten befahren werden. Ebenso ist es verboten, in den Seen zu baden, an ihren Ufern Feuer zu machen oder zu campieren.

Werden – Wachsen – Vergehen: ein ewiger Kreislauf der Natur

Natur entwickelt sich im Nationalpark, wie sie will, darf sich frei entfalten – ohne dass der Mensch eingreift. In dieser Waldwildnis werden Bäume wieder alt, hoch und dick – bis sie, vom Sturm umgeworfen oder von natürlichen Feinden wie dem Borkenkäfer befallen, eines Tages absterben. Bald nehmen dann junge Bäume den Platz der alten Riesen ein, die langsam am Boden vermodern und dabei Nährstoffe freigeben.
Zwischen Großem Rachel und Lusen hatte sich seit etwa 1990 der Borkenkäfer wegen besonders warmer Sommer explosionsartig vermehrt. Riesige Waldflächen sind dadurch abgestorben; kahle, graue Baumruinen ragten in den Himmel. Für viele Touristen und auch Einheimische war es schwer, diese ungewohnte Wandlung des Waldes zum Urwald als Naturereignis zu begreifen. Aber überall grünt es nun bereits zwischen den abgestorbenen Baumriesen und sehr viele junge Bäumchen sprießen empor; schon in einigen Jahren wird ein artenreicher neuer Wald entstanden sein.

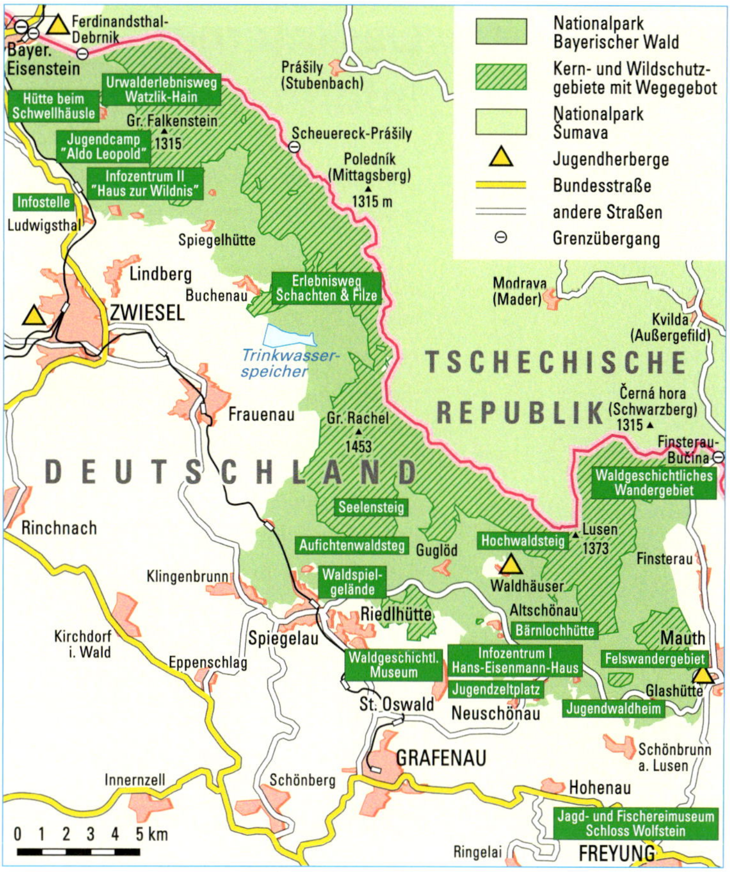

4 ***Lage des Nationalparks Bayerischer Wald***

1 Erkläre das Motto des Nationalparks „Natur Natur sein lassen“.

2 Erarbeite mithilfe der Karte 4, mit welchen Einrichtungen man im Nationalpark versucht, bei den Besuchern Verständnis für die Natur zu wecken.

3 Manche Besucher halten sich nicht an die strengen Regeln. Beschreibe mögliche Folgen.

Das Internet – eine unerschöpfliche Informationsquelle

Im Internet findest du eine fast unüberschaubare Fülle von Informationen zu allen erdenklichen Bereichen wie Unterhaltung, Freizeit, Beruf, Wirtschaft, Politik, Sport oder Bildung.
Auch im Erdkundeunterricht ist der Computer ein hilfreiches Mittel, mit dem du dich genauer über bestimmte Themen kundig machen kannst. Hier erfährst du an einem Beispiel, wie du dich im „Internetdschungel" zurechtfindest.

„Im Erdkundeunterricht haben wir heute viele interessante Dinge über den Nationalpark Bayerischer Wald erfahren", erzählt Anna zu Hause, „auch dass dort einiges für Kinder geboten wird."
Kurzerhand beschließt Annas Familie, die in Tirschenreuth wohnt, an einem Wochenende einen Ausflug in den nahen Nationalpark zu machen. Anna setzt sich an den Computer und beginnt mithilfe des Internets mit der Planung: Gibt es geführte Wanderungen und Lehrpfade? Lohnt sich ein Besuch im Informationszentrum oder ein Rundgang im Tiergehege? Anna weiß, wie sie Öffnungszeiten, Telefonnummern und Lagebeschreibungen im Internet findet.

David wohnt in Aschaffenburg, weit entfernt vom Bayerischen Wald, und überlegt, ob nicht auch in seiner Umgebung Naturschutzgebiete vorhanden sind, die man besuchen könnte. Sein Erdkundelehrer gibt Auskunft: „In Deutschland gibt es derzeit über 90 Naturparke. Diese unterscheiden sich zwar von Nationalparken, verfolgen aber ähnliche Ziele." David will mehr darüber wissen und setzt sich an den PC.
Sobald man in ein Programm für den Internetzugang (Browser) die Adresse, z.B. der **Naturparke** (www.naturparke.de), eingibt, erscheint die Startseite (Homepage). Bewegt man mit der Maus das Zeichen (Cursor) auf dem Bildschirm, erscheint an einigen Stellen (Menüpunkte) eine Hand (Link = engl. für Verbindung mit anderen Internetseiten). Mit einem Doppelklick lässt sich die Seite öffnen (zum Beispiel „Karte").
Genau wie Anna und David kannst auch du im Internet mehr über einen Naturpark in der Nähe deines Heimatortes herausfinden.

Sich im Internet informieren

1. Schritt: *Überlege dir zunächst, welche Art von Informationen du brauchst (Zahlen, Sachtexte, Karten usw.). Fertige dir dazu eine Liste mit Stichpunkten an.*

2. Schritt: *Prüfe auf der Startseite, welche Menüpunkte dich zu den gesuchten Informationen führen können (z. B. „Aktuelles", „Wir über uns", „Naturparke", „Diskussionsforum", „Infothek", „Kontakt", „Intern"). Deine Stichpunkte helfen dir, nach geeigneten Schlagworten und Oberbegriffen zu suchen.*

3. Schritt: *Notiere die Antworten und stelle deine Ergebnisse übersichtlich in einer Tabelle dar.*

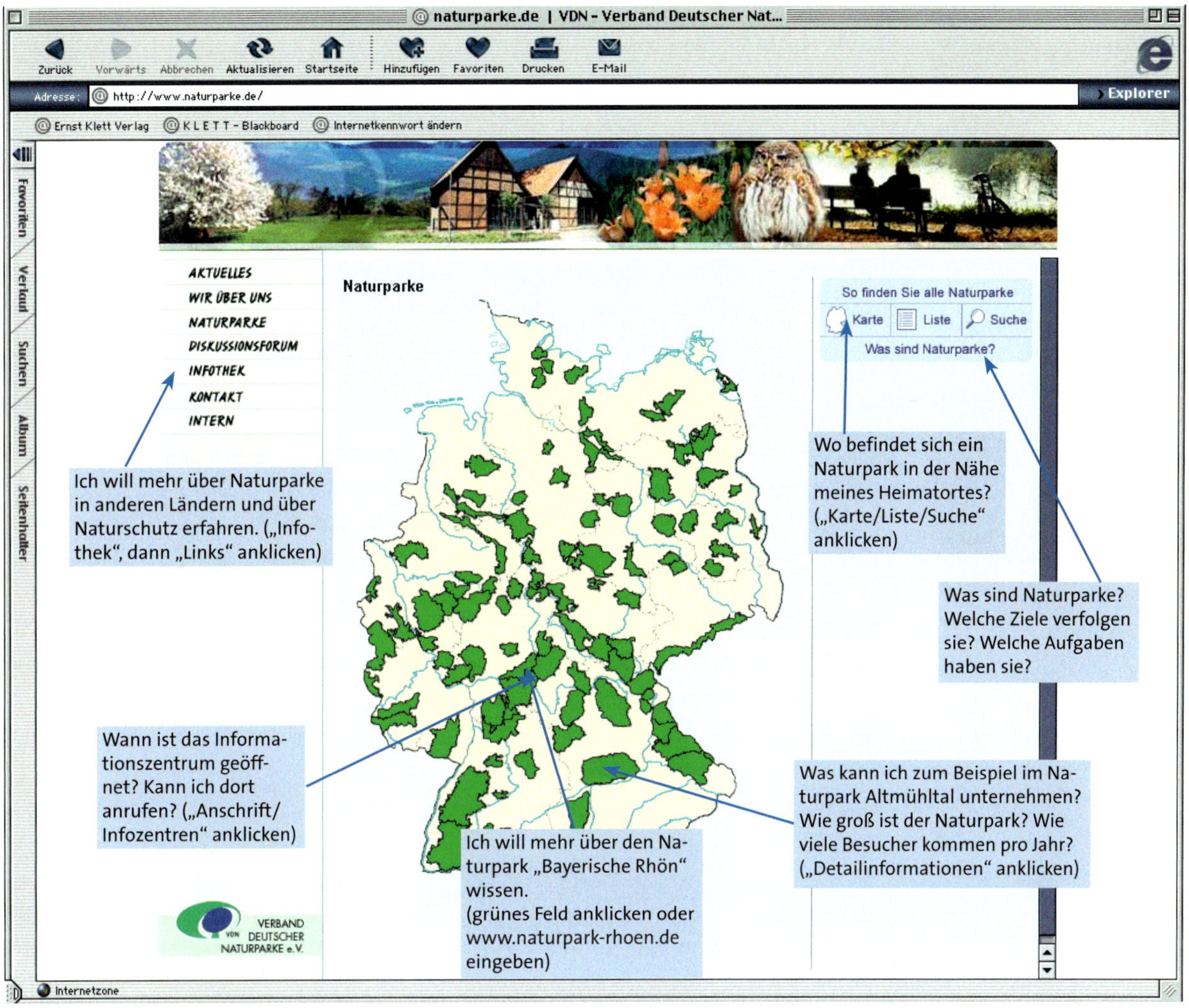

1

1 *Sammle wichtige Informationen zum Nationalpark Berchtesgaden. Übertrage dazu die Tabelle 2 in dein Heft und ergänze sie mit weiteren Stichpunkten. Trage deine Ergebnisse im Computerraum in der Schule oder an deinem PC zu Hause in die Tabelle ein.*

2 *Plane einen Tagesausflug in den Nationalpark (Anfahrtswege, Wandermöglichkeiten, Führungen, ...)*

2

Nationalpark Berchtesgaden:
www.nationalpark-berchtesgaden.de

Lage, Größe, Anfahrt: im Südosten von Bayern, an der Grenze zu Österreich, ...

Tierwelt (Fauna): Gämse, Murmeltier, Schneehase, Steinadler, ...

Erlebnistouren/geführte Wanderungen: „Den Tieren auf der Spur“, „Probier's mal mit Gemütlichkeit“, ...

... ...

① *Reißender Bergbach*

② *Flussschlinge in flachem Flussabschnitt*

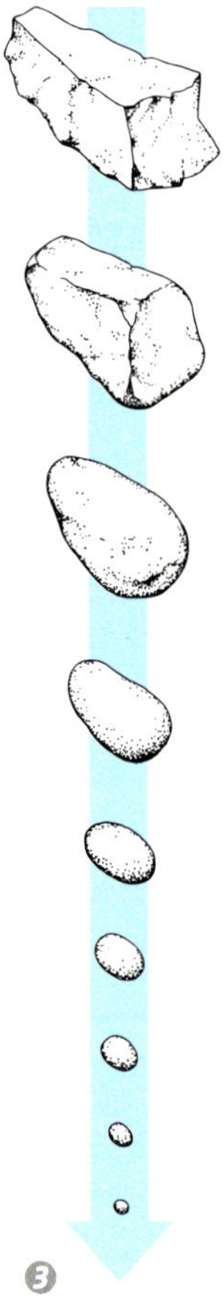

③

Flusslandschaften

Von der Quelle bis zur Mündung ins Meer durchfließt ein Fluss mehrere Abschnitte. Sein **Oberlauf** liegt oft in einem Gebirge. Hier ist das Flusstal steil, eng und tief eingeschnitten. Der Fluss fließt schnell. Er kann viel Material abtragen und mit sich führen. Im **Mittellauf** weitet sich das Tal. Das Gefälle des Flusses wird geringer. Im **Unterlauf** wird der Fluss breit und träge. Oft fließt er in weiten Schlingen und lagert viel Material ab. Deshalb liegt manchmal hier das Flussbett sogar etwas höher als die Umgebung.

Die Transportkraft des Wassers

Je schneller Wasser fließt, umso mehr und umso größere Gesteinsbrocken führt es mit sich. In reißenden Gebirgsbächen kann es durch die hohe Kraft des Wassers sogar zum **Transport** von metergroßen Felsbrocken kommen. Die kantigen Steine schleifen sich beim Transport im Wasser gegenseitig ab und werden so allmählich immer runder. Man bezeichnet dieses Material als **Geröll** – auch deshalb, weil es am Grund des Gewässerbetts rollend oder springend transportiert wird, während die feinen, leichten Schwebstoffe im Wasser treiben.

Auf seinem Weg kann ein Bach oder Fluss Material **abtragen**, indem er sich in den Untergrund einschneidet und sein Tal eintieft. Man bezeichnet dies als **Erosion**. An den Außenseiten von Flussbiegungen fließt der Fluss schneller, sodass er hier, am Prallhang, das Ufer angreifen und Material abtragen kann. Auf der Innenseite einer Flussbiegung, dem Gleithang, ist die Fließgeschwindigkeit geringer.

Wo die Geschwindigkeit und damit die Transportkraft des Wassers nachlässt, kommt es zur **Ablagerung** (Akkumulation) des mitgeführten Materials. Dies führt zur Aufschüttung von Sand- und Kiesbänken. Wo Flüsse in einen See oder in ein Meer münden, lagern sie große Materialmengen als fächerartige Aufschüttungen ab, die man als Deltas bezeichnet (nach der Form des griechischen Buchstaben Δ).

Der Mensch verändert Flusslandschaften

Viele Bäche und Flüsse sind heute begradigt, von Dämmen eingeengt und durch Staustufen unterbrochen. Dadurch wurde das Landschaftsbild oftmals erheblich verändert. Bei starken Niederschlägen kann es zu schweren Überschwemmungen kommen, weil sich das Wasser nicht mehr auf größere Flächen verteilen kann. Dies war mit ein Grund für die schwere Flutkatastrophe in Deutschland im Sommer 2002.

④

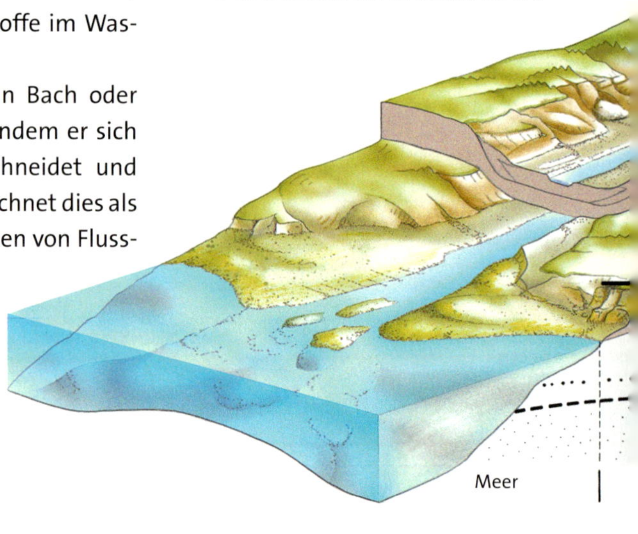

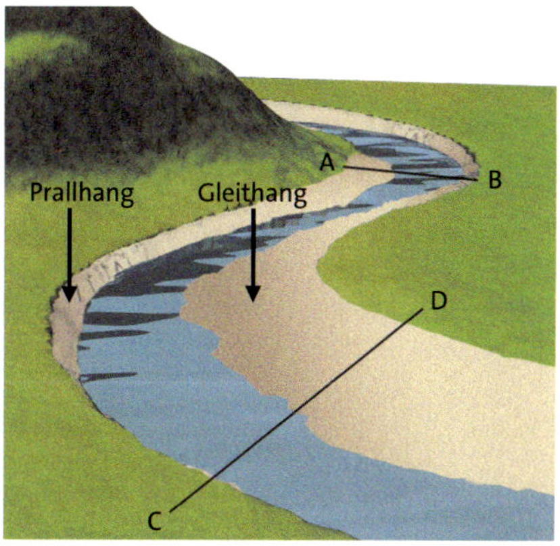

Prall- und Gleithang in einer Flussschlinge

1 Erkläre, warum am Prallhang Abtragung, am Gleithang hingegen Ablagerung von Material stattfindet.

2 Beim Hochwasser 2002 standen viele Städte unter Wasser. Erkläre, warum das Katastrophenrisiko niedriger, aber auch höher würde, wenn man Flussdämme stark erhöhte.

3 Erkläre die Abfolge der Geröllformen in Zeichnung 3.

4 Skizziere zwei Flussprofile entlang der Linien A – B sowie C – D.

Kaum zu glauben

Der Chiemsee, Bayerns größter See, reichte nach dem Abschmelzen der eiszeitlichen Gletscher noch weit nach Süden in die Chiemgauer Berge hinein. Seither hat er durch die Ablagerungen der Tiroler Ache etwa die Hälfte seiner ursprünglichen Ausdehnung verloren. Man hat errechnet, dass die Ablagerungen der Ache den Chiemsee in etwa 10 000 Jahren völlig aufgefüllt haben werden.

→ *Staustufen, siehe Seite 79*

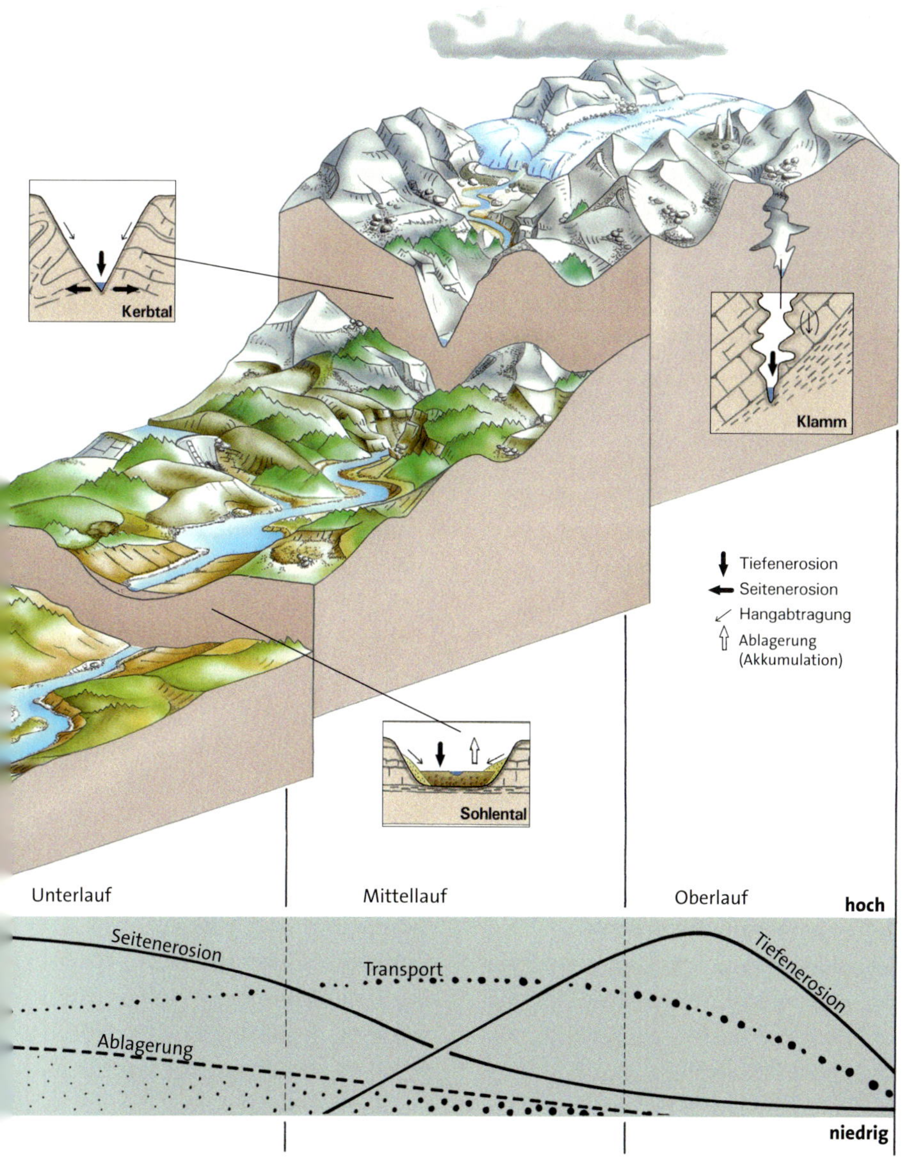

Rheinverlauf

Rheinlandschaft Mitte des 19. Jahrhunderts

Vom Strom zum Schifffahrtsweg – der Oberrhein

Der wilde Rhein

Noch vor 200 Jahren war der Oberrhein ein wilder Strom. Wenn Schmelzwässer oder lang anhaltende Regenfälle ihn anschwellen ließen, trat er häufig über die Ufer und überschwemmte breite Landstriche. Dabei schuf er sich immer wieder neue Fließrinnen und zerstörte Wälder, Ackerflächen und sogar ganze Dörfer. In den versumpften Überschwemmungsgebieten waren auch die Gefahr von Seuchen und die Plage durch Stechmücken groß.

Erste „Korrekturen“ am Rhein

Um die Menschen und ihre Siedlungen vor Hochwasser zu schützen, begann man Anfang des 19. Jahrhunderts den gesamten Oberrhein zu begradigen und in ein festes Bett zu zwängen. In mühsamer und langwieriger Arbeit wurden große Gräben ausgehoben, die jeweils eine Flussschlinge abschnitten und den Flusslauf abkürzten. Mit dem ausgehobenen Material wurden Dämme auf beiden Seiten des Flusses aufgeschüttet. Als der Rhein schließlich in diese Leitgräben umgelenkt wurde, vertiefte und verbreiterte er das neue Flussbett. Er war nun insgesamt um 81 km kürzer geworden. Allerdings floss er deshalb auch schneller und vertiefte sein Bett immer mehr in den Untergrund. Dies hatte auch zur Folge, dass der Grundwasserspiegel absank und die alten Rheinarme weitgehend austrockneten.

Sicherung der Schiffbarkeit

Da sich auch im begradigten Flussbett immer wieder Kiesbänke und Inseln bildeten, konnte der Fluss nur mit kleineren Schiffen befahren werden. Deshalb wurde die Fahrrinne verbreitert, sodass nun selbst bei Niedrigwasser Schiffe mit zwei Metern Tiefgang stromauf bis Basel fahren konnten.

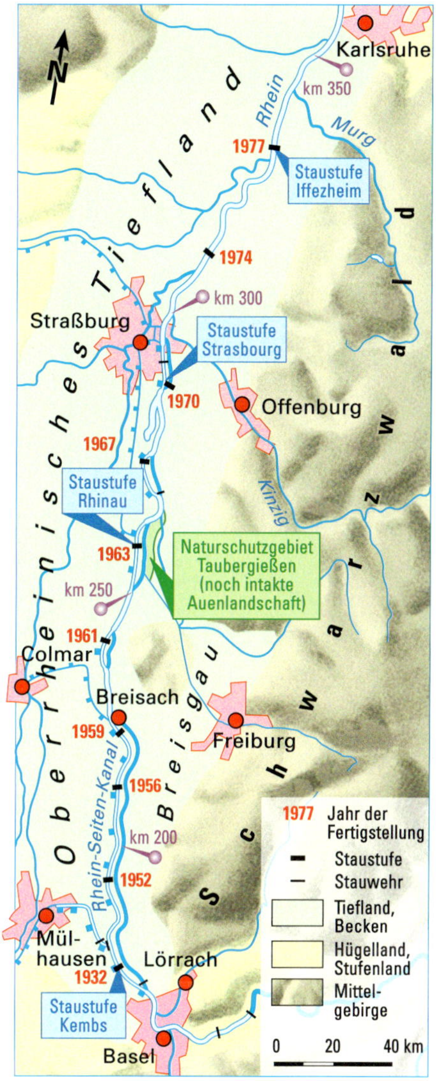

Ausbau des Oberrheins

4 Der Rhein heute bei Breisach

Weitere Ausbaumaßnahmen

Im 20. Jahrhundert wurde der knapp 60 km lange Rheinseitenkanal von Kembs bis Breisach gebaut. In seinem betonierten Bett regulieren Staustufen den Wasserstand. Sie dienen auch der Stromerzeugung. Der Oberrhein selbst verlor dadurch aber viel Wasser und verkümmerte zu einem schmalen und seichten Rinnsal. Der Grundwasserspiegel sank erneut ab.

Um weitere Schäden zu vermeiden, wurde beim Ausbau zwischen Breisach und Straßburg die so genannte Schlingenlösung angewandt. Dadurch wird ein Teil des Wassers nun seitlich um die Staustufen herum in künstlichen Kanalschlingen wieder dem Flussbett zugeführt. Um den Wasserspiegel des Rheins hoch zu halten, wurden flussabwärts weitere Staustufen gebaut.

1 *Beschreibe mithilfe der Darstellung (2) und des Fotos (4), wie sich die Landschaft am Oberrhein seit Mitte des 19. Jahrhunderts bis heute verändert hat.*
2 *Warum war Schifffahrt auf dem Rhein vor dem Ausbau schwierig?*
3 *Erläutere Vorteile und Nachteile der Maßnahmen, mit denen die Menschen in den Lauf des Oberrheins eingegriffen haben.*
4 *Welche Ausbaumaßnahmen kennst du, die an Flüssen in deinem Heimatraum vorgenommen wurden?*

1

2

3

4

5

→ *Großlandschaften Bayerns, siehe Karte am Ende des Buches*

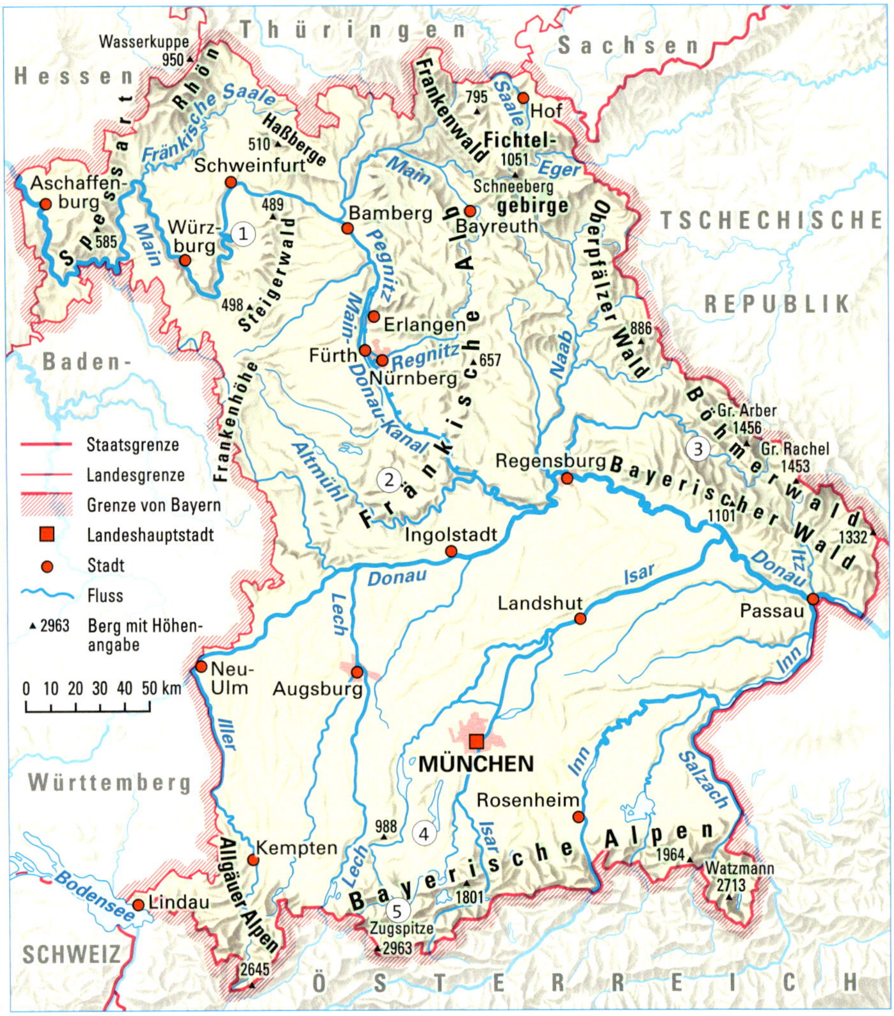

6

Oberflächenformen in deiner Heimat

In Bayern gibt es ganz verschiedene Landschaftstypen. Auch dein Heimatraum weist ganz bestimmte, charakteristische Oberflächenformen auf.

Stell dir vor: Du sollst einem Brieffreund in einem ganz anderen Teil der Welt, der dich noch nicht besucht hat, einen Brief schreiben und die Landschaft deiner Heimatregion beschreiben. Du denkst dabei sicher an die Entstehung deiner Region, die typischen Landschaftsformen und die Gewässer. Der folgende Text soll dir beim Schreiben helfen.

Großlandschaften Bayerns

- Nördliche Kalkalpen: Höhen bis über 2500 m über NN, schroffe Felsformen, tiefe Täler, Spuren aus dem Eiszeitalter wie glatt geschliffene Felswände. Am Alpenrand Höhen kaum über 2000 m über NN; eher weichere, gerundete Formen.
- Alpenvorland: Südlicher Teil im Eiszeitalter mehrfach von Gletschern aus den Alpen bedeckt; kuppige, abwechslungsreiche Moränenlandschaft mit Mooren und Seen. Im nördlichen Teil

Schotterablagerungen der eiszeitlichen Schmelzwasserströme; große, ebene Schotterflächen; breite, zum Teil tief eingeschnittene Flusstäler.

- Fränkische Alb und Schwäbische Alb: Meist weite Hochflächen, 500 bis 600 m über NN gelegen; zum Teil tief eingeschnittene Täler. Viele Talformen heute ohne Bach oder Fluss (Versickerung im Kalkgestein); viele Höhlen. Am Übergang zwischen Fränkischer Alb und Schwäbischer Alb das „Nördlinger Ries" als kreisrunder „Kessel".
- Ostbayerisches Grenzgebirge: Aus harten Gesteinen wie Granit und Gneis aufgebaut; kuppige Mittelgebirgsformen bis über 1400 m über NN; an den Gebirgsrändern tiefe und oft enge Kerbtäler; durch Verwitterung entstandene „Felsburgen" und „Blockmeere".
- Rhön: Um den Gipfel der Wasserkuppe herum weite Hochflächen.
- Spessart: „Hochspessart" (über 500 m über NN) mit flachwelligen Landschaftsformen im Osten. Niedrigerer, kuppiger „Vorspessart" im Westen.
- Zwischen Fränkischer Alb im Süden und Rhön im Norden ausgedehnter Bereich tiefer gelegener Landschaftsteile, mit flachem bis leicht welligem Relief (größter Teil Frankens).
- Fränkische Beckenlandschaften: Mehrere große Beckenlandschaften, die durch Schichtstufen (zum Beispiel Frankenwald, Steigerwald, Haßberge) voneinander getrennt sind. Größte Becken: Mittelfränkisches Becken um Nürnberg, Mainfränkisches Becken („Gäuland") im Maindreieck um Würzburg. Flüsse (Main, Regnitz, Altmühl und andere) können nur durch enge „Pforten" aus diesen Becken abfließen.

7

Landschaftsschutz und Naturschutz
Überall in Bayern findest du Landschaften, die wegen ihrer großen Bedeutung für die Natur oder wegen ihrer Schönheit besonders geschützt sind; sie heißen Landschaftsschutzgebiete, Naturschutzgebiete, Naturparke oder Nationalparke.
In einem dicht besiedelten Land wie Deutschland ist es wichtig, dass die Nutzung besonders wertvoller Gebiete durch den Menschen eingeschränkt oder sogar ganz verboten wird. Diese Gebiete sollen mit ihren schützenswerten Tier- und Pflanzenarten erhalten bleiben und auch noch unsere Nachkommen erfreuen.

→ *Granit und Gneis, siehe Seite 82*

→ *Naturparke und Nationalparke, siehe Seiten 72/73 und 94/95*

→ *Kaum zu glauben: Nördlinger Ries, siehe Seite 14*

1 *Suche in der Karte 6, wo die Fotos 1–5 aufgenommen wurden. Wie heißt das jeweilige Gebiet?*
2 *Welche unter Schutz stehenden Landschaftsteile gibt es in deiner Umgebung? Erkläre, warum sie schützenswert sind.*
3 *Kennst du heimische Pflanzen und Tiere, die nur noch selten vorkommen oder gar vom Aussterben bedroht sind? Nenne einige Beispiele.*

Spurensuche im Heimatraum – Gesteine und Fossilien

Gesteine sammeln

Wenn du dir eine Gesteinssammlung anlegen willst, kannst du die Steine nach verschiedenen Methoden sortieren (zum Beispiel in kleinen Schachteln):

- *nach ihren Fundorten,*
- *nach ihrer Entstehung.*

Ein einfaches Gesteinsbestimmungs-Buch kann dir dabei gute Dienste leisten. Natürlich kannst du auch einfach nur Steine sammeln, die du schön findest.

Steine und Gesteine

Als Steine bezeichnet man einzelne Stücke; will man aber die verschiedenen Arten unterscheiden, so spricht man von Gesteinen.

Gesteine

Jede Gegend hat ihre bestimmten, typischen Gesteine. Wir sehen sie zum Beispiel in Äckern, auf Kiesbänken oder bei Wanderungen im Gebirge. Auch Häuser, Kirchen oder Brücken lassen oft erkennen, welche **Gesteine** in der Gegend vorherrschen. Wenn wir uns ein bisschen mit der Gesteinskunde beschäftigen, können wir einzelnen Steinen, die wir finden, Interessantes über ihre Herkunft und ihre Entstehung entlocken. Du lernst dies am besten, wenn du Steine selbst sammelst und sie etwas genauer betrachtest. Dann kannst du sogar kleine Kostbarkeiten entdecken, wie schöne Granat-Minerale, die zu Schmuckstücken verarbeitet werden, oder eine schöne Versteinerung.

Die meisten Gesteine auf unserer Erde sind aus glutflüssiger Gesteinsschmelze entstanden, wie sie im Erdinneren in großer Tiefe vorkommt. Steigt diese Schmelze nach oben, so kühlt sie immer mehr ab. Dabei kann sie schon einige Kilometer unter der Erdoberfläche langsam erstarren, und es entstehen **Tiefengesteine**. Dringt die Schmelze jedoch bis an die Oberfläche hoch, wie bei Vulkanausbrüchen, fließt sie dort aus, erkaltet und erstarrt schnell; so entstehen **Ergussgesteine**.

Granit (Tiefengestein)
Farbe: schwarzgrau bis rötlich gesprenkelt
Minerale: eckig und mit dem bloßem Auge erkennbar, stoßen ohne Zwischenräume aneinander, fast gleich groß und regellos

1

Basalt (Ergussgestein)
Farbe: dunkelblaugrau bis schwarz
Minerale: eckig, aber sehr klein und ohne Lupe kaum erkennbar

2

Gneis (Umwandlungsgestein)
Farbe: meist grau, weiß oder rötlich, Farbe in Streifen angeordnet
Minerale: etwa wie beim Granit, aber gerichtet, streifig bzw. schiefrig angeordnet

3

Buntsandstein (Ablagerungsgestein)
Farbe: rötlich bis braun
Minerale: sehr klein, gerundet und geschichtet; überwiegend Quarzkörner, die sich nur an einigen Stellen berühren

4

Kalkstein (Ablagerungsgestein)
Farbe: grau, hell- bis weißgrau, aber auch rötlich oder grünlich bis schwarzgrau
Minerale: mit bloßem Auge nicht erkennbar, sehr dicht, massig

5

Nagelfluh (Ablagerungsgestein)
Farbe: je nach enthaltenen Schottern, Aussehen wie Waschbeton
Mit Bindemitteln (zum Beispiel Kalk) fest zusammengebackene Gerölle.
Anderer Name: Konglomerat

6

Auch die härtesten Gesteine werden mit der Zeit durch Regenwasser und Frost zerstört. Der durch **Verwitterung** entstehende Gesteinsschutt reicht von großen Felsbrocken bis zu kleinsten Sandkörnchen. Dies alles wird durch Bäche, Flüsse und Gletscher abtransportiert und anderswo wieder abgelagert; so entstehen **Ablagerungsgesteine**. In Kiesgruben im Alpenvorland finden wir deshalb Gesteine aus den Alpen, in Kiesbänken der Donau vereinzelt sogar solche aus dem Schwarzwald. Im Lauf von Jahrtausenden können lockere Ablagerungen fest verbacken; aus Sand wird Sandstein, aus Flussschottern wird die so genannte Nagelfluh, die zum Beispiel im Allgäu am Alpenrand hohe Berge bildet. Durch Bewegungen in der Erdkruste können Gesteine wieder in große Tiefen gelangen. Wenn sie dort nicht wieder aufgeschmolzen werden, können sie durch hohen Druck und hohe Temperaturen gänzlich verändert werden; dabei entstehen **Umwandlungsgesteine**. Marmor ist zum Beispiel ein Umwandlungsgestein, das aus Kalkstein entstand.

Fossilien

In Ablagerungsgesteinen findest du häufig Abdrücke von Pflanzenteilen oder sogar Formen von Tieren. Oft lassen sich Muscheln erkennen, manchmal auch Fische. Dies zeigt, dass die Schichten dieser Gesteine einstmals unter Wasser abgelagert wurden. Solche oft viele Millionen Jahre alte Fossilien kann man zum Beispiel in den Kalkschichten der Fränkischen Alb entdecken. Sie zeigen häufig Tiere, die heute gar nicht mehr existieren, und geben den Forschern somit Hinweise auf die Lebewesen in früheren Zeiten der Erdgeschichte (zum Beispiel Archäopteryx).

Aus dem Lexikon
Minerale: die stofflich einheitlichen Körper der Erdkruste und kleinsten Bestandteile der Gesteine. So besteht Granit aus den Mineralen Feldspat, Quarz und Glimmer.

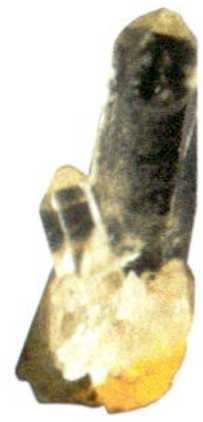

7 **Quarz**

8 **Glimmer**

9 ***Feldspat***

10 ***So sahen die Tiere aus***

11 ***So findest du sie heute***

→ *Kaum zu glauben: Archäopteryx, siehe Seite 71*

Wichtige Begriffe

Ablagerung
Ablagerungsgestein
Abtragung
Bruchscholle
Bruchschollengebirge
Deckgebirge
Ergussgestein
Erosion
Geröll
Gestein
Grundgebirge
Mittelgebirge
Mittellauf
Nationalpark
Naturpark
Oberlauf
Schichtstufenland
Tiefengestein
Transport
Umwandlungsgestein
Unterlauf
Verwitterung
Zeugenberg

1 Richtig oder falsch? Benutze auch den Atlas.

- *Schwäbische Alb und Fränkische Alb bilden die südliche Begrenzung Süddeutschlands.*
- *Die deutschen Mittelgebirge sind jünger als die Alpen, weil sie niedriger sind.*
- *In Mittelgebirgen kann man nicht Ski fahren, weil die Hänge zu steil sind.*
- *Mittelgebirge sind meist bis in die höchsten Lagen von Wäldern bedeckt.*
- *Der Harz ist das nördlichste Mittelgebirge in Bayern.*
- *Kein Mittelgebirge in Deutschland außer dem Schwarzwald weist Höhen über 1400 m über NN auf.*
- *Mittelgebirge heißen so, weil sie in der Mitte Deutschlands liegen.*

2 Für junge Geologen

Ordne den drei abgebildeten Steinen folgende Namen richtig zu: Kalk, Granit, Basalt. Welches Gestein ist ein Ergussgestein und welches ein Ablagerungsgestein? Wo kommen in Deutschland solche Gesteine vor? Nenne Gebirge. Informiere dich im Lexikon und im Internet.

a, b, c

3 Bilder zuordnen und erläutern

Welches Bild zeigt einen Teil des Bayerischen Waldes? Welches eine Schichtstufe der Fränkischen Alb? Begründe.

1

2

4 Bilderrätsel

Finde die Lösungen für die folgenden Bilderrätsel. Erkläre die Begriffe.

a, b

c

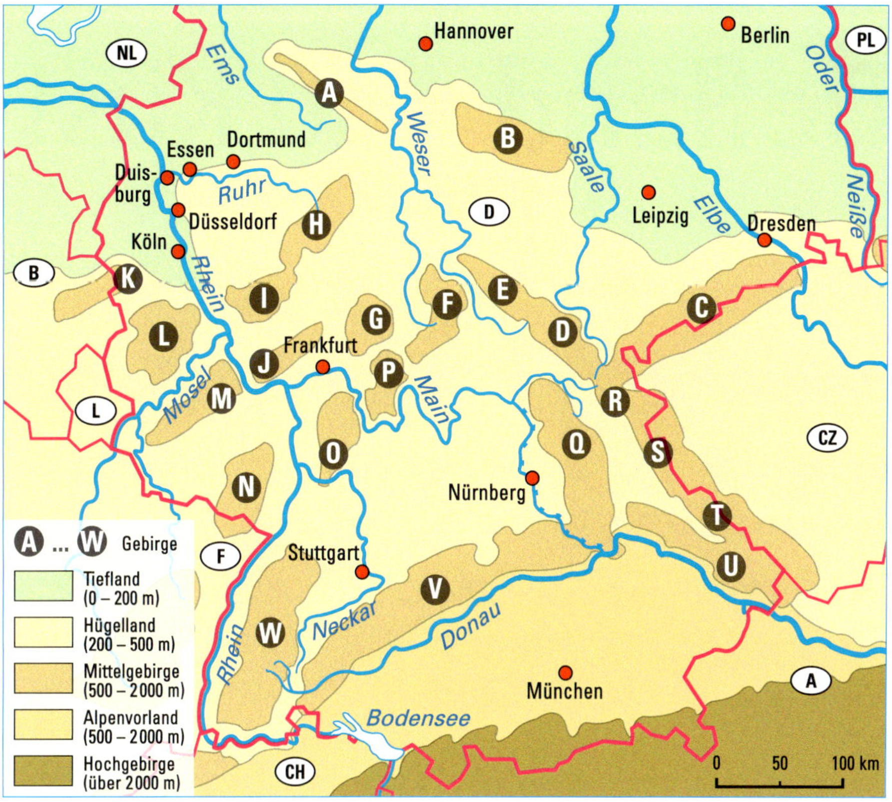

3

Teste dich selbst

mit den Aufgaben 3, 5c und 6

5 *Wer kennt sich aus?*

a) In welchen Mittelgebirgen entspringen die folgenden Flüsse (Benutze auch den Atlas.): Werra, Fulda, Naab, Donau, Main, Lahn?

b) Einige Mittelgebirge kann man als deutsche „Grenzgebirge“ bezeichnen. Welche sind dies? Welche Staaten trennen sie voneinander?

c) Welche deutschen Mittelgebirge liegen östlich des Thüringer Waldes, welche südlich des Mains?

d) Die in Karte 3 mit den Buchstaben H bis M versehenen Mittelgebirge werden auch oft unter einem gemeinsamen Namen zusammengefasst. Suche diesen im Atlas.

6 *Mittelgebirge von A bis W*

Wenn du die Buchstaben, mit denen Fichtelgebirge, Teutoburger Wald, Erzgebirge, Rothaargebirge, Thüringer Wald und Eifel in der Karte versehen sind, hintereinander schreibst, erhältst du den Namen eines Berges.

a) Wie heißt der Berg (Großer ...)?

b) Wie hoch ist er?

c) Wie heißt das Mittelgebirge, in dem er liegt?

7 *Für Leute mit Weitsicht*

Warum stehen auf vielen Zeugenbergen Burgen?

Training

Tiefland und Küste

Tiefland und Küste – diese beiden unterschiedlichen Landschaften begegnen dir im Norden Deutschlands. Gewaltige Gletscher haben hier vor hunderttausenden von Jahren, wie auch in den Alpen, ihre Arbeit verrichtet und das Aussehen des Tieflandes sowie der Küste geprägt. Die ungeheuren Kräfte des Meeres verändern auch heute noch ständig unsere Küsten. Komm mit auf Entdeckungsreise durch diese beeindruckenden Landschaften!

s t s e e
Hiddensee
Rügen
0 10 20 30 40 50 60 km
Greifswalder Bodden
Pommersche Bucht
Usedom
Wollin
Lübecker Bucht
Rostock
Peene
Stettiner Haff
Lübeck
Schweriner See
atzeburger See
Warnow
Kummerower See
P o m m e r n
Schwerin
M e c k l e n b u r g
aalsee
Müritz
Havel
Stettin
Plauer See
Elde
Elbe
P r i g n i t z
PL
Wendland
Barnim
Oderbruch
A l t m a r k
Berlin
Warthe
Colbitz-Letzlinger Heide
Havel
Potsdam
Oder-Spree-K.
burg
Elbe - Havel - Kanal
Scharmützelsee
Aller
Magdeburger Börde
weig
Spree
Oder
Magdeburg
Schwielochsee
F l ä m i n g
Spreewald
Neiße
Bode
87
Cottbus
Saale
Elbe

1 ***Vergletscherung Mitteleuropas in Kaltzeiten***

Kaum zu glauben

Während der letzten Kaltzeit war weltweit so viel Wasser in Form von Schnee und Eis gebunden, dass der Meeresspiegel um etwa 100 m tiefer lag als heute. Man hätte damals trockenen Fußes von Frankreich nach England laufen können.

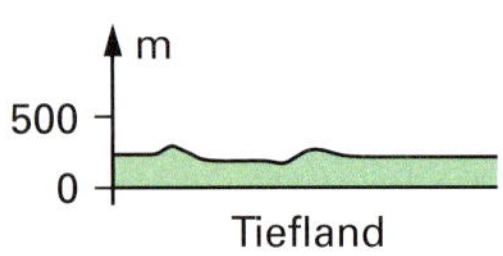

2

3 **Die letzten vier Kaltzeiten und Warmzeiten in Nord- und Süddeutschland**

Jahre vor heute	Name der Kaltzeit in...		
	Norddeutschland		Süddeutschland
		Warmzeit	
10 000			
	Weichsel		Würm
115 000			
		Warmzeit	
128 000			
	Saale		Riss
360 000			
		Warmzeit	
480 000			
	Elster		Mindel
600 000			
		Warmzeit	
810 000			
	Menap		Günz
900 000			

Eis formt Landschaften

Das Eiszeitalter

Vor etwa 2,5 Mio. Jahren wurde es auf der Erde kälter. Die durchschnittliche mittlere Jahrestemperatur sank um etwa 10 °C. Seitdem wechseln sich Zeitabschnitte mit tieferen Temperaturen (**Kalt**- bzw. **Eiszeiten**) und solche mit höheren Temperaturen (**Warmzeiten**) ab. Wir bezeichnen diesen Abschnitt der Erdgeschichte als **Eiszeitalter**. Eiszeitforscher sagen, dass wir in einer Warmzeit leben.

Während der Kaltzeiten bildeten sich gewaltige Gletscher, so wie wir sie heute in Grönland finden. Sie bedeckten nicht nur die Alpen, sondern auch den Bereich der heutigen Ostsee und weite Gebiete Norddeutschlands. Die Eismassen erreichten im Gebiet der Ostseeküste eine Mächtigkeit von etwa 1 000 m. In der vorletzten Kaltzeit (der Saale-Kaltzeit) stießen diese Gletscher weit über das heutige Hamburg und Berlin hinweg nach Süden vor. In der folgenden Warmzeit schmolzen sie wieder ab. Weil in der letzten Kaltzeit die Temperaturen nicht so stark sanken, dehnten sich die Gletscher auch nicht so weit nach Süden aus.

Vor etwa 10 000 Jahren begannen die Temperaturen wieder anzusteigen. Das Eis schmolz ab und ließ eine völlig veränderte Landschaft zurück.

Hügel und Seen entstehen

Du kannst dir einen Gletscher wie eine große Planierraupe vorstellen. Er ebnet Hügel ein, füllt Vertiefungen auf und zermahlt Gestein. So entstanden die **Grundmoränen** unter dem Eis. Vor sich schoben die Gletscher große bogenförmige Hügelketten auf, die **Endmoränen**.

Die im Sommer und vor allem am Ende der Kaltzeiten abfließenden Schmelzwässer durchbrachen an einigen Stellen die Endmoränen und lagerten davor das mittransportierte feine Material ab. Diese großen, ebenen Flächen (**Sander**) mit ihren wenig fruchtbaren Böden sind heute vielfach von Wäldern bedeckt. In breiten Urstromtälern floss das Schmelzwasser in Richtung Nordsee ab. Viele Flüsse folgen heute dem Verlauf dieser ehemaligen **Urstromtäler** (zum Beispiel die Elbe).

Die von den Gletscherzungen geformten Vertiefungen füllten sich mit Schmelzwasser und auch mit Niederschlagswasser. So entstanden die **Zungenbeckenseen**, wie du sie auch aus dem Alpenvorland kennst.

Die Abfolge dieser Landschaftsformen bezeichnet man als **glaziale Serie**.

An der Ostseeküste finden wir noch heute vielfältige Spuren des Eiszeitalters. Das unterschiedliche Aussehen einzelner Küstenabschnitte lässt sich durch die Tätigkeit der Gletscher gut erklären.

1 *Woran kannst du heute in der Landschaft erkennen, wie weit sich die Gletscher im Eiszeitalter ausgedehnt hatten?*

2 *Suche im Atlas Endmoränenzüge und Urstromtäler in Norddeutschland.*

3 *Beschreibe das Aussehen der Landschaft im Bereich der glazialen Serie. Benutze Grafik 4.*

4 *Warum hat man im Raum von Köln nie einen Findling entdeckt? Benutze auch Karte 1.*

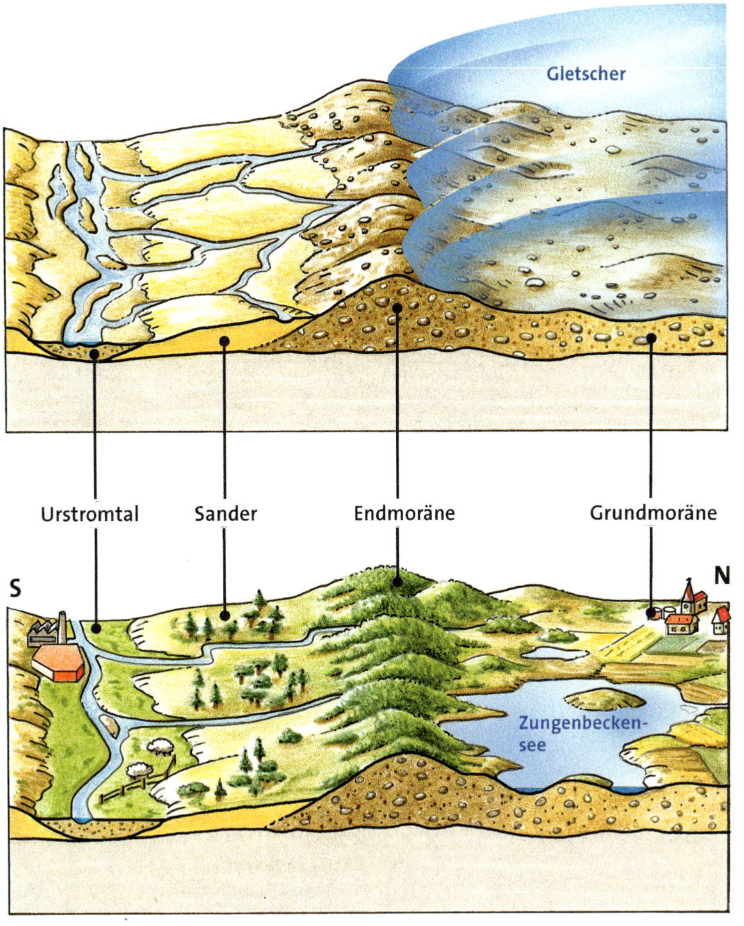

4 ***Glaziale Serie***

5 ***Der „Große Stein von Övelgönne" (Findling)***

Kaum zu glauben

Am 23.10.1999 wurde in der Fahrrinne der Elbe bei Hamburg einer der größten Findlinge Norddeutschlands gefunden: „Der große Stein von Övelgönne" (217 Tonnen schwer, Umfang fast 20 Meter, Höhe 4,5 Meter).

Findling

Vom Gletscher über große Entfernungen transportierter Gesteinsblock.

1

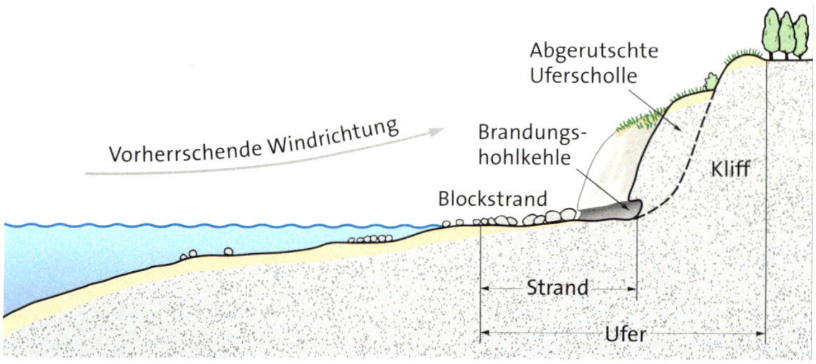

2 ***Profil einer Steilküste***

3

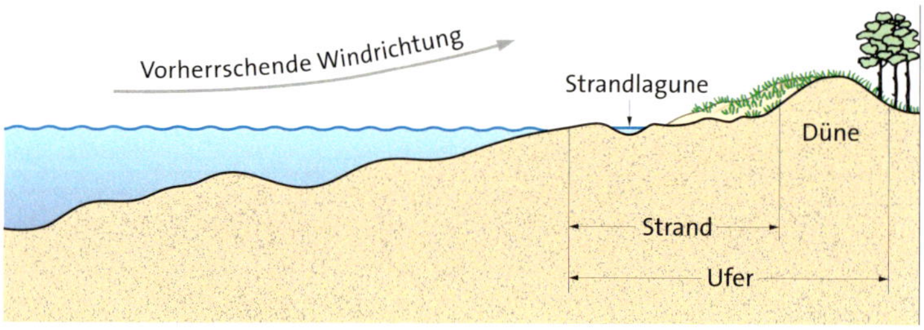

4 ***Profil einer Flachküste***

Küstenformen an der Ostsee

Küsten sind nichts Beständiges. Ununterbrochen verändern sie ihr Aussehen. Wenn auch keine Küste der anderen gleicht, so treten doch bestimmte Grundformen immer wieder auf. Dies sind z. B. die **Steilküste** und die **Flachküste**.

Vorsicht: Steil!

Fast senkrecht fallen die Kreidefelsen auf Rügen zum Meer hin ab. Wie kann man sich die Entstehung einer solchen Steilküste erklären?

Besonders im Herbst und im Frühjahr drücken starke Stürme das Wasser gegen die Küste. Dort stauen sich die Wassermassen zu großen Wellenbergen auf, die dann mit unvorstellbarer Wucht an das Festland donnern. Mit ihrer gewaltigen Kraft schlagen sie an den Fuß der steilen Felswand (Kliff). Dort lockern und zertrümmern sie immer und immer wieder das Gestein. Ist die Felswand schließlich so weit unterhöhlt, dass sie nicht mehr standfest ist, dann bricht das Gestein von oben nach.

Durch die ständige Abtragung wandert die Steilküste im Laufe der Zeit immer weiter zurück. In der südlichen Ostsee können das bis zu 25 cm im Jahr sein.

Flach und schön ausgeglichen

Die meisten Küsten im Bereich der deutschen Ostsee bestehen jedoch aus Grundmoränenmaterial, das während der letzten Kaltzeit abgelagert wurde. Diese Ablagerungen sind wenig widerstandsfähig und lassen sich leicht durch Wind und Wellen abtragen. Bei manchen Küstenabschnitten ringt das Meer dem Land pro Jahr bis zu 1,5 m ab.

5 ***Ostseeküste bei Heiligenhafen***

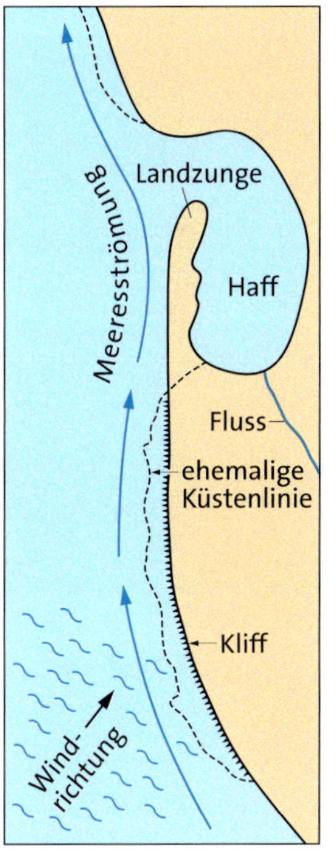

6 ***Ausgleichsküste***

Die abgetragenen feinen Sandteilchen führen aber an anderer Stelle zum Aufbau einer neuen, sehr flachen Küstenform, der so genannten Ausgleichsküste, die eine Sonderform der Flachküste darstellt.

Wenn der Wind schräg auf die Küste zu weht, werden die kleinen Sandkörner von der an der Küste entlangstreichenden Strömung mitgenommen.

Bei Einbuchtungen lässt die Kraft der Wellen nach, die Sandkörnchen werden abgelagert. Im Laufe der Zeit bildet sich eine Landzunge, die immer größer wird. Wächst sie schließlich bis zur Gegenküste der Bucht, entsteht ein Strandsee. Mündet in die abgeschnürte ehemalige Meeresbucht jedoch ein Fluss, so bleibt eine schmale Verbindung zum Meer erhalten. Solch eine nicht ganz abgeschnürte Meeresbucht bezeichnet man als Haff.

Mit der Zeit verschwinden die meisten Buchten, und die Küste nimmt eine geradlinige Form an. Eine Ausgleichsküste ist entstanden.

Bei der Abtragung geht oft wertvolles Land verloren. Viele Küsten müssen deshalb durch künstliche Bauwerke (zum Beispiel Buhnen aus Holz oder Beton als Wellenbrecher) oder durch Aufschüttungen von Sand vor zu schneller Abtragung geschützt werden (**Küstenschutz**).

1 *a) Beschreibe mithilfe der Fotos 1 und 3 die Steil- und die Flachküste.*
b) Erkläre anhand der Grafiken 2 und 4, wie Wasser und Wind diese Küsten verändern.

2 *Suche im Atlas Beispiele für Ausgleichsküsten an der Ostsee.*

3 *Warum weichen manche Küsten schneller, andere langsamer zurück?*

Kaum zu glauben

Im Durchschnitt weicht die Ostseeküste Mecklenburg-Vorpommerns um 34 Zentimeter pro Jahr zurück. Bei starken Stürmen können aber innerhalb von Tagen bis zu 20 Meter abgetragen werden.

Bei einer Landzunge der Insel Hiddensee (westlich von Rügen) wird ein Wachstum von 30 Metern innerhalb eines Jahres gemessen.

❶ ***Watt bei Niedrigwasser***

Ebbe und Flut

Urlaub an der Nordsee

Susi und Alexander sind schon ganz aufgeregt. Nach langer Fahrt von Bayern kommen sie endlich auf ihrer Urlaubsinsel Norderney an. Sechs Tage lang wollen sie hier bleiben. Noch während die Eltern im Ferienhaus auspacken, laufen die beiden zum Strand. Aber sie sind richtig enttäuscht: Von der Nordsee ist nichts zu sehen. Vor ihnen erstreckt sich eine ebene bräunlichgraue Fläche, durchsetzt mit vielen Wasserpfützen. Am Strand steht ein Schild mit der Aufschrift: „Lebensgefahr! Baden nur zu den festgesetzten Zeiten!" Was soll das nun wieder bedeuten? So hatten sie sich das Meer wirklich nicht vorgestellt.

Kaum zu glauben

Der Tidenhub, der in Wilhelmshaven 2,5 m und in Cuxhaven 1,5 m beträgt, kann die Höhe von mehrstöckigen Häusern erreichen. Beispiele:
Fundy Bay (Ostküste Kanadas) bis 21 m,
St. Malo (Westküste Frankreichs) bis 15 m.
Vergleiche mit der Höhe deines Schulhauses.

Die Gezeiten

Zweimal täglich steigt und fällt der Wasserspiegel an den Küsten der Erde. Diesen Wechsel nennt man **Gezeiten** oder **Tiden** (friesisch: Zeit). Den Zeitraum, in dem das Wasser ansteigt und auf die Küste zuläuft, nennt man **Flut**. Diese dauert 6 Stunden und 12 Minuten. Die Flut endet mit dem **Hochwasser** (HW). Anschließend fließt während der **Ebbe** das Wasser wieder von der Küste weg, bis das **Niedrigwasser** (NW) erreicht ist. Die Ebbe dauert genauso lange wie die Flut. Der Höhenunterschied zwischen HW und NW (**Tidenhub**) ist nicht überall gleich. Er kann nur wenige Dezimeter, wie an den Küsten der Ostsee, aber auch viele Meter, wie in der Bucht von Bristol in England (12 m), betragen. Die mittlere Höhe zwischen HW und NW bezeichnet man als **Normalnull** (NN).

Gezeitenkalender beachten

Ebbe und Flut dauern zusammen 12 Stunden und 25 Minuten. Das bedeutet, dass sich die Gezeiten täglich um etwa 50 Minuten verschieben. Das Wasser läuft aber nicht überall an der Nordseeküste gleichzeitig auf und ab. Daher hat jeder Ort einen eigenen Tidenkalender (Gezeitenkalender), damit die Menschen wissen, wann Hochwasser oder Niedrigwasser ist. Auch für Urlauber ist dieser Kalender sehr wichtig.

❷ **Tidenkalender von St. Peter Ording**

Tag	NW Uhr	HW Uhr	NW Uhr	HW Uhr
1	00.34	06.46	12.59	19.15
2	01.37	07.53	14.18	20.35
3	02.59	09.12	15.46	22.00
4	04.21	10.27	17.03	23.12
5	05.26	11.26	18.00	23.58
6	06.14	12.11	18.44	

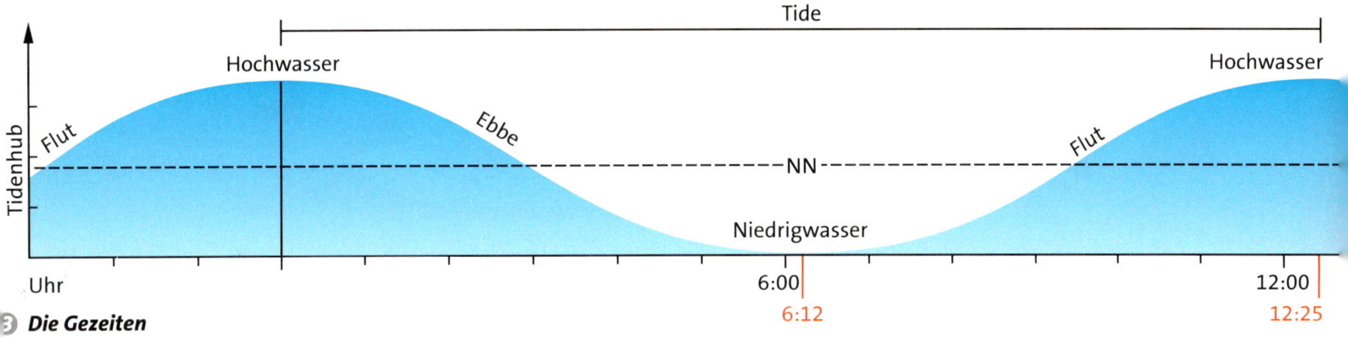

3 ***Die Gezeiten***

Schuld ist der Mond

Warum steigt und fällt der Wasserspiegel? Dafür sind zwei Kräfte verantwortlich. Das ist einmal die Anziehungskraft des Mondes. Genauso wie die Erde, zieht uns auch der Mond an, allerdings viel schwächer. Der Mond zieht das Wasser in seiner Richtung an, hebt es also etwas hoch. So entsteht ein Wasserberg (Flutberg). An den Stellen, von denen das Wasser weggezogen wird, herrscht Ebbe.

Die zweite Kraft, die Fliehkraft, ist für den Flutberg auf der mondabgewandten Seite verantwortlich. Du kennst diese Kraft schon: Wenn dich dein Vater an den Händen fasst und im Kreis dreht, darf er dich nicht loslassen, sonst wirst du nach außen geschleudert. Genauso werden die Wassermassen auf der vom Mond abgewandten Seite weggedrückt, weil sich auch die Erde mit ihren Meeren und der Mond um einen gemeinsamen Mittelpunkt drehen.

1 *Warum darf man bei einsetzender Ebbe nicht baden, auch wenn genügend Wasser vorhanden wäre?*

2 *Viele Menschen verwechseln Flut mit Hochwasser und Ebbe mit Niedrigwasser. Erkläre mithilfe von Grafik 3 den Unterschied.*

3 *Arbeite mit dem Tidenkalender (2): Zu welchen Zeiten dürfen Susi und Alexander an ihrem dritten Urlaubstag nicht baden?*

Surftipp

Mithilfe des Internets kannst du für viele Küstenorte den Gezeitenkalender erfahren: www.bsh.de

1

Muschelschill
Zerkleinerte Überreste von Muschelschalen

2

Montag, 5.8.

Liebe Chrissi,
hier ist es viel schöner, als wir zunächst dachten. Gestern haben wir mit einem Führer eine Wanderung im Watt gemacht. Wir durften barfuß im Schlick herumwandern und nach Tieren im Boden graben. Du glaubst gar nicht, was sich da so alles versteckt.
Deine Susi

Das Wattenmeer

Einzigartiger Naturpark

Das **Watt**, ein auf den ersten Blick lebloses Gebiet, zählt zu den letzten Naturlandschaften Deutschlands. Es erstreckt sich am südöstlichen Rand der Nordsee auf einer Küstenlänge von etwa 450 km.

Die Wattfläche zwischen dem Festland und den Nordseeinseln ist durchschnittlich etwa 10 km breit. Die fast brettebene Landschaft fällt bei Ebbe trocken und ist dann nur von Prielen durchzogen, in denen das Wasser abfließt und bei Flut zurückströmt. Bei Flut ist das Watt völlig überschwemmt, und nur einzelne Sandbänke ragen aus dem Wasser heraus.

Sand und Schlick

Das Watt kann nur deshalb im Wechsel der Gezeiten überflutet werden oder trocken fallen, weil der Meeresboden hier ganz flach geneigt ist. Der Tidenhub beträgt im Wattbereich bis 2,5 m. Der braungraue Wattkörper besteht aus Sand, Tonteilchen, Muschelschill und Überresten von Pflanzen und Tieren (Sandwatt). Beim Höchststand der Flut lagern sich immer wieder an ruhigen, vor starken Strömungen geschützten Stellen feine Schwebteilchen, der Schlick (Schlickwatt), ab. Die Inseln und Sandbänke vor dem Watt wirken dabei als Wellenbrecher und verringern die Wasserbewegung. Sie tragen dazu bei, dass das Watt vor Abtragung geschützt ist.

Lauter Lebenskünstler

Das Watt ist ein extremer Lebensraum, weil es abwechselnd vom salzigen Meerwasser überflutet wird oder trocken fällt; dann ist es Sonne, Regen, Schnee oder Frost ausgesetzt. Deshalb finden wir im Watt die meisten Lebewesen unter der Oberfläche, dort aber in überwältigender Anzahl.
Wo sich auf dem flachen Watt Sandkotkringel erheben, lebt der Wattwurm in seiner U-förmigen Wohnhöhle; pro Quadratmeter gibt es bis zu 50 Exemplare. Auf der Oberfläche des Watts grasen Watt- und Strandschnecken die Algenteppiche ab. Wattwürmer, Muscheln und Wattschnecken sind die wichtigsten Nahrungsquellen für die Vögel. Zu den dauernd hier lebenden Vogelarten gesellen sich im Winter 2 bis 3 Mio. Zugvögel aus Nordeuropa und aus Grönland. Für die Wattvögel hat der Tag einen Rhythmus von 24 Stunden und 50 Minuten. Sie richten sich nicht nach Tag und Nacht, sondern nach den Gezeitenströmen.

Gefährdung des Watts

Der Lebensraum Watt ist von schädlichen Umwelteinflüssen bedroht. Das Leben im Watt wird z. B. dadurch gefährdet, dass viele giftige Schadstoffe über die Flüsse in die Nordsee eingeleitet werden. Außerdem wird die Nordsee teilweise als kostenlose Mülldeponie genutzt.
Ein anderes Problem ist der seit den 60er-Jahren zunehmende Massentourismus. Über 12 Mio. Übernachtungen pro Jahr verzeichnen inzwischen die Fremdenverkehrsgebiete an der deutschen Nordseeküste. Besonders die Lebensräume der Vögel werden durch den Tourismus erheblich beeinträchtigt. Ein einziger Windsurfer kann schon bis zu 90 Prozent aller Wasservögel aus einem Gebiet von 60 ha vertreiben. Jede menschliche Aktivität setzt die Tiere unter Stress, was sich nachteilig auf die Vermehrungsrate auswirkt.
Die größten Wattbewohner sind die Seehunde. Durch Umweltgifte sind auch sie in ihrem Bestand gefährdet.
Um das Watt besser vor Gefährdungen schützen zu können, hat man einen Großteil dieses einzigartigen Gebietes zum Nationalpark erklärt.

3 ***Lebensraum Watt***
1 Küstenseeschwalbe mit Fisch, 2 Austernfischer, 3 Krabbe, 4 Seeringelwurm, 5 Sandklaffmuschel, 6 Sandpier (Pierwurm, Wattwurm), 7 Miesmuschel, 8 Herzmuschel, 9 Pfeffermuschel, 10 Garnele

1 *Forscher befürchten, dass in den nächsten Jahrzehnten der Meeresspiegel weltweit um 50 cm ansteigt. Überlege, welche Folgen dies für das Watt hätte.*
2 *Warum sind vor allem die Seehunde im Watt durch die Umweltverschmutzung sehr stark bedroht? Beachte Grafik 4.*
3 *Arbeite mit der Zeichnung 1. Beschreibe, wie die Menschen das Watt gefährden können.*

Kaum zu glauben
In einem gedachten Würfel mit einer Kantenlänge von 10 cm findet man im Watt bis zu 150 Lebewesen wie Muscheln, Schnecken oder Krebse.

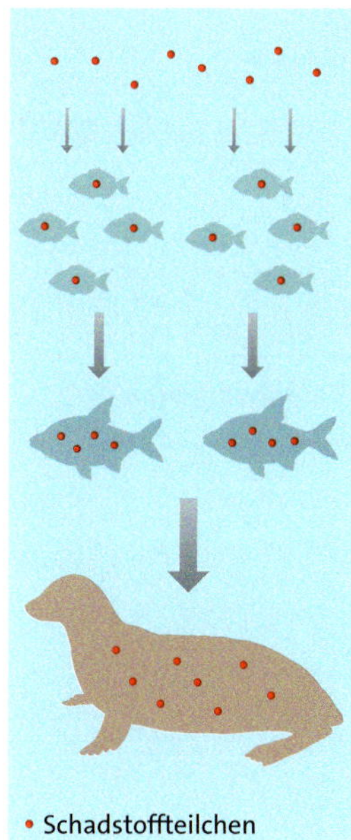

4 ***Nahrungskette***

→ *ha (Hektar), siehe Seite 103*
→ *Nationalpark, siehe Seiten 72/73 und 74/75*

❶ *Veränderungen an der Nordfriesischen Küste*

❷ *Hochwasser im Hafen von Hamburg nach einer Sturmflut*

Bedrohte Küsten

Sturmfluten führen an der Nordseeküste oft zu verheerenden Zerstörungen. Sie entstehen dann, wenn ein sehr starker Wind aus Nordwesten bei Flut das Wasser in Richtung Küste drückt. Dadurch steigt der Meeresspiegel weit über Normalnull.

Bei der großen Sturmflut von 1362 sind im Bereich der heutigen Nordfriesischen Inseln viele damalige Inseln zerstört worden und verschwunden. Spuren der alten Siedlungen wie Brunnen und Reste von Häusern findet man an vielen Stellen im Wattenmeer. 1634 wurde der Küstenverlauf der Insel Alt-Nordstrand durch eine Sturmflut völlig verändert. Die höchste Sturmflut an der Nordseeküste war die „Jahrhundertflut“ am 3. Januar 1976.

❸ 17. Februar 1962, 00.30 Uhr: In Hamburg schrillen die Sirenen. Seit Tagen schon deutete sich die Katastrophe an. In dieser Nacht brechen die Deiche. Meterhohe Flutwellen überschwemmen weite Bereiche der Stadt Hamburg. Gegen 03.00 Uhr erreicht das Wasser seinen Höchststand. 5,70m über NN zeigt der Pegel in St. Pauli. Ein Sechstel des Stadtgebiets steht unter Wasser, 312 Menschen verlieren ihr Leben. Telefonverbindungen, Strom- und Trinkwasserversorgung sind unterbrochen.

Deiche

Um sich vor solchen Katastrophen zu schützen, errichtet man riesige Schutzbauten. Bereits vor 1 000 Jahren begann man mit dem Bau von **Deichen**.

Sie waren noch niedrig und hatten steile Böschungen. Häufig konnten solche Dämme der Gewalt der Sturmfluten nicht standhalten. Die heutigen Deiche sind viel höher und breiter. Dies ist auch deshalb dringend notwendig, weil der Meeresspiegel in den letzten Jahrhunderten gestiegen ist und die Sturmfluten dadurch gefährlicher wurden. Zugleich leben heute viel mehr Menschen

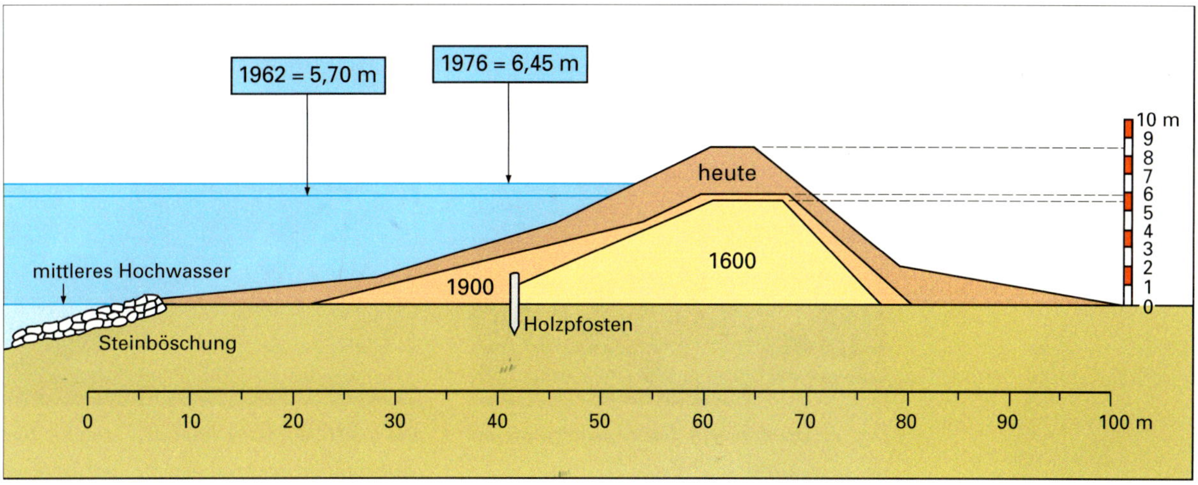

Hochwasserstände und Entwicklung der Deichhöhe

unmittelbar hinter den Deichen als früher. Die jetzigen Deiche erreichen die Höhe eines Einfamilienhauses und die Breite eines Fußballfeldes. Sie können schweren Sturmfluten standhalten.

Halligen

Vor der nordfriesischen Küste liegen im Watt kleine Inseln, die nur wenig über den Meeresspiegel herausragen, die **Halligen**. Früher waren sie Teil des Festlandes. Sturmfluten zerstörten aber immer wieder Teile Nordfrieslands und veränderten dadurch den Verlauf der Küste. Auf den Resten des alten Festlandes bildeten sich im Laufe von Jahrhunderten durch Überflutungen und durch Ablagerung von Sand und Schlick die Halligen. Die kleinen Deiche, die jede Hallig zum Schutz gegen die Flut umschließen, werden bei großen Sturmfluten überspült. Um sich zu schützen, stellen die Bewohner der Halligen ihre Häuser auf künstliche Erdhügel, die Warften. Zusätzlich ist ein Raum in jedem Haus besonders gesichert. Er ruht auf starken Betonpfeilern, damit den Bewohnern auch bei besonders schweren Sturmfluten noch eine Zufluchtsmöglichkeit bleibt.

5 *Warft einer Hallig in der Nordsee bei Sturmflut*

1 *Überlege, warum die Deiche ein Hindernis für Bäche und Flüsse sind, die ins Meer münden. Finde eine Lösung.*
2 *Ein friesisches Sprichwort lautet: „De nich will dieken (= deichen), mutt wieken (= weichen).“ Was soll das Sprichwort aussagen?*
3 *Erkläre, warum es Halligen nur in Nordfriesland gibt.*
4 *Zeichne ein Profil durch eine Hallig.*

TERRATraining

Tiefland und Küste

① ***Das ... ist eine sehr flache Landschaft an der ... seeküste.***

② ***Die größte deutsche Insel ist ... in der ... Das Wahrzeichen der Insel sind die steil ins Meer abfallenden Kreidefelsen.***

1 *Bildunterschriften gesucht*

Ergänze die Bildunterschriften der Fotos 1 und 2.

2 *Findest du die Begriffe?*

- *Küstenbereich, der von Schlick bedeckt ist*
- *tägliches Ansteigen des Meeresspiegels*
- *gefährliche Flut bei stürmischem Wetter*
- *Damm, der das dahinter liegende Land vor Überschwemmungen schützt*
- *tägliches Absinken des Meeresspiegels*
- *regelmäßiger Wechsel von Ebbe und Flut*
- *breites Tal, von Schmelzwassern geformt*

3 *Füge die Wortteile zusammen:*

KALT MORÄNE WASSER KÜSTEN
NIEDRIG TIDEN STEIL
HUB ZEIT GRUND
SCHMELZ WASSER KÜSTE SCHUTZ

4 *Nordsee oder Ostsee?*

Übertrage die Tabelle in dein Heft und ordne die Begriffe mithilfe des Atlas richtig zu:

Sylt, Kiel, Föhr, Bremen, Usedom, Rostock, Fehmarn, Hamburg.

	Nordsee	Ostsee
Städte		
Inseln		

Wichtige Begriffe

Deich
Ebbe
Eiszeit
Eiszeitalter
Endmoräne
Flachküste
Flut
Gezeiten
Glaziale Serie
Grundmoräne
Hallig
Hochwasser
Kaltzeit
Küste
Küstenschutz
Niedrigwasser
Normalnull
Sander
Steilküste
Sturmflut
Tide
Tidenhub
Tiefland
Urstromtal
Warmzeit
Watt
Wattenmeer
Zungenbeckensee

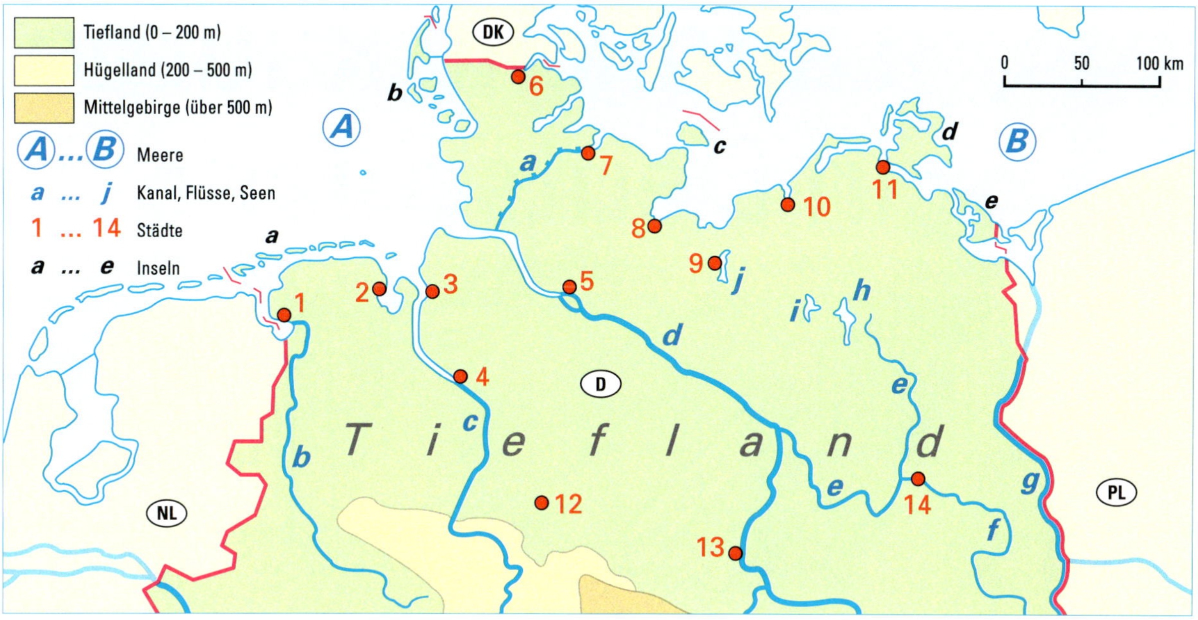

3

5 Kennst du dich aus?

Arbeite mit der Karte.

a) Benenne die Meere Ⓐ und Ⓑ,

b) die Inselgruppen/Inseln a–e,

c) die Städte 1 – 14,

d) die Gewässer a – j,

e) die Nachbarstaaten Deutschlands.

6 Richtig oder falsch?

Verbessere die falschen Aussagen und schreibe sie richtig auf.

- *Den Höhenunterschied zwischen Hochwasser und Niedrigwasser nennt man Gezeiten.*
- *Zum Schutz der Tiere und Pflanzen im Wattenmeer wurde ein Nationalpark eingerichtet.*
- *Der Verlauf der Nordseeküste sah vor 1000 Jahren anders aus als heute.*
- *An der Ostsee gibt es keine Sandstrände.*
- *Sylt kann man ohne Fähre mit dem Auto erreichen.*
- *Usedom ist die nördlichste deutsche Insel.*

7 Bilderrätsel

Löse die Bilderrätsel und erkläre die gesuchten Begriffe.

a

b
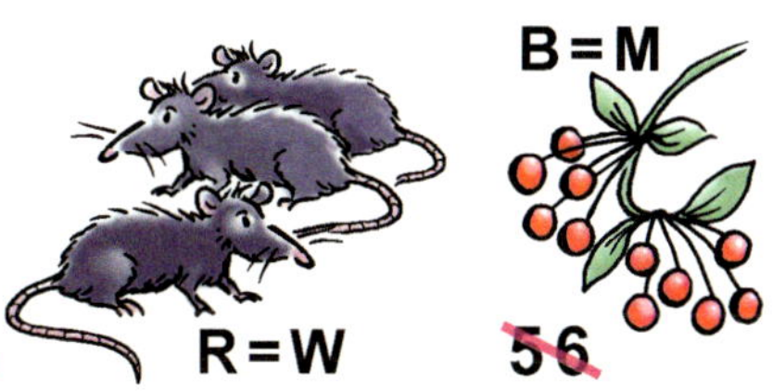

c

Teste dich selbst

mit den Aufgaben 1, 2 und 6

Training

Ländliche Räume in Deutschland

Spricht man vom flachen Land oder ländlichen Raum, denkst du vermutlich sofort an kleine Dörfer mit Bauernhöfen, an saftige Wiesen und Weiden mit grasenden Kühen, an fruchtbare Felder und gesunde Landluft.
Richtig, Landwirtschaft spielt dort eine bedeutende Rolle. Du wirst aber auch sehen, dass sich das Leben eines Landwirts und auch das Leben im Dorf grundlegend gewandelt hat.
Entdecke und lerne den ländlichen Raum in seiner Vielfalt kennen!

RUNDWEG
POOL · SAUNA · SOLARIU
HOTEL ROSENHOF
ÖKO-PRODUKTE
PONYHOF
GÄSTE-PARKPLATZ

① *Der Mauernhof*

Schon gewusst?

In Bayern verdienen heute nur noch 4 von 100 Erwerbstätigen ihr Geld in der Landwirtschaft, in Deutschland sind es nur noch 2 von 100.

1950 arbeiteten 1 400 000 Menschen auf bayerischen Bauernhöfen, heute sind es gerade einmal 214 000. Das heißt, dass seither mehr als 60 Menschen pro Tag ihre Arbeit in der Landwirtschaft aufgegeben haben.

Ein bayerischer Bauer ernährt heute 110 Personen. 1980 konnte er nur 66 ernähren.

Der Mauernhof – leben und arbeiten auf dem Bauernhof

Mitten im fruchtbaren Donau-Isar-Hügelland liegt der Mauernhof, den die Familie Beck bewirtschaftet. Weil man auf diesem Hof ausschließlich von der Arbeit in der Landwirtschaft lebt, nennt man ihn einen **Haupterwerbsbetrieb**.

Die auf dem Mauernhof geborenen Ferkel werden mit Weizen und Gerste gefüttert. Dieses Getreide wird auf den eigenen Feldern angebaut und geerntet. Soja und Mineralstoffe werden als weiteres Futter zugekauft. Sobald die Schweine ihr Mastgewicht erreicht haben, werden sie verkauft.

Die Zuckerrüben werden direkt an die Zuckerfabrik geliefert. Liefermenge und Rübenpreis sind zwischen Herrn Beck und der Zuckerfabrik vertraglich geregelt. Der Mauernhof ist auf Schweinezucht und Schweinemast zusammen mit Getreide- und Zuckerrübenanbau spezialisiert.

Bei der schweren Arbeit im Stall und auf den Feldern helfen dem Landwirt moderne Maschinen. Die wichtigen, für die tägliche Arbeit unentbehrlichen Maschinen hat er selbst gekauft. Die anderen leiht er sich aus, wie viele andere Landwirte auch.

Um seine vielfältigen Aufgaben bewältigen zu können, muss Bauer Beck ein vielseitiger Fachmann sein. Er versteht eine Menge von Pflanzen, Tieren, Boden und Wetter. Damit er eine gute Ernte einbringen kann, muss er seine Felder

② **Ein Arbeitstag auf dem Mauernhof**

6.15 Uhr	Fütterung der Schweine
8.00 Uhr	Frühstück
9.00 Uhr	Büroarbeit
12.00 Uhr	Stallarbeit
13.00 Uhr	Stallarbeit/Feldarbeit
18.00 Uhr	Fütterung
19.00 Uhr	Feierabend

Wie lange bewirtschaftet Ihre Familie schon den Mauernhof?
Der Hof ist schon seit über 70 Jahren, also bereits in der dritten Generation, in Familienbesitz.

Welche Ausbildung braucht man für den Beruf des Landwirts?
Man lernt nicht nur im elterlichen Betrieb, sondern auch in landwirtschaftlichen Fachschulen. Ich bin zum Beispiel ausgebildeter Agrarbetriebswirt. Mein Vater ist landwirtschaftlicher Lehrmeister. Er darf sogar Lehrlinge auf unserem Hof ausbilden.

Wie sehen Sie Ihre Zukunft als Landwirt?
Unser Familienbetrieb ist hoch spezialisiert und damit konkurrenzfähig auf dem Markt. Die Felder liegen nahe und recht geschlossen am Hof. Sie lassen sich in ihrer Größe gut mit Maschinen bewirtschaften. Probleme sehe ich vor allem darin, dass in anderen Ländern oft mit wenig Rücksicht auf die Umwelt und auf die Menschen Landwirtschaft betrieben wird. Gegenüber solchermaßen billig hergestellten Nahrungsmitteln haben wir kaum eine Chance. Probleme bringen auch die weltweiten Klimaveränderungen mit sich. Unser Getreide leidet heuer schon unter Sonnenbrand auf den Blättern.

3 ***Interview mit Herrn Beck vom Mauernhof***

5 ***Ferkel im Zuchtstall***

umweltgerecht düngen und die Pflanzen vor Schädlingen und Krankheiten schützen. Dabei achtet er darauf, die natürliche Fruchtbarkeit des Bodens zu erhalten. Er muss auch ein geschickter Handwerker und Techniker sein, um seine Maschinen und Gebäude selbst in Ordnung zu halten und seinen Computer bedienen zu können. Auch vom Ein- und Verkaufen muss er als selbstständiger Betriebsleiter viel wissen.
Mit seiner bäuerlichen Wirtschaftsweise trägt Landwirt Beck dazu bei, unser Landschaftsbild mit Äckern, Wiesen und Wäldern zu erhalten.

1 *Überlege, in welchen Bereichen der Betriebsleiter des Mauernhofes ein Fachmann sein muss.*
2 *Stelle in einem Schaubild zusammen, warum auch du den Landwirt brauchst. Denke dabei nicht nur an die Lebensmittel.*
3 *Berechne mithilfe der Tabelle 6, wie viele Schweine 1960 und wie viele 2000 durchschnittlich in einem Betrieb gehalten wurden. Was bedeutet das?*

4 **Betriebsspiegel des Mauernhofs**

Betriebsgröße (ha)	60	
Eigenes Land	50	
Pachtland	10	
Bodennutzung	Fläche (ha)	Ertrag (dt/ha)
Ackerland	50	
Weizen	17	50
Gerste	17	50
Zuckerrüben und Raps	16	620 / 35
Wald/Wiesen	9	
Hoffläche	1	
Viehbestand	ca. 150 Zuchtschweine, ca. 500 Mastschweine	
Maschinen		
Eigene Maschinen und Geräte	Schlepper mit Anhänger, Pflug, Sä- und Hackmaschine, Kreiselegge, Zuckerrübensägerät, Düngestreuer, Pflanzenschutzspritze, Mähdrescher	
Leihmaschinen und -geräte	Zuckerrübenvollernter, Güllefass	
Arbeitskräfte	3 (Herr Beck, seine Mutter und sein Vater)	

6 **Schweinehaltung in Bayern**

	Schweinehalter	Schweine
1960	395 000	3 305 000
1970	273 000	4 161 000
1980	158 000	4 146 000
1990	91 000	3 693 000
2000	43 000	3 731 000

7 ***Wichtige Maßeinheiten in der Landwirtschaft***
Hektar (ha):
1 ha entspricht 10 000 m².
Das ist die Größe von etwa eineinhalb Fußballplätzen.
Dezitonne (dt):
1 dt ist der zehnte Teil einer Tonne, die 1000 Kilogramm (kg) wiegt; die dt wiegt also 100 kg.

Die Erkundung ist eine ganz wichtige Arbeitsweise im Erdkundeunterricht. Sie dient dazu, die Wirklichkeit ins Klassenzimmer zu holen. Damit dies auch geschieht, muss jede Erkundung sorgfältig vorbereitet, aufmerksam durchgeführt und gründlich nachbereitet werden. Dabei lernst du, wie man sich Informationen beschafft, wie man sie verarbeitet und anderen präsentiert.

Einen Bauernhof erkunden

Stolz und begeistert von den Eindrücken kehrt die Klasse 5c vom Besuch des Mauernhofes in die Schule zurück. Zwei Stunden lang haben die Kinder den Betrieb besichtigt, dem Landwirt viele Fragen gestellt, mitgeschrieben, fotografiert und sogar eine Nutzungskarte gezeichnet.

Eine Erkundung durchführen

1. Schritt: Organisation und Vorbereitung

Findet Antworten auf folgende Fragen:
- Welchen Betrieb erkunden wir?
- Was wollen wir wissen und erfragen?
- Wie können wir was erkunden?
- Was brauchen wir dazu?
- Wie arbeiten wir?
- Wer übernimmt welche Aufgaben?

2. Schritt: Durchführung
- Erledigt die Aufgaben gewissenhaft.
- Achtet auf Gefahrenstellen.
- Beachtet unbedingt die Anweisungen des Betriebsinhabers.

3. Schritt: Auswertung und Präsentation
- Die Arbeitsgruppen stellen ihre Ergebnisse vor (z. B. Wandzeitung, Homepage).

Tina war in der Gruppe „Interview". Sie hatte sich mit ihren Mitschülerinnen und Mitschülern schon vor der Erkundung einen Fragenkatalog überlegt:
- *Besitzer des Hofes*
- *Lage und Größe des Betriebes*
- *Nutzung des Ackerlandes und Fruchtfolge*
- *Anzahl und Art der Tiere*
- *Eigene und ausgeliehene Maschinen und Geräte*
- *Art der landwirtschaftlichen Arbeiten; Arbeitskräfte und Arbeitszeiten*
- *Verkauf der Produkte*
- *Schwierigkeiten für den Landwirt*

Für das Interview hatte Tina nicht nur den Fragebogen, sondern sogar einen Kassettenrekorder dabei. Jetzt macht sie sich daran, die Ergebnisse in einem tabellarischen Betriebsspiegel zusammenzustellen. Sie denkt, dass man nicht nur den Mitschülerinnen und Mitschülern, sondern auch dem freundlichen Besitzer des Mauernhofes die Ergebnisse in einer Präsentationsmappe überreichen sollte.

Jonas war mit seiner Gruppe auf dem Hof unterwegs. Er zeichnete eine Planskizze der Gebäude und Einrichtungen. Dabei half ihm das Luftbild, das ihm Bauer Beck gegeben hatte. Außerdem

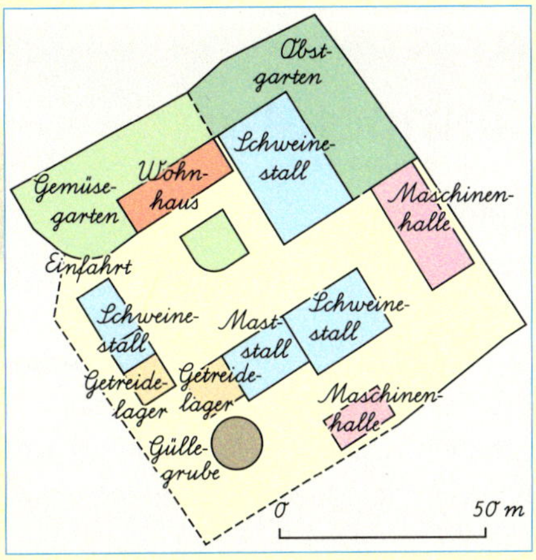

1 Planskizze des Mauernhofes

musste die Gruppe die Größe der Gebäude abmessen, die Maschinen und die Geräte zählen. Sie hielten sich genau an die Hinweise des Betriebsinhabers: Schaltet keine Maschine ein! Beunruhigt nicht die Tiere! Nun malt Jonas den Plan farbig aus, weil er ihn als Wandzeitung im Klassenzimmer aufhängen will.

Steffi war mit ihrer Gruppe und Frau Beck zu den Feldern hinausgegangen. Sie sollte in eine Karte eintragen, was auf den einzelnen Flächen angebaut wird. Deshalb war sie froh, dass die Bäuerin sie begleitete und die Anbaufrüchte benannte. Jetzt überlegt Steffi gerade eine Farblegende für die Karte, während ihre Gruppenpartner Zeichnungen der Anbaufrüchte anfertigen. Sie wollen in einer Ausstellung die ganze Schule über das Thema Landwirtschaft informieren.

Ingos Aufgabe war es, zusammen mit Benedikt und Heike, die wichtigsten Dinge auf dem Bauernhof zu fotografieren. Er machte die Bilder mit einer Digitalkamera, während seine beiden Helfer die Titel der Fotos notierten. Jetzt sitzen sie im Computerraum und drucken die schönsten Bilder aus. Heike meint, dass

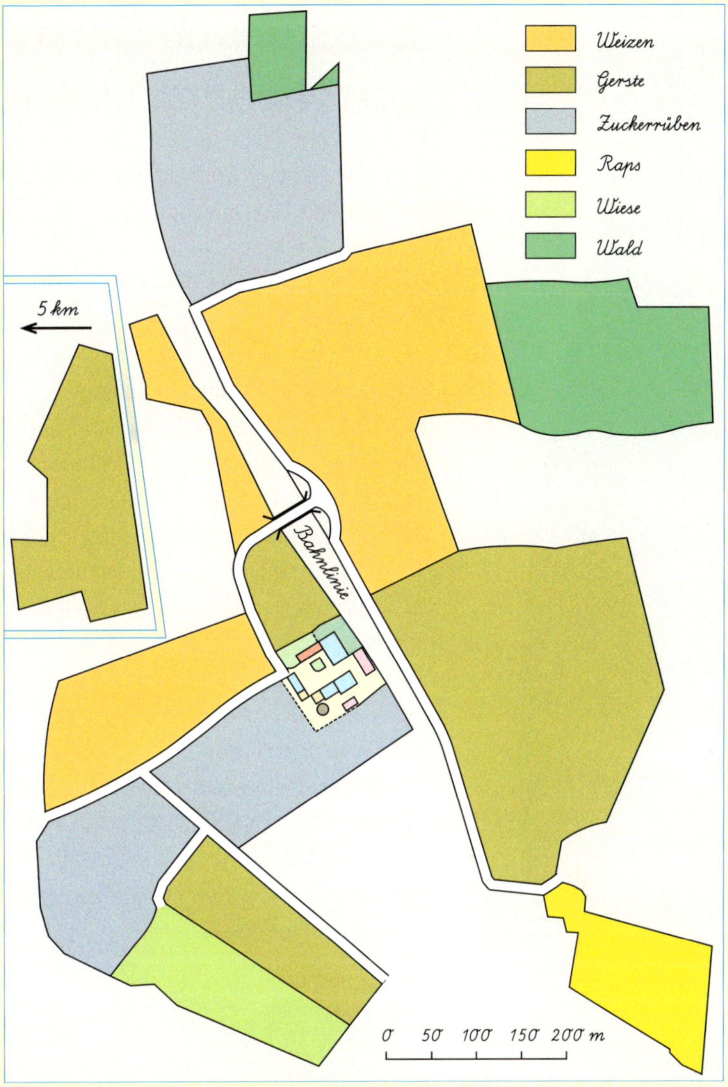

2 Ausschnitt einer Nutzungskartierung

man die Fotos zusammen mit den anderen Ergebnissen der Betriebserkundung über die Homepage der Schule auch ins Internet stellen könnte.

1 *Stelle eine Liste zusammen, welche Aufgaben Gruppen deiner Klasse bei einer Erkundung übernehmen könnten.*
2 *Besprecht mit eurer Lehrerin oder eurem Lehrer, was man vor einer Betriebserkundung bedenken muss und wie man die Ergebnisse anderen vorstellen kann.*

Messen und Darstellen von Niederschlag und Temperatur

Um das Wetter vorhersagen zu können, haben Wissenschaftler (Meteorologen) viele Messstationen aufgebaut. Sie wollen vor allem über **Niederschlag** und **Temperatur** informiert sein.

Monats- und Jahresniederschlag

Der Niederschlag wird in einem Sammelgefäß aufgefangen und in Millimetern abgemessen, wobei man Schnee zuerst schmelzen lassen muss. Liest man am Ende eines Tages zum Beispiel 10 Millimeter ab, so bedeutet dies, dass der Niederschlag dieses Tages, wenn er nicht abgeflossen, versickert oder verdunstet wäre, 10 mm hoch den Erdboden bedecken würde.

Zählt man die Niederschlagsmengen aller Tage eines Monats zusammen, so erhält man den Monatsniederschlag; der Niederschlag von zwölf Monaten ergibt den Jahresniederschlag.

Lufttemperatur: Tages- und Monatsmittel

Die Lufttemperatur misst man im Schatten mit einem Thermometer. Um die Werte von verschiedenen Orten vergleichen zu können, hat man sich auf einheitliche Messmethoden geeinigt: Die Werte eines Tages werden stündlich gemessen, zusammengezählt und durch 24 geteilt. So erhält man die mittlere Tagestemperatur (Tagesmittel).

Die Meteorologen berechnen auch das Monatsmittel der Temperatur: So wie du deinen Notendurchschnitt ausrechnest, zählst du die Tagesmittel eines Monats zusammen und teilst durch die Anzahl der Tage.

Die mittlere Monatstemperatur erhält man ebenso wie die mittleren Monatsniederschläge, indem man die Monatswerte mehrerer Jahre zusammenzählt und dann gleichfalls teilt.

Jede Pflanze stellt bestimmte Ansprüche an den Boden, aber auch an die Niederschlagsmenge und die Temperatur. So lohnt sich beispielsweise Weinbau nur, wenn die Sommer lang sowie warm genug sind und nicht zu viel Niederschlag fällt. Gras dagegen wächst auch bei kühleren Temperaturen, doch benötigt es öfter ergiebige Niederschläge.

1 ***Meteorologe misst den Niederschlag***

2 ***Experiment: Niederschlag messen***

Material: *mehrere Gefäße mit senkrechten Wänden und verschieden großen Öffnungen (zum Beispiel Dosen, Becher, Gläser), Gießkanne*

Durchführung:

Stelle die Gefäße nebeneinander im Schulhof auf. Beregne mit einer Gießkanne alle Gefäße gleichmäßig. ***Auswertung:*** *Miss mit einem Lineal die Höhe des Wasserstandes in den einzelnen Behältern (= Niederschlagshöhe in Millimetern).*

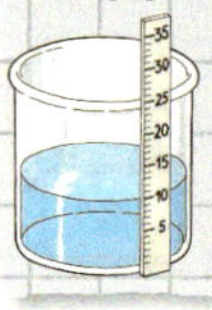

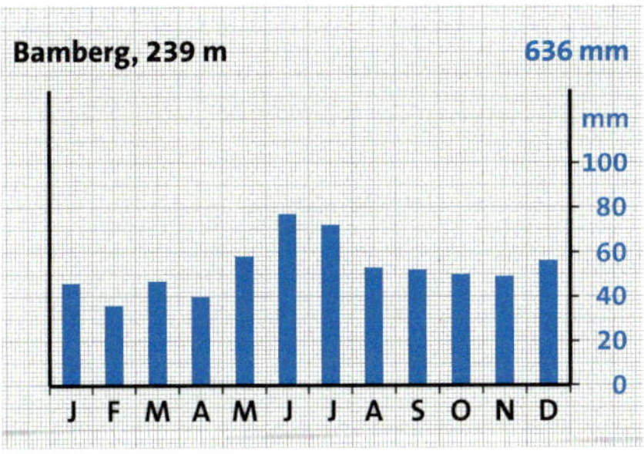

3 *Mittlere Monatsniederschläge in Bamberg*

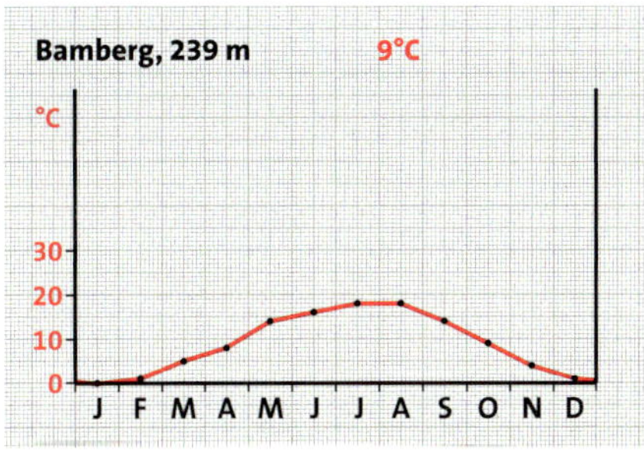

4 *Mittlere Monatstemperaturen in Bamberg*

5 **Mittlere Temperatur- und Niederschlagswerte von Bamberg**

Monate	Jan	Feb	März	Apr	Mai	Juni	Juli	Aug	Sept	Okt	Nov	Dez	Jahr
Temperatur in °C	0	1	5	8	14	16	18	18	14	9	4	1	9
Niederschlag in mm	46	36	47	40	58	77	72	53	52	50	49	56	636

Ein Niederschlagsdiagramm zeichnen

1. Schritt: *Zeichne eine waagrechte, 12 cm lange Grundlinie in die Mitte eines Blattes (Millimeterpapier) und teile sie für die Monate ein (1 Monat ≙ 1 cm). Schreibe die Anfangsbuchstaben der Monate unter diese Grundlinie.*

2. Schritt: *Zeichne am rechten Ende der Grundlinie eine senkrechte Achse für die Niederschläge. Die Höhe dieser Achse richtet sich nach dem Monat mit der höchsten Niederschlagsmenge. Schreibe die Niederschlagswerte an die Achse (20 mm Niederschlag ≙ 1 cm).*

3. Schritt: *Zeichne für jeden Monat eine blaue Säule, die jeweils die Niederschlagsmenge dieses Monats zeigt.*

4. Schritt: *Beschrifte die senkrechte Achse mit mm und der Jahresniederschlagsmenge. Schreibe den Namen sowie die Höhe der Station über das Diagramm.*

Ein Temperaturdiagramm zeichnen

1. Schritt: *Gehe vor wie beim Niederschlagsdiagramm.*

2. Schritt: *Zeichne am linken Ende der Grundlinie eine senkrechte Achse für die Temperaturwerte. Trage den Wert 0 °C an der Grundlinie ein. Schreibe die Temperaturwerte an die Achse (1 cm ≙ 10 °C). Prüfe, ob es Monate mit Temperaturen unter 0 °C gibt. Verlängere in einem solchen Fall die Achse nach unten.*

3. Schritt: *Trage die Temperaturwerte für jeden Monat mit einem Punkt ein und verbinde anschließend die Punkte mit einer roten Linie.*

4. Schritt: *Beschrifte die senkrechte Achse mit °C. Schreibe den Namen sowie die Höhe der Station und die Jahrestemperatur über das Diagramm.*

1 *Nenne die Monate mit dem jeweils höchsten bzw. niedrigsten Niederschlag sowie der höchsten bzw. niedrigsten Temperatur in Bamberg.*

2 *Messt zu Hause eine Woche täglich zur gleichen Zeit die Temperatur im Schatten. Tragt die Werte mit Datum in eine Tabelle ein. Vergleicht sie. Bei wem war es am kühlsten, bei wem am wärmsten?*

Kaum zu glauben

Wetterrekorde in Deutschland:
Die höchste Temperatur wurde am 27. Juli 1983 in Gärmersdorf bei Amberg (Oberpfalz) mit 40,2 °C gemessen.
Die niedrigste Temperatur wurde mit -45,8 °C am 25. Januar 2000 im Nationalpark Berchtesgaden gemessen.

Tipp

Wenn du selbst ein Temperatur- und ein Niederschlagsdiagramm eines Ortes zeichnen möchtest, kannst du mithilfe des Internets die Werte ermitteln:
www.klimadiagramme.de
oder: www.klimaglobal.de
Probiere es doch einmal am Beispiel der Stadt Cottbus.

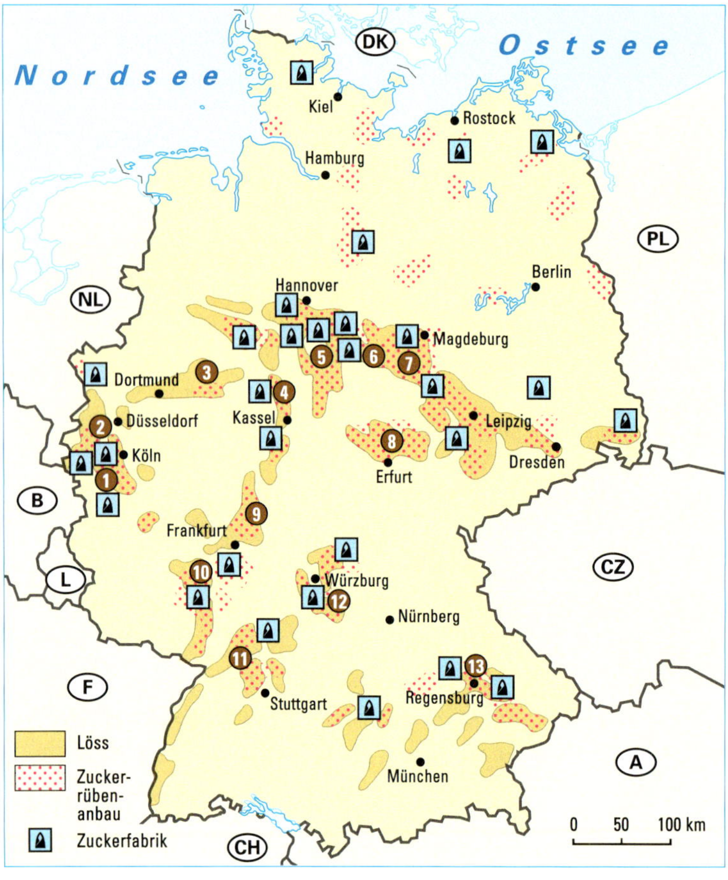

1 *Die Börden und Gäulandschaften in Deutschland*

2 *Rübenvollernter*

Ackerbaugebiete

Börden und Gäulandschaften

Der Anbau von Getreide und Zuckerrüben bringt vor allem in Gebieten mit guten Böden hohe Erträge.

Die besten Böden Deutschlands befinden sich in der **Magdeburger Börde**. Sie sind sehr nährstoffreich, gut durchlüftet und locker, sodass die Pflanzenwurzeln sich leicht ausbreiten und viele Nährstoffe aufnehmen können. Entwickelt haben sich diese sehr fruchtbaren Böden aus fein zerriebenem Gesteinsstaub, dem **Löss**. Dieser war während des Eiszeitalters vom Wind abgelagert worden. Mit der Zeit verwitterte der kalkhaltige Lössstaub zu fruchtbarem Lösslehm, der sich ausgezeichnet für die landwirtschaftliche Nutzung eignet. Er kann auch hervorragend Wasser speichern und ist mit Maschinen leicht zu bearbeiten.

Neben der Fruchtbarkeit des Lössbodens gibt es in der Magdeburger Börde noch weitere **Gunstfaktoren**. Dazu gehören zum Beispiel große zusammenhängende Felder, bei denen sich der Einsatz schwerer Maschinen lohnt.

Zum anderen bringen die gute Verkehrserschließung und die geringe Entfernung zu den Abnehmern, wie etwa den Zuckerfabriken, große Vorteile. Auch das Klima ist hier mild. Doch fallen wegen der Beckenlage nur wenige Niederschläge (zwischen 470 mm und 540 mm im Jahr).

Im bayerischen **Gäuboden**, einem Lössgebiet zwischen Regensburg und Vilshofen, haben die Landwirte mit etwa 750 mm Niederschlag noch bessere klimatische Bedingungen für den Getreide- und Zuckerrübenanbau; die Böden sind hier jedoch nicht ganz so fruchtbar.

Ackerbau in der Magdeburger Börde

Fruchtwechsel

Jede Pflanze entzieht dem Boden beim Wachsen nur bestimmte Nährstoffe. Würde ein Landwirt immer die gleichen Pflanzen anbauen, wäre der Boden nach einiger Zeit ausgelaugt.

Ein rasches Nachlassen der Bodenfruchtbarkeit kann man durch richtige Düngung und durch einen sinnvollen **Fruchtwechsel** verhindern. Auf Halmfrüchte, wie Getreide, folgen im nächsten Anbaujahr Blattfrüchte, zum Beispiel Zuckerrüben. Oft pflanzt der Landwirt noch eine Zwischenfrucht, etwa Klee, die dem Boden Nährstoffe zurückgibt. Durch eine solche **Fruchtfolge** nehmen auch Schädlinge und Pflanzenkrankheiten nicht überhand.

1 *In der Karte 1 sind Börden und Gäulandschaften mit den Zahlen 1 bis 13 gekennzeichnet. Ordne ihnen mithilfe des Atlas die richtigen Namen zu.*

2 *Börden und Gäulandschaften gelten als landwirtschaftliche Gunsträume. Warum nennt man sie so?*

3 *Neben der Düngung ist eine sinnvolle Fruchtfolge wichtig. Erkläre diese Grundregel für die Landwirtschaft.*

4 ***Experiment: Wachstum von Pflanzen***

Material: *zwei Gläser, Sand, Komposterde oder Blumenerde für jeweils ein Glas, Saatweizenkörner, zwei Zettel zum Kennzeichnen der Gläser*

Durchführung: *Fülle je ein Glas mit Sand und eines mit Kompost- oder Blumenerde. Säe in jedes Glas zehn Weizenkörner. Drücke die Körner etwa einen halben Zentimeter unter die Oberfläche. Gieße etwas Wasser in die Gläser; Sand und Erde sollten immer feucht, aber nicht durchnässt sein.*

Beschrifte die Gläser mit „Sandboden nährstoffarm" und „Komposterde nährstoffreich" (oder „Blumenerde").

Beobachte, in welchem Glas sich zuerst Keimlinge zeigen.

Auswertung: *Vergleiche die Entwicklung der Pflanzen innerhalb eines Monats. Erkläre die Unterschiede.*

5 ***Anbaupflanzen***

Zuckerrübe

sehr hoher Nährstoffbedarf, hoher Wasserbedarf, tiefgründiger Lösslehm für Anbau gut geeignet

Weizen

hoher Nährstoffbedarf, hoher Wasserbedarf, Lehmboden für Anbau gut geeignet

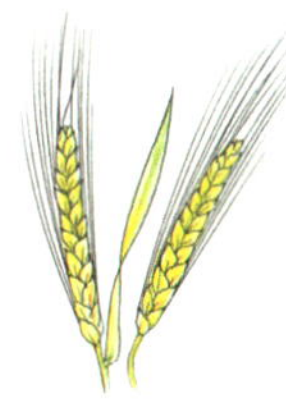

Gerste

mittlerer Nährstoffbedarf, mittlerer Wasserbedarf, sandiger Lehmboden für Anbau gut geeignet

Mais

sehr hoher Nährstoffbedarf, hoher Wasserbedarf, Lehmboden für Anbau gut geeignet

1 ***Grünland im Allgäu***

Schon gewusst?
Eine Milchkuh versorgt im Schnitt 16 Bundesbürger. Sie erzeugt durchschnittlich 15 Liter Milch am Tag. Diese Menge ergibt wahlweise:
- *15 Liter Trinkmilch oder*
- *zweieinhalb kg Butter oder*
- *2 kg Käse oder*
- *15 kg Naturjoghurt.*

Dauergrünland

Milchviehhaltung – von der Kuhglocke zum Chip

Wenn du durch das Alpenvorland fährst, fallen dir das satte Grün der Wiesen und die vielen Kühe auf den Weiden auf. Die meisten Landwirte haben sich hier auf Milchviehhaltung spezialisiert. Da die Böden wenig fruchtbar sind und es hohe Niederschläge gibt, herrscht heute **Dauergrünland** vor. Früher war dies allerdings anders.

Der Großvater des 11-jährigen Paul Obermaier aus Kempten betrieb früher als Landwirt neben der Milchviehhaltung auch noch Ackerbau, um seine Familie mit Nahrungsmitteln vom eigenen Hof zu versorgen.

Heute sichert sich die Familie ihren Lebensunterhalt allein durch den vertraglich festgelegten, täglichen Verkauf von Milch. Der Ausbau der Verkehrswege sowie die Errichtung von Käsereien und Molkereien führten zur **Spezialisierung** der Landwirte auf Milchwirtschaft

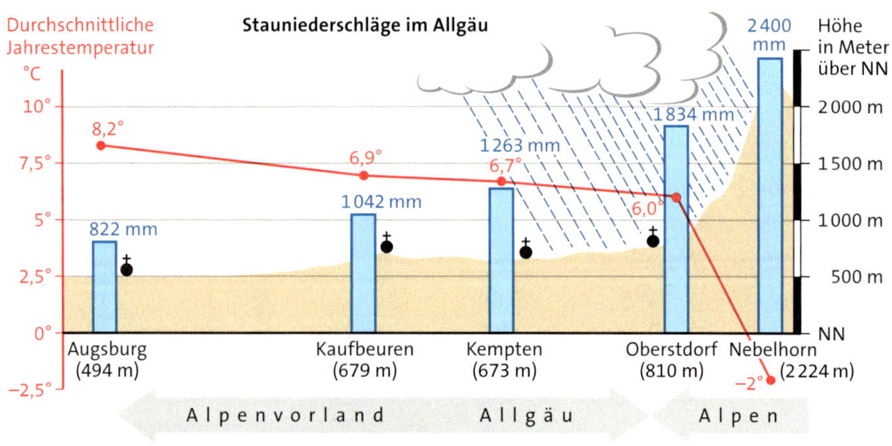

2 ***Jahresniederschlag und Jahrestemperatur zwischen Ulm und den Alpen***

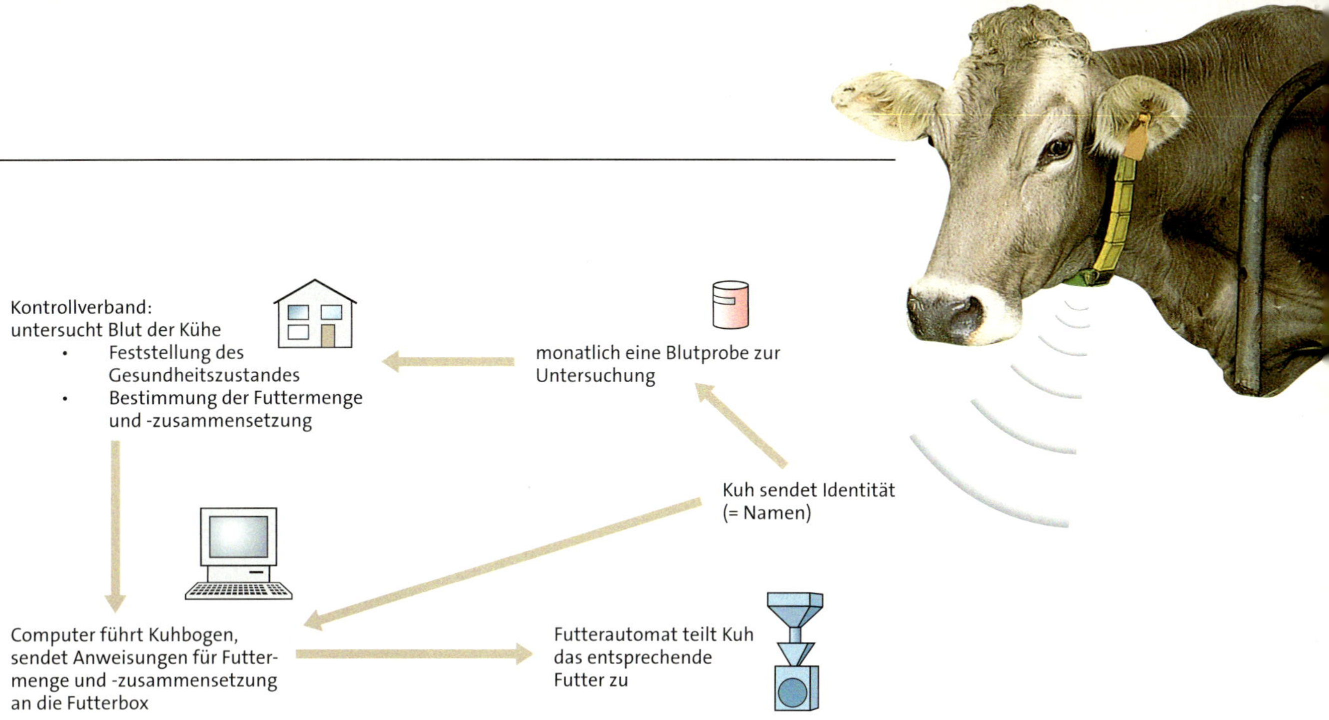

3 ***Computereinsatz in der Milchviehhaltung***

und damit zur „Vergrünlandung“ des Allgäus. Gebiete wie der Bayerische Wald oder die Marschgebiete im Norden Deutschlands haben ähnliche Voraussetzungen wie das Alpenvorland; auch hier gibt es deshalb viel Dauergrünland.

Stallarbeit

Die tägliche Stallarbeit mit Melken und Füttern der Kühe sowie das Einbringen des Heus für den Winter sind heutzutage die wichtigsten Aufgaben der Familie Obermaier. Moderne Technik, wie Entmistungsanlage, Melkmaschine und Milchkühlung, erleichtert ihnen die Arbeit. Auch der Computer ist ein unersetzlicher Helfer im Stall. Wenn die Kühe von der Weide zurückkehren, halten sie sich im Boxenlaufstall auf. Hier können sie sich frei bewegen und haben ihren Fress- und ihren Ruheplatz. Am Morgen und am Abend „stellen sie sich an“, um im Melkstand gemolken zu werden. Täglich ist Pauls Vater etwa fünf Stunden im Stall. Seine Frau und sein Bruder, der tagsüber in einer Fabrik arbeitet, helfen abends mit.

Heuernte

Bei der Heuernte im Sommer mussten früher alle mit anpacken. Heute geschieht dies mithilfe von Maschinen. Der Grasschnitt wird bei schlechter Witterung maschinell getrocknet. Erst wenn das ganze Heu eingefahren ist, reicht der Futtervorrat für den langen Winter.

1 *Werte die Grafik 2 aus: Wie verändern sich Temperatur und Niederschlag von Augsburg bis zu den Alpen? Wie lassen sich die Unterschiede erklären?*

2 *Erläutere, warum Verkehrswege und Milchverarbeitungsbetriebe die „Vergrünlandung“ im Alpenvorland förderten.*

3 *Milch ist ein wichtiges Lebensmittel. Was gewinnt man aus ihr?*

4 *Welche Vorteile erkennst du im Einsatz des Computers auf dem Bauernhof der Familie Obermaier?*

Sonderkulturen

① ***Voraussetzungen für den Weinbau in Deutschland***
- *Mittlere Jahrestemperatur mindestens 9 °C*
- *Jahresniederschlag nicht über 900 mm*
- *Wachstumszeit über 200 Tage*
- *Höhenlage nicht mehr als 400 m über NN*

→ *ha (Hektar), siehe Seite 103*

② ***Betriebsspiegel Weingut Hirn 2003***
Betriebsgröße: 5 ha
Nutzung:
- *Weinbau*

Maschinen:
- *Kleintraktor mit Zusatzgeräten, Sprühgerät u.a.*

Arbeitskräfte:
- *Familie Hirn (3 Personen) und zusätzliche Arbeitskräfte bei der Lese*

Arbeitsaufwand pro ha:
- *ca. 1 000 Stunden (davon jeweils ein Drittel für Weinbau, Kellerarbeiten, Vermarktung) entspricht etwa 7 500 Flaschen pro ha*

Was macht sie besonders?

Nutzpflanzen wie Wein, Hopfen oder Obst, die besondere Ansprüche an Boden und Klima stellen sowie einen hohen Arbeitsaufwand für die intensive Pflege verlangen, zählt man zu den **Sonderkulturen**. Nur bestimmte Regionen in Deutschland weisen die erforderlichen günstigen Wachstumsbedingungen auf. Mit Sonderkulturen erzielt man hohe Verkaufserlöse pro Anbaufläche.

④ ***Weinlese***

Wein – von der Sonne verwöhnt

„Tiefgründige, nährstoffreiche Böden und ein langer warmer Herbst begünstigen in Mainfranken den Weinbau", berichtet Herr Hirn, ein fränkischer Winzer. „Da wir in unseren Weinbergen ausschließlich Wein anbauen (**Monokultur**), müssen wir gezielt gegen Bodenermüdung, Pflanzenkrankheiten und Schädlinge vorgehen. Dabei wenden wir neue Methoden an. Zum Beispiel spritzt man Reben erst, wenn ein Frühwarnsystem meldet, dass sich Pilzerkrankungen auszubreiten beginnen. Deshalb benötigen wir im Vergleich zu früher nur noch halb so viel Spritzmittel."
Die meisten fränkischen Winzer sind Nebenerwerbsbetriebe und liefern ihre Trauben an Winzergenossenschaften. Herr Hirn besitzt einen Vollerwerbsbetrieb und vermarktet seinen Wein selbst. Das bedeutet sehr viel Arbeit, die ganze Familie muss mithelfen.

⑤ ***Wein aus Franken im typischen Bocksbeutel***

③

Arbeitskalender	Jan.	Feb.	Mär.	Apr.	Mai	Jun.	Jul.	Aug.	Sep.	Okt.	Nov.	Dez.
Frühjahrsdüngung				x	x							
Reben schneiden	x	x	x									
Drahtarbeiten			x	x								
Reben biegen / binden			x	x								
Boden bearbeiten					x	x	x	x				
Stockregulierung / Grünernte					x	x	x	x				
Pflanzenschutz						x	x	x				
Laubarbeiten						x	x	x				
Traubenernte (Lese)										x		
Kellerarbeiten	x	x	x	x	x	x	x	x	x	x	x	x
Vermarktung	x	x	x	x	x	x	x	x	x	x	x	x

6 ***Dolden der Hopfenpflanze***

7 ***Mechanische Hopfenernte***

8 ***Hopfensiegel und Qualitätskontrolle***

Hopfen ist das am strengsten kontrollierte landwirtschaftliche Produkt. Nach folgenden Kriterien wird der abgelieferte Hopfen untersucht:

- *Wassergehalt der Dolden*
- *Anteil der unverwertbaren Blätter und Stängel*
- *Anteil beschädigter Dolden*
- *Fremdbestandteile*

Hopfen – das „Gold der Hallertau"

Hopfen macht beispielsweise Bier haltbar und verleiht ihm seinen typischen, leicht bitteren Geschmack. Er wächst in Hopfengärten, die schon von weitem durch ihre hohen Drahtgerüste auffallen. Die Pflanzen, die trocken-warmes Klima und einen sehr fruchtbaren Boden brauchen, schlingen sich um die Steigdrähte bis in 8 m Höhe.

Der Anbau von Hopfen macht viel Arbeit: pro Hektar mindestens 300 Stunden im Jahr. In diesem Zeitraum könnten auch 12 ha Getreidefelder bearbeitet werden. Bereits im Winter werden die Drahtgerüste überprüft und ausgebessert. Im Frühjahr werden die Hopfenstöcke ausgeschnitten und die verbleibenden Triebe in aufwändiger Handarbeit um den Draht gerankt. Immer wieder muss der Boden gelockert und gedüngt, müssen die Pflanzen gegen Schädlinge geschützt werden. Bei der Ernte im August werden die grüngelben Fruchtstände der Pflanzen, die so genannten Dolden, maschinell gepflückt. Trotzdem wird bei der Ernte eine große Anzahl von Saisonarbeitskräften benötigt.

Stabilität durch Lieferverträge

Obwohl der Hopfen als Sonderkultur höhere Preise als etwa Getreide erzielt, sind die Einnahmen der Hopfenbauern unsicher, denn der Hopfenpreis verändert sich von Jahr zu Jahr erheblich.

Um solche Preisschwankungen auszugleichen (1990: 1 386 €/dt und 1996: 50 €/dt), schließen die Hopfenbauern mit Handelsfirmen mehrjährige Lieferverträge mit festen Mengen und Preisen ab. Was darüber hinaus erzeugt wird, muss dann zum Freimarktpreis verkauft werden.

1 *Eine alte Winzerregel lautet: „Der Weinstock will täglich seinen Herrn sehen." Was bedeutet das? Werte dazu den Arbeitskalender 3 aus.*

2 *Stelle eine Liste von Sonderkulturen in Deutschland zusammen. Benutze dazu den Atlas.*

3 *Vergleiche den Betrieb des Winzers Hirn mit dem Mauernhof der Familie Beck. Worin bestehen die wesentlichen Unterschiede?*

4 *Suche bayerische Hopfenanbaugebiete im Atlas. Nenne sie.*

Schon gewusst?

Nur ein Drittel der jährlichen Hopfenernte in der Hallertau wird an deutsche Brauereien geliefert. Rund zwei Drittel werden in über 100 Länder der Welt ausgeführt (exportiert).

→ *Mauernhof, siehe Seiten 102/103*

→ *dt (Dezitonne), siehe Seite 103*

1 Durchschnittliche landwirtschaftliche Betriebsgrößen in ausgewählten Ländern Deutschlands

Bayern:	*19 ha*
Baden-Württemberg:	*16 ha*
Sachsen-Anhalt:	*210 ha*
Mecklenburg-Vorpommern:	*256 ha*

→ *ha (Hektar), siehe Seite 103*

→ *Deutschland und seine Länder, siehe Seiten 158/159*

2 Landwirtschaft in Deutschland

Agrarräume in Deutschland

Mehr als „Kraut und Rüben"

Die **Landwirtschaft** in Deutschland stellt vielfältige Produkte her, aber es wird nicht überall alles erzeugt. Nutzpflanzen und Grünland stellen nämlich unterschiedliche Anforderungen an Boden und Klima. Diese Voraussetzungen sind in Deutschland regional recht verschiedenartig. Deshalb müssen die Landwirte die Naturbedingungen ihres Gebietes und die Ansprüche ihrer Ackerpflanzen genau kennen, um zu entscheiden, welche Art von Landwirtschaft sie gewinnbringend betreiben können. Lohnt es sich, eine bestimmte Getreidesorte bzw. Futterpflanze oder sogar die anspruchsvollen Zuckerrüben anzubauen?

Wein, Obst und Gemüse werden vor allem da erzeugt, wo das Klima dies begünstigt. Tierhaltung in Form von Weidewirtschaft betreibt man meist dort, wo für Ackerbau die Niederschläge zu hoch und die Böden entweder zu feucht oder zu nährstoffarm sind.

Der Landwirt muss aber auch noch andere Bedingungen berücksichtigen, bevor er sich entscheidet. Durch Düngung, Bewässerung, moderne Maschinen oder Gewächshäuser könnte er seine Abhängigkeit von **Naturfaktoren** verringern. Dadurch kann aber die Produktion teurer werden. Moderne Kühltechnik und schnelle Verkehrsmittel ermöglichen es dem Landwirt, Produkte wie Milch, Gemüse und Obst für weit entfernt wohnende Verbraucher zu erzeugen. Nicht zuletzt bestimmt der Verbraucher, also auch du, mit der Wahl der gekauften Lebensmittel, was die deutschen Landwirte erzeugen.

3 Klimaansprüche von Nutzpflanzen

Pflanze	Wachstumszeit (Tage)	Mindesttemp. (°C)	Niederschlag bis (mm)
Sommergerste	50	5	250
Kartoffeln	60	5	450
Bananen	90	25	1 200
Wein	220	18	900
Kaffee	250	22	1 500
Tee	240	25	1 500

*4 **Dauer der Wachstumszeit in Bayern***

1. *Die Übersicht 1 zeigt, dass die durchschnittlichen landwirtschaftlichen Betriebsgrößen in ostdeutschen Ländern sehr groß sind. Dies hat geschichtliche Gründe. Erkundige dich danach.*
2. *Erkläre, warum Landwirte in Deutschland keine Bananen anbauen. Benutze dazu Tabelle 3 und Karte 4.*
3. *Nenne mithilfe der Karte 4 Gebiete in Bayern, die besonders wenige Wachstumstage im Jahr aufweisen. Suche sie auf einer Atlaskarte. Warum ist dort die Wachstumszeit so kurz?*

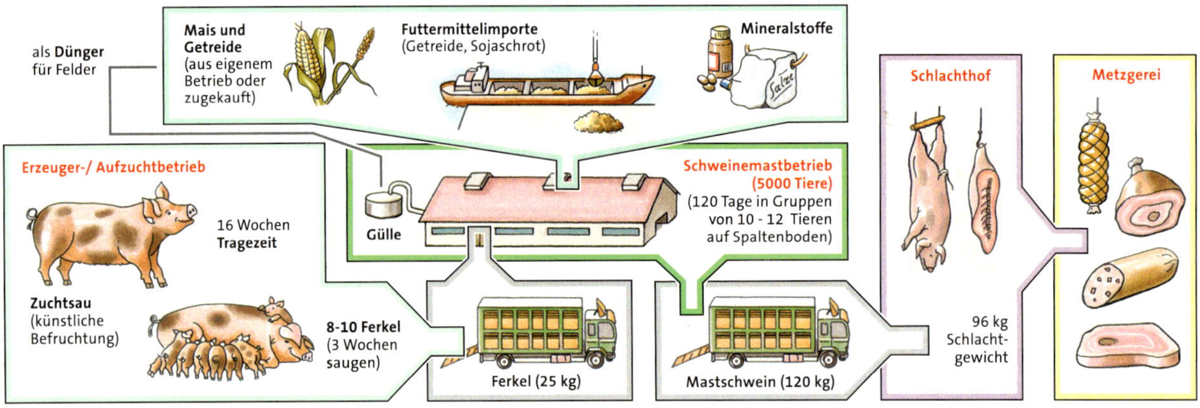

1 ***Schweinemast – vom Ferkel zum Verbraucher***

Kaum zu glauben

Landwirtschaft macht satt: Pro Tag werden in Deutschland mehr als 70 Millionen Liter Milch zu Trinkmilch, Butter, Sahne, Joghurt, Quark usw. verarbeitet. Fleisch von mehr als 40 Millionen Schweinen und 4 Millionen Rindern pro Jahr gelangt auf den Ladentisch. Jeder Bundesbürger verbraucht jährlich rund 225 Eier. So braucht man in Deutschland etwa 18 000 000 000 Eier im Jahr.

Intensivierte Landwirtschaft

Um im Jahr 1950 ein Ei zu kaufen, das damals 10 Pfennige (rund 5 Eurocent) kostete, mussten deine Großeltern etwa 10 Minuten arbeiten. Ein Auto der Mittelklasse kostete damals 2 000 Euro. Heute kostet ein Ei 20 Eurocent, wofür ein Bundesbürger im Durchschnitt nur noch 6 Sekunden arbeiten muss, ein Mittelklassewagen aber 20 000 Euro. Wie schafft es die Landwirtschaft trotz allgemeiner Preissteigerung, ihre Produkte so günstig anzubieten?

Kennzeichen einer intensivierten Landwirtschaft

Ein wichtiger Grund dafür ist, dass die Bauern ihr Land statt mit aufwändiger Handarbeit heute mit Maschinen bestellen. Diese **Mechanisierung** ermöglicht es, immer größere Flächen mit immer weniger Arbeitskräften in immer kürzerer Zeit zu bewirtschaften.

Viele landwirtschaftliche Betriebe haben sich auf wenige oder sogar nur ein Produkt spezialisiert. So brauchen sie weniger von den teuren Maschinen oder nur einen großen und modernen, oft au-

2 ***Massentierhaltung*** *(20 bis 30 Hühner auf einem*

tomatisierten Stall für nur eine Tierart. Mit solchen Maßnahmen gelingt es vielen Landwirten, in ihren Betrieben immer mehr zu produzieren (**Intensivierung**). Manche Betriebe halten zum Beispiel Tausende von Schweinen oder Hühnern in riesigen Stallanlagen.

Durch das steigende Angebot auf den Märkten erhalten die Landwirte in den letzten Jahren für ihre Produkte allerdings immer weniger Geld.

Probleme der intensivierten Landwirtschaft

Begriffe wie „Massentierhaltung“ und „Agrarfabrik“ haben ein schlechtes Bild von der intensivierten Landwirtschaft entstehen lassen. Meist verbindet man damit die Vorstellung, dass viele Tiere

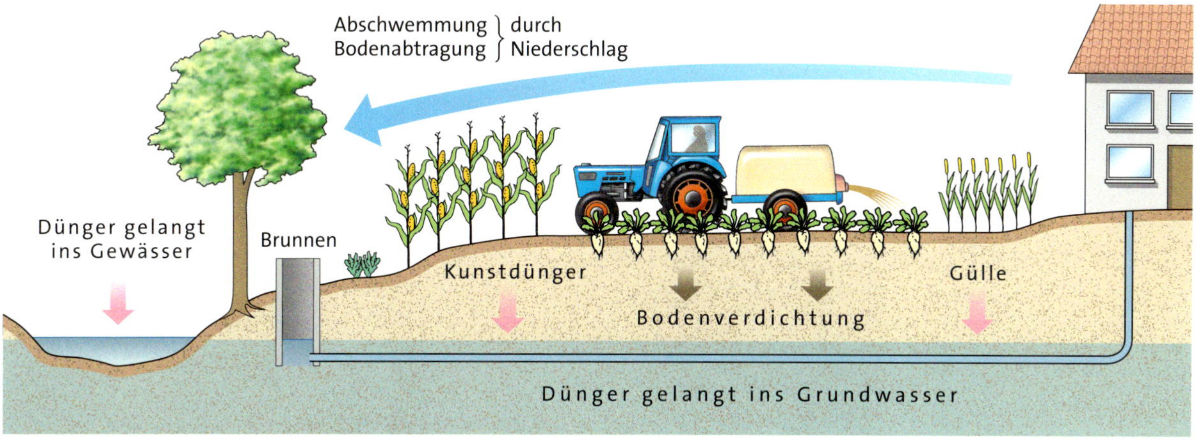

3 ***Umweltbeeinträchtigung, wie sie durch Ackerbau entstehen kann***

in engen, dunklen Ställen mit wenig Bewegungsfreiheit auf hohen Ertrag getrimmt werden.

In großen Betrieben mit intensiver Massentierhaltung fallen täglich auch riesige Mengen an Fäkalien an, die in Güllebehältern gesammelt werden. Düngt man Felder oder Wiesen mit zu viel Gülle, droht eine Grundwasserverschmutzung. Brunnen der öffentlichen Trinkwasserversorgung mussten in manchen Regionen deshalb sogar geschlossen werden.

Umdenken in der Landwirtschaft und staatliche Vorschriften

Um die Umweltschäden, die von manchen intensiv wirtschaftenden Betrieben verursacht werden, zu begrenzen, hat der Staat eine Gülleverordnung erlassen. Sie regelt die Lagerung der Gülle und beschränkt ihre Ausbringung zeitlich und mengenmäßig.

2002 wurde der Tierschutz in das Grundgesetz der Bundesrepublik Deutschland aufgenommen. Dort ist festgeschrieben, dass die Tiere entsprechend ihren natürlichen Lebensgewohnheiten, zum Beispiel mit genügend Bewegungsfreiheit, mit Kontakten zu den Artgenossen und mit artgerechtem Futter, gehalten werden müssen. Freilich können moderne Tierhaltungssysteme nicht schon deshalb verurteilt werden, weil sich mehr Tiere in einem Stall befinden als früher. Auch bei höherer Anzahl der Tiere in einem Betrieb oder in einem Stall können Tiere artgerecht gehalten werden.

1 *Beschreibe am Beispiel der Schweinemast die intensivierte Landwirtschaft.*

2 *Grafik 3 zeigt mögliche Umweltgefährdungen durch die intensivierte Landwirtschaft. Entwickle Gegenmaßnahmen.*

3 *Die Intensivierung in der Landwirtschaft hat dazu geführt, dass die Anzahl der Bauernhöfe in Deutschland abnimmt. Erkläre den Zusammenhang.*

4 ***Das Bundesverfassungsgericht (BVG) stellt fest (Urteil vom 06.07.1999):***

Die Hennenhaltungsverordnung vom 10.12.1987 ist nicht mit dem Grundgesetz vereinbar und entspricht nicht den Forderungen des Tierschutzgesetzes. Sie ist deshalb nichtig und zu verändern. Neue Käfiganlagen sind ab sofort nicht mehr nach der bislang gültigen Hennenhaltungsverordnung genehmigungsfähig.

→ *Wandel der Landwirtschaft, siehe Seite 120*

① **Gmeiner-Hof**

Arbeitskräfte	Herr und Frau Gmeiner
Betriebsgröße	49 ha
Nutzung	
Wiesen	18 ha
Getreide	6 ha
Kleegras	5 ha
Mais	2 ha
Rüben	2 ha
Erbsen	2 ha
Wald	12 ha
Teiche	2 ha
Vieh	
Milchkühe	28
Kälber	4
Milchleistung	5 900 Liter pro Kuh und Jahr

② ***Der Gmeiner-Hof***

Ökologischer Landbau

→ *ha (Hektar), siehe Seite 103*

Den Gmeiner-Hof bei Tirschenreuth in der Oberpfalz gibt es seit vielen Generationen. Familie Gmeiner hat sich vor einigen Jahren für die ökologische Bewirtschaftung ihres Hofes entschieden und mit Unterstützung des Landwirtschaftsamtes „umgestellt". Dabei musste sie viele Dinge beachten, denn die Einrichtung eines Ökobetriebes wird streng kontrolliert und dauert mindestens zwei Jahre.

„Öko" – was ist das?

Herr Gmeiner erklärt: „Beim ökologischen Landbau arbeitet man teilweise anders als in der herkömmlichen (konventionellen) Landwirtschaft. Man verwendet möglichst wenig mineralischen Dünger und keine chemischen Pflanzenschutzmittel. Wir verzichten auf Spitzenerträge und achten besonders darauf, unsere Tiere in der passenden Anzahl artgerecht zu halten."

Die Anzahl der Tiere richtet sich beim **ökologischen Landbau** nach der vorhandenen Betriebsgröße. So baut der Ökobauer fast das ganze benötigte Futter selber an. Weil er nur den auf dem Hof anfallenden Stallabfall ausbringt, kommt nicht zu viel Dünger auf die eigenen Felder. Dadurch wird auch die Umwelt geschont. Ziel des ökologischen Landbaus ist es, in einem möglichst geschlossenen Kreislauf zu wirtschaften.

„Öko" – Landwirtschaft von gestern?

Herr Gmeiner fährt fort: „Viele stellen sich einen Ökobauern immer mit Strohhut, Latzhose und Mistgabel vor und – etwas ‚komisch'. In Wirklichkeit wenden wir modernste technische Errungenschaften an. So erzeugt zum Beispiel die Solaranlage auf unserem Dach einen Teil der am Hof benötigten elektrischen Energie. Unkraut muss ich nicht in mühevoller Handarbeit jäten; ich kann es mit Maschinen entfernen. Damit die Böden auch ohne Kunstdünger fruchtbar bleiben, achte ich sehr auf ei-

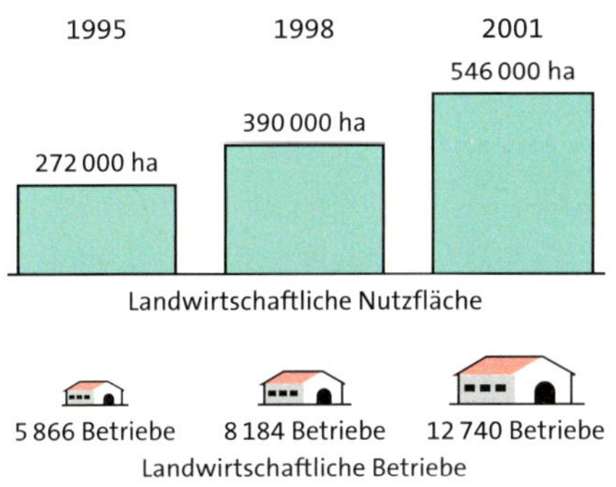

3 Entwicklung des Ökolandbaus in Deutschland

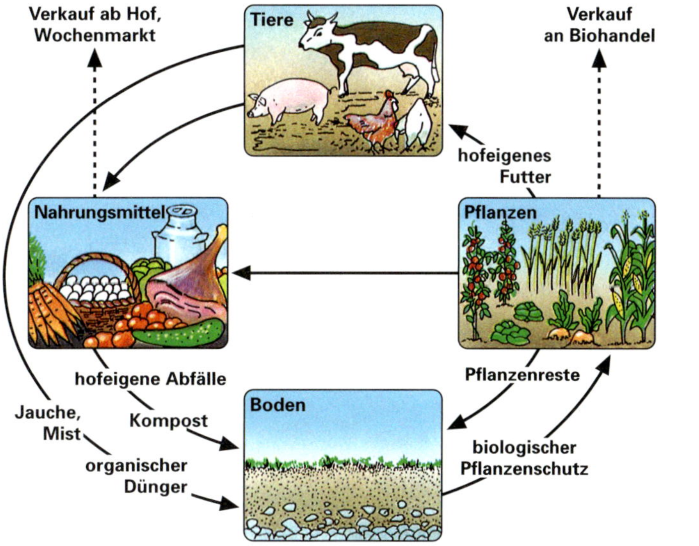

4 Der ökologische Kreislauf

ne sinnvolle Fruchtfolge. Denn auch wir Ökobauern müssen genau rechnen. Wir ernten weniger als vergleichbare konventionelle Betriebe und müssen deshalb für unsere Ökoprodukte am Markt höhere Preise verlangen."

Vermarktung

Die meisten Ökobauern streben eine enge Verbindung zwischen Erzeuger und Verbraucher an und verkaufen einen Teil ihrer Produkte im Hofladen oder auf einem Biomarkt in ihrer Nähe. Damit entfällt der Zwischenhandel, und ihnen bleibt mehr Gewinn.

Ein Verkauf nur durch Direktvermarktung ist jedoch kaum möglich. Mehr Verbraucher – vor allem auch in Großstädten – erreicht man heute dadurch, dass viele Ökobetriebe ihre Erzeugnisse an Anbauverbände wie „Bioland" liefern, die sich um die Vermarktung kümmern. Um beim Verbraucher Vertrauen für die Produkte zu wecken, überprüfen diese Verbände, aber auch staatliche Kontrollstellen, regelmäßig die Lieferbetriebe und ihre Produkte.

Zukunft des Ökolandbaus

Ziel der deutschen Landwirtschaftspolitik ist es, den Anteil des ökologischen Landbaus deutlich zu steigern. Nur wenn viele Verbraucher bereit sind, in Zukunft mehr Geld für ihre Ernährung auszugeben, wird sich der Ökolandbau lohnen und es wird deutlich mehr Ökobetriebe geben als heute.

5 Preise in einem Supermarkt 2002

Produkt	konventionell	ökologisch
6 Eier	0,99 €	1,78 €
250 g Butter	1,12 €	1,53 €
1 Liter Vollmilch	0,59 €	0,92 €
1 kg Stielkotelett	6,99 €	10,25 €

1 *Beschreibe die unterschiedlichen Wirtschaftsweisen von ökologischem Landbau und konventioneller Landwirtschaft. Vergleiche Grafiken (4) und (1) auf Seite 116.*
2 *Bioprodukte sind oft teurer als vergleichbare Produkte aus herkömmlicher Landwirtschaft. Suche Gründe dafür.*
3 *Warum schließen sich Öko-Landwirte in Verbänden zusammen?*

BIO nach EG-Öko-Verordnung

6 Das BIO-Siegel für Produkte des ökologischen Landbaus

Wandel der Landwirtschaft – Rollenspiel

Durch das Spielen von Problemsituationen werden dir Konflikte und Streitfälle des Alltags deutlicher vor Augen geführt. Du musst dich in andere Personen einfühlen und deren Standpunkte vertreten. Dabei lernst du, Toleranz zu üben und nach Kompromissen zu suchen. Oft können in einem Rollenspiel keine eindeutigen Lösungen für Probleme gefunden werden. Dies zeigt aber deutlich, dass es in Wirklichkeit nur selten den „einen Weg" für die Lösung von Konflikten gibt.

„Agrarfabrik" oder „Zurück zu Opas Bauernhof"?

Der niederländische Landwirtschaftsminister schwärmt: In den Niederlanden wird ein 1000 m langes, 400 m breites und mehrere Stockwerke hohes Fabrikgebäude geplant, ein „Agroproduktionspark". Dort sollen 300000 Schweine, 250000 Legehennen und eine Million Masthähnchen großgezogen werden. Im Tiefgeschoss sollen Lachse und Forellen bei künstlichem Licht leben und in anderen, abgedunkelten Stockwerken Champignons und Schikoree gezüchtet werden. In den Gewächshaus-Stockwerken darüber wachsen Gemüse und Salat.
Doch das ist noch nicht alles: Im Riesengebäude befinden sich auch Schlachtereien und Tiefkühleinrichtungen, denn lebende Tiere werden nicht verkauft. Ihr Fleisch verlässt den Betrieb nur als fertig verarbeitetes Produkt.

Die Planer versprechen sich davon nicht nur ein landwirtschaftliches High-tech-Zentrum, sondern auch die Lösung einiger Umweltprobleme. Der „Agroproduktionspark" soll ökologisch verbunden werden: Die warme Luft aus den Ställen kann beispielsweise in Gewächshäuser geleitet werden und dort für Wärme und Wachstum sorgen. Aus Gülle wird Biogas gewonnen. Ein Teil der sonst notwendigen Transportkosten soll entfallen.

Der „Agroproduktionspark" – ein Modell für die Zukunft?

In einer Diskussionsrunde machen sich Landwirte, Politiker und Verbraucher Gedanken über die Zukunft der Landwirtschaft und sprechen über die Pläne in den Niederlanden. Jeder der Teilnehmer vertritt einen festen Standpunkt:

1 **Hans H., Besitzer einer Hühnerfarm**
„Der Agroproduktionspark ist eine gute Idee. Durch die große Menge an Hühnern kann billig produziert werden, sodass der Verbraucher sein Frühstücksei viel billiger bekommt."

Günter G., Ökobauer
„In Agrarfabriken können Tiere nicht artgerecht gehalten werden. Hühner brauchen Freilauf, echten Boden zum Scharren und keine künstliche Fabrikumgebung."

Oskar A., Politiker
„Wir müssen auch darauf achten, dass den vielen Landwirten im Land nicht eine übermäßige Konkurrenz erwächst."

Dr. Sigfried M., Leiter eines Landwirtschaftsamtes
„In Anlagen wie dem Agroproduktionspark werden unsere Bauern zu Fabrikangestellten und unsere Kulturlandschaft verkommt."

Birgit L., Hausfrau und Mutter
„Soll ich meinen Kindern erklären, dass unsere Nahrungsmittel nicht von Bauernhöfen, sondern aus Fabriken stammen?"

Fritz V., aktiver Tier- und Umweltschützer
„Grundsätzlich ist der ‚Park' keine schlechte Idee: Transporte mit lebenden Tieren entfallen und ein Teil der benötigten Energie wird vor Ort erzeugt."

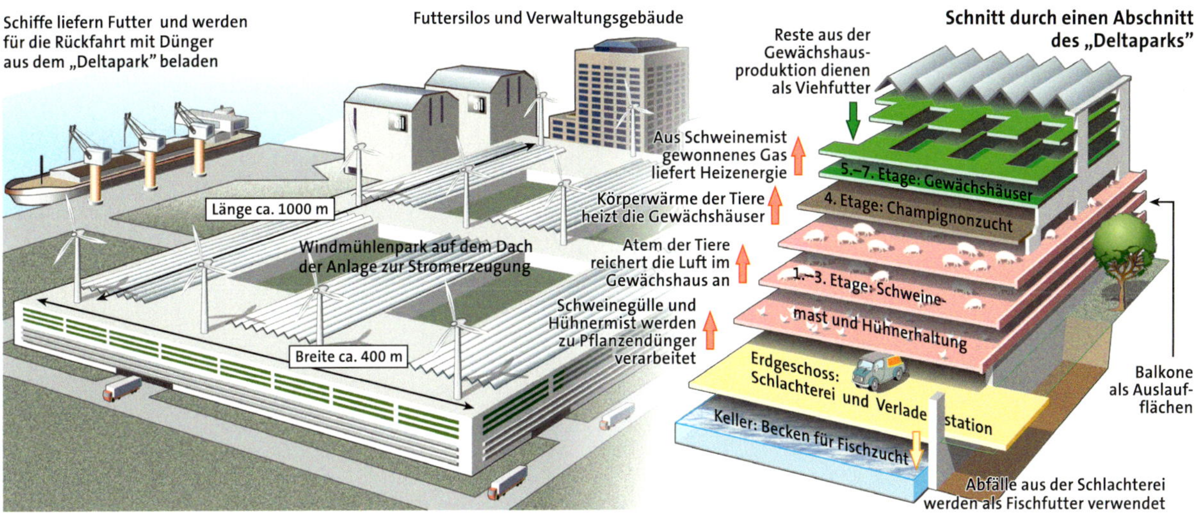

2 Modell des Agroproduktionsparks „Deltapark" in den Niederlanden

Ein Rollenspiel durchführen

1. Schritt: Vorbereitung

- *Bildet Arbeitsgruppen zu den einzelnen Rollen.*
- *Sammelt Informationen zum Thema, zum Beispiel aus den vorhergehenden Schulbuchkapiteln, und formuliert Rollentexte mithilfe der Aussagen und mit eigenen Ideen.*
- *Bestimmt einen Spieler, der beim Spiel in die Rolle schlüpft und dabei den Standpunkt der Gruppe vertritt.*
- *Legt einen Spiel- oder Diskussionsleiter fest, vielleicht den Bürgermeister.*

2. Schritt: Durchführung

Die Rollenspieler vertreten ihre Argumente in der Diskussionsrunde und versuchen, die anderen Teilnehmer zu überzeugen. Wer nicht auf der „Bühne" ist, berichtet als Reporter über den Verlauf der Gespräche oder verfolgt als Zuhörer gespannt die Auseinandersetzung. Am Ende stimmt die Klasse über die strittige Frage ab.

3. Schritt: Auswertung

Trennt euch zum Schluss wieder von euren Rollen und sprecht in der Klasse über die Erfahrungen beim Rollenspiel.

- *Was hat euch besonders überzeugt?*
- *Was erschien euch als besonders wirklichkeitsnah?*
- *Was habt ihr beim Rollenspiel gelernt?*

3 Gesprächsregeln für ein Rollenspiel

- *feste Zeiten für jeden Redner festlegen*
- *den Gesprächspartner ausreden lassen*
- *sich immer zu Wort melden und nicht dazwischenrufen*
- *selbst konzentriert zuhören*
- *Glockenzeichen zur Einhaltung der Redezeit beachten*
- *den Anordnungen des Diskussionsleiters gehorchen*
- *immer beim Thema bleiben*

1

Nichts los im Dorf?

Unter den 130 Einwohnern von Fuhrn, einem Dorf zwischen Schwandorf und Cham, waren kritische Stimmen immer lauter geworden. Ihr Dorf verfiel, verlor an Attraktivität. Mancher dachte schon daran, wegzuziehen.
Die Fuhrner beschlossen daher, gemeinsam etwas zu unternehmen und gründeten eine „Dorfwerkstatt". Zusammen mit Fachleuten versuchten sie, ihren Ort lebenswert für Jung und Alt zu gestalten.

2 ***Logo der „Dorfwerkstatt"***

Heute gibt es in Fuhrn einen Jugendtreff, der im Rahmen eines internationalen Projekts entstand. Sogar Jugendliche aus Japan und den USA unterstützten die Bauarbeiten. Das ehemalige Schulgebäude soll renoviert und zu einem Gemeinschaftshaus für die Fuhrner Bürger umgebaut werden. Eine Umgehungsstraße verringert den Verkehr durch das Dorf. Die Dorfstraße wird schmaler gemacht, wodurch Platz für neue Grünflächen entsteht.
Fuhrn ist kein Einzelfall. Auch in anderen Dörfern wird daran gearbeitet,

3 *Lage von Fuhrn und Utzenhofen*

5 *Bau des Jugendtreffs in Fuhrn*

4 *Der Dorfladen vor der Sanierung*

6 *Der Dorfladen in Utzenhofen nach der Sanierung*

die Lebensverhältnisse der Einwohner durch eine **Dorferneuerung** zu verbessern. In Utzenhofen, einem weiteren Projekt im benachbarten Landkreis Amberg-Sulzbach, eröffnete ein neuer Dorfladen, der nicht nur die Grundversorgung sichert, sondern auch zu einem beliebten Treffpunkt geworden ist. Bei Dorfsanierungen werden auch Straßen, Wege und Plätze umgestaltet. Manchmal siedelt man einzelne Höfe aus, damit sie mehr Platz für eine Modernisierung haben.

1 *Fasse die Kritik der Bewohner Fuhrns zusammen. Warum konnte es so weit kommen? Benutze die Zeichnung 1.*

2 *Beschreibe, wie sich die Bewohner Fuhrns ein lebenswertes und funktionierendes Dorf vorstellen. Betrachte dazu das Logo der „Dorfwerkstatt".*

3 *Vergleiche mit dem Leben in der Stadt: Welche Nachteile bleiben trotz Dorferneuerung bestehen? Welche Vorteile bietet aber auch ein Leben auf dem Dorf?*

Ländliche Räume in Deutschland

Wichtige Begriffe

Ackerbaugebiet
Börde
Dauergrünland
Dorferneuerung
Fruchtfolge
Fruchtwechsel
Gäuboden
Gunstfaktoren
Haupterwerbsbetrieb
Intensivierung
Ländlicher Raum
Landwirtschaft
Löss
Mechanisierung
Monokultur
Naturfaktor
Niederschlag
Ökologischer Landbau
Sonderkultur
Spezialisierung
Temperatur

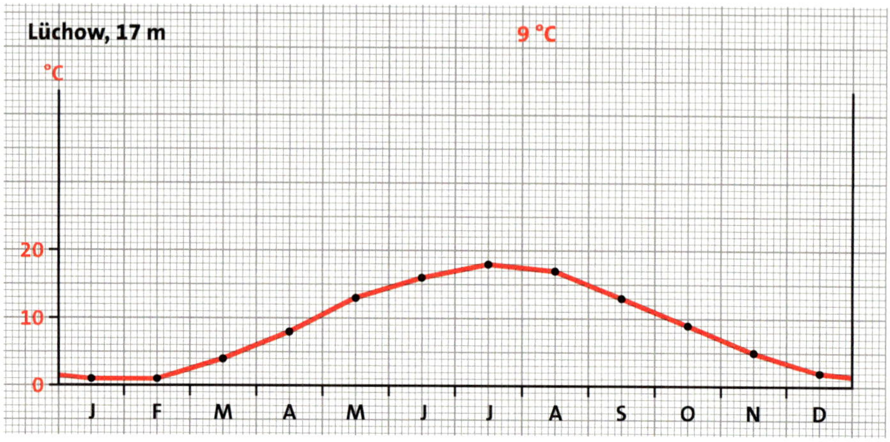

1 Temperaturdiagramm von Lüchow (Niedersachsen)

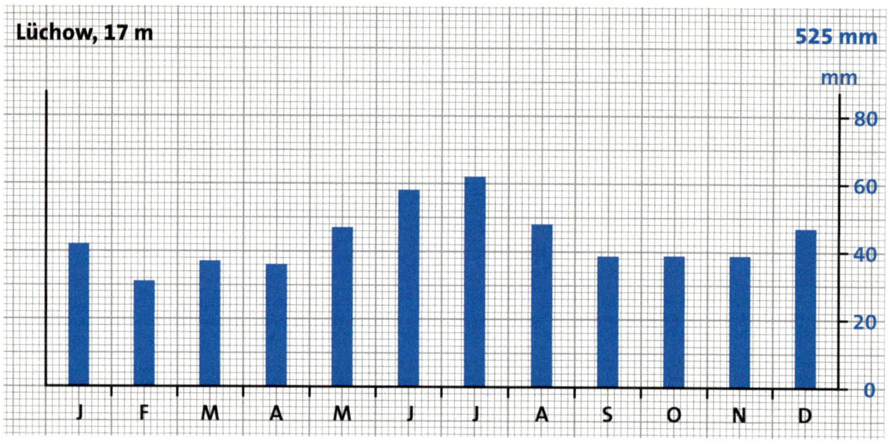

2 Niederschlagsdiagramm von Lüchow (Niedersachsen)

Monate	J	F	M	A	M	J	J	A	S	O	N	D	Jahr
Mittlere Temperatur in °C	1	1	■	■	■	16	■	17	■	■	5	■	9
Mittlerer Niederschlag in mm	42	■	■	36	■	58	■	■	■	■	■	47	525

3 Temperatur- und Niederschlagstabelle von Lüchow (Niedersachsen)

1 Temperatur- und Niederschlagswerte gesucht

Übernimm die Tabelle 3 in dein Heft. Trage die fehlenden Werte für Temperatur und Niederschlag mithilfe des Temperatur- und des Niederschlagsdiagramms von Lüchow ein.

2 Bilderrätsel

Löse das Rätsel und erkläre den Begriff.

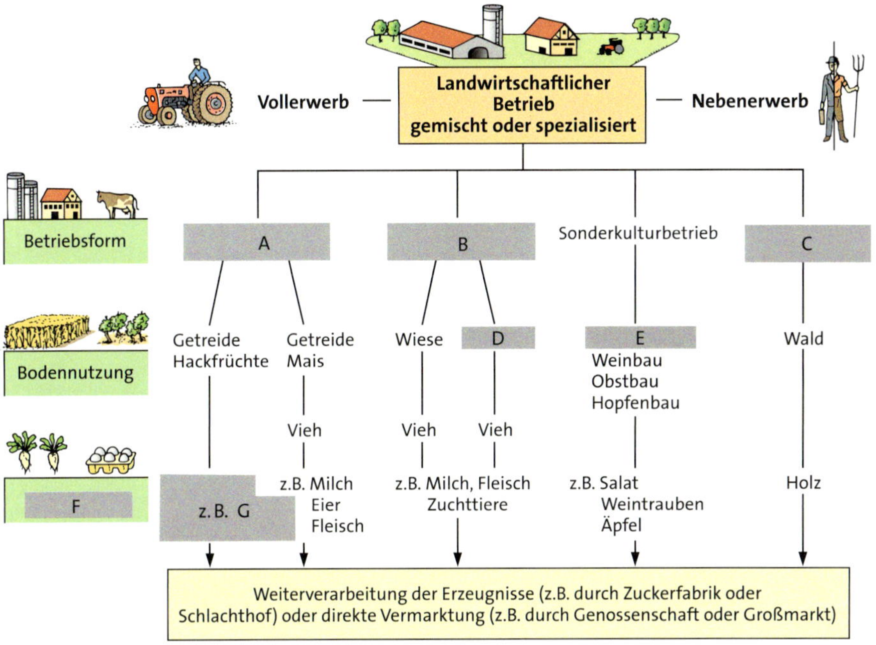

4 Produktion in der Landwirtschaft

Teste dich selbst

mit den Aufgaben 1, 3 und 5

3 Arbeite mit dem Schema 4

Benenne die Buchstaben A bis G mit folgenden Begriffen: Grünlandbetrieb/Weizen – Zuckerrüben – Kartoffeln/Ackerbaubetrieb/Gemüseanbau/Weide/Forstbetrieb/Erzeugnisse.

4 Richtig oder falsch?

Verbessere die falschen Aussagen und schreibe sie richtig auf.

- *In der Börde sind die Ernteerträge besonders gering, weil dort die Böden in der Kaltzeit erfroren sind.*
- *Gülle fällt in jedem landwirtschaftlichen Betrieb an.*
- *Hopfen ist eine Sonderkultur.*
- *Die Anzahl der Bauernhöfe nimmt in Deutschland ständig zu.*
- *Wenn mehrere Pflanzen gleichzeitig nebeneinander auf einem Feld wachsen, spricht man von Fruchtfolge.*

5 Findest du die Begriffe?

- *Anbau von Feldfrüchten in jährlichem Wechsel*
- *Ackerbaugebiet mit Lössboden*
- *Wirtschaftsweise, bei der die Anbauflächen immer auf dieselbe Weise genutzt werden*
- *Anbaupflanzen, die eine besondere Pflege benötigen*

Städtische Räume

Um 1800 lebten in Deutschland 90 von 100 Menschen auf dem Lande. Heute ist es genau umgekehrt. Was aber macht das Leben in der Stadt und ihrer Umgebung so anziehend? Welche Probleme ergeben sich beim Wachstum der Städte? Warum wachsen manche schneller als andere? Wie leben Menschen aus anderen Ländern in den Städten Deutschlands? Viele spannende Fragen und Antworten erwarten dich in diesem Kapitel.

n Deutschland

STADT ANSBACH

Surftipp
www.ansbach.de

Schon gewusst?
Um als Stadt zu gelten, muss ein Ort in Deutschland mindestens 2 000 Einwohner haben, in Dänemark nur 200, in Japan aber über 50 000.

❷ Liebe Tina,
nun wohne ich schon drei Wochen in dem kleinen Dorf, in das ich mit Papa und Mama umziehen musste. Mama schwärmt vom schönen großen Garten und der gesunden Luft statt der engen Mietwohnung und dem lauten Verkehr. Aber ich will in die Stadt zurück! Hier gibt es fast nichts: kein Kino, keine Eisdiele, keine Bücherei und außer Bäcker und Metzger nicht einmal Geschäfte mit Schaufenstern. Auch ins Schwimmbad kann ich nicht mehr gehen, denn hier haben wir nur einen Dorfweiher für Enten und Gänse. Sogar Papa hat schon geschimpft, dass er es so weit zur Arbeit hat und er wegen jeder Schraube, die er braucht, in die Stadt fahren muss. Und ich muss jetzt ins Gymnasium pendeln, weil es hier nur eine Grundschule gibt. Aber Mama meint, ich hätte nun ein eigenes Zimmer mit Balkon und tollem Blick in die Natur. Da kann ich drauf verzichten! Ich will lieber mit dir auf dem Stadtplatz bummeln gehen. Nächsten Dienstag komme ich dich besuchen, da fährt mich Mama zum Kieferorthopäden – und den gibt´s nur in der Stadt!

Bis bald deine Ulla

Leben in der Stadt

❶ Städte werden in Deutschland nach ihrer Einwohnerzahl unterschieden in
- *Landstädte (2 000 bis 5 000 Einwohner),*
- *Kleinstädte (>5 000 bis 20 000 Einwohner),*
- *Mittelstädte (>20 000 bis 100 000 Einwohner),*
- *Großstädte (>100 000 Einwohner).*

Ulla ist unglücklich. Mit ihren Eltern ist sie aus Ansbach in ein Dorf auf dem flachen Land gezogen. Dort vermisst sie das vielfältige Angebot der Stadt. Ihre Mutter sieht dagegen eher die Nachteile des früheren städtischen Lebens.

Auch im Erscheinungsbild unterscheidet sich die Stadt vom Dorf. Städte sind meist eng bebaut und vor allem im Stadtzentrum befinden sich mehrstöckige Häuser. Viele Menschen wohnen zur Miete statt in Eigenheimen. Auf den Straßen fließt oft dichter Verkehr, und an ihren Rändern parken viele Fahrzeuge. In großen Städten fahren nicht nur Stadtbusse, sondern auch Straßenbahnen oder U-Bahnen. Trotz Park- und Grünanlagen gibt es in der Stadt nur wenig naturbelassene Umwelt.

Viele Stadtbewohner suchen deshalb Erholung auf dem Lande. Landbewohner andererseits fahren in die Stadt, etwa um dort einzukaufen, Ämter zu besuchen, zur Schule zu gehen oder zu arbeiten. Je größer und bedeutender eine Stadt ist, desto größer ist das von ihr versorgte Umland (**Einzugsgebiet**).

❸ ***Markgraf-Georg-Brunnen und St.-Johannis-Kirche***

4 *Schrägluftbild der Stadt Ansbach*

6 Bevölkerungsentwicklung von Ansbach

Jahr	Einwohner
1810	14 432
1850	12 000
1900	17 555
1925	21 633
1950	33 170
1975	39 117
2000	40 165
2001	40 412

5 So beschrieben Stadtgeografen noch 1972 die Lebensweise eines Städters:

Der Mensch in der Stadt lebt in einer Umwelt, die er durch viele Eingriffe in die Natur selbst gestaltet hat. Er isst zwar abwechslungsreichere Kost als der Mensch auf dem Land, der Anteil der Konserven und des „schnellen Essens" (Fastfood) ist aber höher, und seine Nahrung enthält weniger Kalorien und Vitamine. Der Mensch in der Stadt trägt oft leichte Kleidung, die ihn anfälliger für Krankheiten macht. Die Luft in den Räumen, in denen er lebt, ist durch Klimaanlagen und moderne Heizungen viel trockener und krankheitsfördernder als die Luft auf dem Land. Sein Umfeld, in dem er lebt, ist arm an Licht. Man erkennt den Lichtmangel sofort an seiner blassen Haut. Auch mit mehr Lärm und anderen Umweltbelastungen muss der Mensch in der Stadt leben.
Je größer die Stadt ist, in welcher der Stadtbewohner lebt, und je mehr Menschen auf engem Raum zusammenleben, desto verlassener kommt sich der einzelne Mensch vor.

1 *Fasse aus dem Brief (2) zusammen, warum sich Ulla in die Stadt zurücksehnt.*

2 *Vergleiche das Foto 4 mit dem Ortsplan von Moosinning auf Seite 155. Beschreibe die Unterschiede zwischen den beiden Orten.*

3 *Die Mutter gibt Ulla einen Text (5) über das Leben in der Stadt zum Lesen. Stimmst du diesem Text zu? Was ist darin keinesfalls richtig?*

4 *Fertige zur Bevölkerungsentwicklung Ansbachs ein Säulendiagramm an.*

→ *Säulendiagramm zeichnen, siehe Seite 157*

1 ***Rathaus und Dom St. Michael in Bamberg***

2 ***Cherbonhof in Bamberg***

3 ***Teilansicht des Hafens von Bamberg***

Warum Bamberg aus vielen Vierteln besteht

Stadt mit vielen Gesichtern – funktionale Gliederung

Wie in vielen Städten, so umgeben auch in Bamberg verschiedene Stadtviertel die Altstadt mit ihren historischen Sehenswürdigkeiten. Diese bildet als **City** das Hauptgeschäftsviertel. Dort findet man viele kulturelle Einrichtungen wie Theater oder Museen sowie zahlreiche Ämter.

Große Teile der Bamberger Altstadt sind **Mischgebiete**. Die Häuser haben dort im Erdgeschoss meistens Läden, im Obergeschoss aber Wohnungen. Manchmal befindet sich im Hinterhof ein kleiner Gewerbebetrieb. Die dort hergestellten Waren werden im Laden an der Straßenseite zum Kauf angeboten.

Die **Wohnviertel** einer Stadt erkennt man oft schon an ihren Gebäuden: Einzel- und Reihenhäuser oder größere Wohnblocks reihen sich aneinander. Es gibt nur wenige Geschäfte und meist auch mehr Grün als im Stadtzentrum. Weil man den Straßenlärm vermeiden will, plant man in Neubaugebieten oft ein regelmäßiges Verkehrsnetz mit Sackgassen.

Wegen der Lärm- und Geruchsbelästigung liegen die **Gewerbe-** und **Industriegebiete** möglichst getrennt von den Wohnvierteln. Dort lassen sich die großen Handwerks- und Industriebetriebe mit ihren großflächigen Werks- und Lagerhallen nieder. Der Anschluss an Fernstraßen, Eisenbahn oder Binnenwasserstraßen erleichtert den An- und Abtransport ihrer Güter.

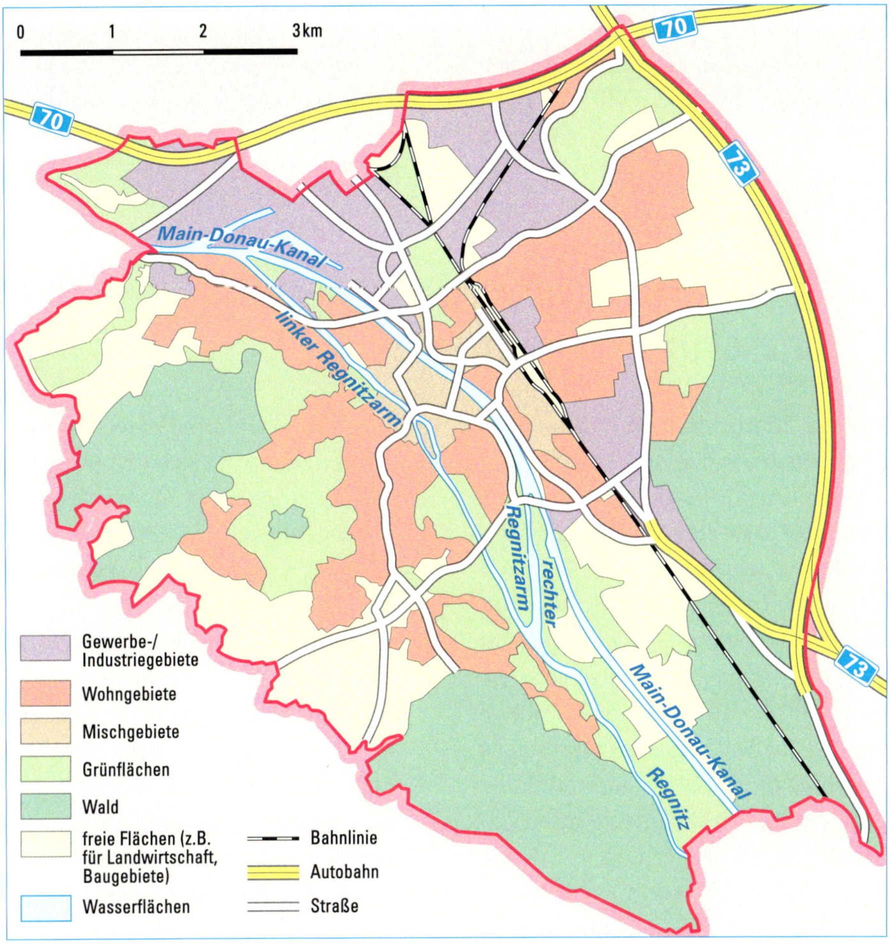

4 ***Funktionale Gliederung Bambergs***

Grünflächen, Wälder und Wasserflächen in der Stadt und ihrer Nähe dienen oft als **Naherholungsgebiete**. Freibäder, Spiel- und Sportplätze sowie andere Freizeiteinrichtungen bieten hier dem Bewohner der Stadt Abwechslung.

1 *Begründe mithilfe der Karte 4 die Lage der Gewerbe- und Industriegebiete sowie der Wohngebiete in Bamberg.*

2 *Weise die Bilder aus Bamberg ihren Vierteln zu. Begründe deine Entscheidung.*

3 *Wo liegen in deinem Schulort oder deiner Heimatregion Industriegebiete? Warum sind sie wohl gerade dort entstanden?*

STADT BAMBERG

Surftipp

www.bamberg.de

Schon gewusst?

Weil Bamberg noch heute ein einmaliges mittelalterliches Aussehen besitzt, wurde die Stadt am 11. Dezember 1993 in die UNESCO-Liste „Weltkulturerbe der Menschheit" aufgenommen. Das damit unter besonderem Schutz stehende Gebiet umfasst drei alte Siedlungsschwerpunkte: die Bergstadt mit Dom, Residenz und Bürgerstadt; die Inselstadt mit dem Markt und die Theuerstadt mit den zwischen Gemüsegärten verstreut liegenden Häusern.

Merke

Viertel (engl. quarter) leitet sich daraus ab, dass ein Achsenkreuz von Straßen das Stadtgebiet in vier Teile (= Viertel) aufteilt. Heute versteht man unter Vierteln Raumeinheiten, die gleiche oder weitgehend ähnliche Merkmale aufweisen, wobei sie in ihrer Größe und Form völlig unterschiedlich sein können.

PASSAU
Leben an drei Flüssen

Surftipp
www.passau.de

① **Altbauwohnung** in Passau, saniert, 4 Zimmer, Küche und Bad, Abstellraum, insgesamt 95 m², Zentralheizung, Gartenanteil mit Terrasse und elegantem Wintergarten; große, neu gebaute Garage, Miete monatlich 760,– € (plus Nebenkosten)

② Sanierte 4-Zimmer-**Altbauwohnung** in Passau, Einbauküche, großes Badezimmer, Ölöfen mit zentraler Ölversorgung, 97 m² Wohnfläche, Terrasse, Anteil an Obstgarten mit großem Spielplatz, Doppelgarage, Monatsmiete 470,– € (plus Nebenkosten)

Unterschiede in einer Stadt

2001 zählte man in Passau etwa 49 500 Einwohner (ca. 26 300 Frauen und 23 200 Männer)

Daniels Eltern studieren Zeitungsanzeigen. Vater hat einen interessanten Arbeitsplatz in Passau gefunden, und jetzt muss dort eine Wohnung gesucht werden.

„Das gibt es doch nicht", meint die Mutter, „fast die gleiche Größe und Ausstattung und so ein Preisunterschied." „Ist doch klar", wirft der Vater ein, „Wohngegend ist eben nicht gleich Wohngegend. Da gibt es ganz noble, teure Viertel, aber auch weniger bevorzugte Stadtteile, wo die Mieten viel billiger sind."

Daniel hat aufmerksam zugehört. Offensichtlich ist es in Passau nicht anders als in seiner alten Heimatstadt: Stadtviertel unterscheiden sich, weil unterschiedliche Gruppen von Menschen in ihnen leben. Von den Bewohnern hängt es entscheidend ab, welche Meinung man von ihrem Viertel hat, das heißt welches „Image" es besitzt. Daniel weiß, dass Geld dabei eine wichtige Rolle spielt: Je höher das Einkommen, desto teurer und komfortabler kann die Wohnung sein, die man sich aussucht. Rentner und vor allem Arbeitslose sowie Sozialhilfeempfänger können sich meist nur einfache Wohnungen in älteren Häusern oder großen Wohnblocks leisten. Wohlhabende Bürger wohnen oft im eigenen Haus oder in einer hochwertigen Eigentumswohnung.

Beachte
Promille (Zeichen ‰, Bezeichnung für Tausendstel; siehe Karte 5)

Für die Stadtplanung ist es sehr wichtig, zu wissen, wie sich die Bevölkerung der einzelnen Stadtviertel zusammensetzt. Die Stadtplaner benötigen für ihre Entscheidungen die Ergebnisse der Stadtforschung. Sie haben erkannt:

– Die Höhe des Einkommens ist vom Beruf abhängig. Oft ist ein Studium Voraussetzung dafür, dass man später gut verdient. In einem Stadtviertel, in dem viele Berufstätige mit einem abgeschlossenen Studium wohnen, liegt das Durchschnittseinkommen hoch.

– Je mehr die Menschen verdienen, desto höher sind ihre Ansprüche an ihre Wohnumgebung.

– In Vierteln, wo viele junge Familien mit Kindern leben, müssen Kindergärten und Schulen gebaut werden.

– Wo der Anteil von Rentnern hoch ist, benötigt man Einrichtungen für ältere Mitbürger wie Seniorentreffs.

– In Vierteln, in die viele junge Menschen mit Hochschulabschluss ziehen, benötigt man vielleicht ein neues Gymnasium. Für ein Viertel mit vielen Rentnern wäre so ein Neubau ein Fehler.

– Ausländer ziehen häufig in solche Viertel, in denen schon Landsleute von ihnen wohnen. Manchmal ziehen Einheimische dann weg.

– Soziale Problemviertel können dann entstehen, wenn der Großteil ihrer Bewohner an der Armutsgrenze lebt und kaum Chancen für eine Besserung vorhanden sind.

– Die Eigenschaften von Stadtvierteln verändern sich ständig. Wird zum Beispiel ein altes, heruntergekommenes Fabrikgebäude in eine attraktive Eigentumswohnanlage umgebaut, ziehen gut verdienende Leute aus anderen Stadtteilen dorthin; das Image des Viertels ändert sich grundlegend.

1 *Stadtforscher wollen wissen, in welchen Stadtgebieten es besonders viele Haushalte gibt, deren Mitglieder jünger als 18 Jahre oder älter als 65 Jahre sind. Erkläre, warum dies wichtig ist.*

2 *Suche auf den Karten 4 und 5 das Stadtviertel Hacklberg und bestimme jeweils, welchen Platz es in der Legende einnimmt. Erkläre, warum dies wichtig ist.*

3 *Besorge dir Wohnungsangebote und einen Plan deiner Stadt. Versuche attraktive Stadtviertel zu finden und abzugrenzen.*

4 *Versuche die Wohnungsangebote 1 und 2 den Stadtvierteln in Passau zuzuordnen.*

5 *„Die ständige Erforschung der Stadt ist der beste Beitrag für ihre gute Zukunft." Nimm zu dieser Behauptung Stellung.*

3 **Luftaufnahme von Passau**

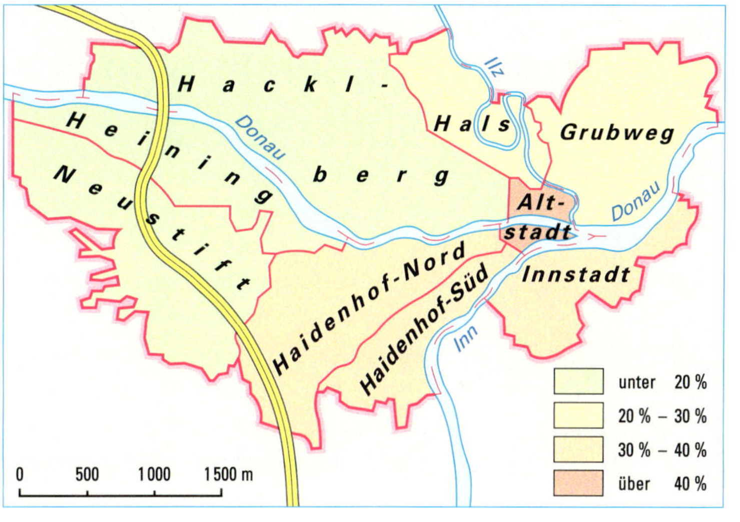

4 **Anteil der Einwohner in 1-Personen-Haushalten**

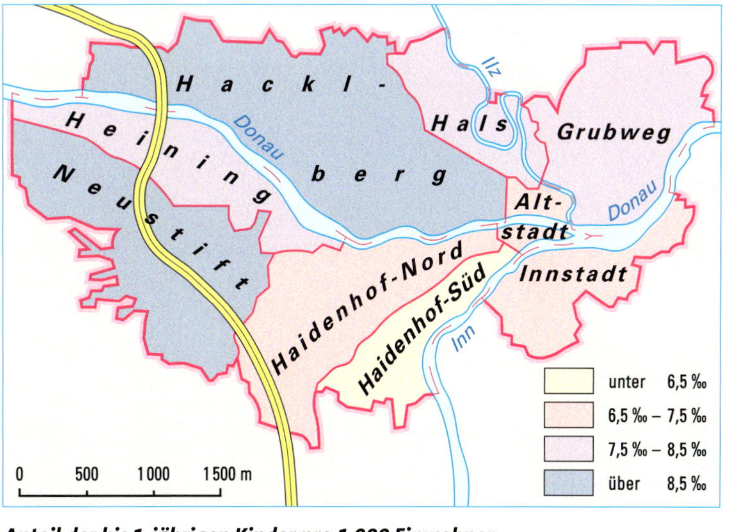

5 **Anteil der bis 1-jährigen Kinder pro 1 000 Einwohner**

1 ***Ana Amalia mit Kindermädchen***

3 ***Im Villenviertel von Mendoza***

5 ***Elendsviertel in Mendoza***

2

Kinderalltag in Südamerika

Unterschiedliche natürliche Voraussetzungen, unterschiedlicher Reichtum und unterschiedliche soziale Verhältnisse sind die Ursachen dafür, dass sich die Lebensbedingungen der Menschen in verschiedenen Ländern der Erde stark voneinander unterscheiden.
Davon sind besonders auch die Kinder betroffen, da ihr Alltag sehr stark durch die Bedingungen, in die sie hineingeboren wurden, bestimmt wird.

Die Kinder erzählen von ihrem Leben:

4 „Ich heiße Ana Amalia Gonzalvez und bin zwölf Jahre alt. Das Haus meiner Eltern hat neun Zimmer und liegt in einem Villenviertel von Mendoza. Es hat einen schönen großen Garten, um den sich unser Gärtner kümmert. Meine Schwester Adriana und ich haben jeweils ein eigenes Zimmer. Um unser Viertel ist eine Mauer gebaut, und wenn man uns besuchen will, muss man ein bewachtes Tor passieren, damit niemand ohne Erlaubnis hereinkommt. Unser Chauffeur bringt mich und Adriana jeden Morgen zur Privatschule und holt uns am Nachmittag wieder ab. Wir haben ein Kindermädchen, das mit uns spielt und für unsere Familie kocht. Mit Kindern von außerhalb dürfen wir nicht spielen; meine Mutter sagt, das sei zu gefährlich. Mein Vater arbeitet für eine ausländische Ölfirma und ist sehr viel unterwegs; meine Mutter arbeitet nicht. Am Wochenende sind wir meist im Ruderclub, im Urlaub fliegen wir hinüber nach Chile ans Meer."

6 „Ich heiße Emilio Villa Sanchez und bin zehn Jahre alt. Wir, also meine Eltern, meine vier Geschwister und ich, leben in einem Vorort von Mendoza. Die Häuschen in unserem Viertel wurden vor einigen Jahren von der Stadtverwaltung gebaut, weil so viele Menschen aus ihren Dörfern nach Mendoza zogen. Meine Eltern sind von weit draußen in der

7 ***Emilio mit seinem Bruder bei der Arbeit***

Pampa, 100 km von hier, nach Mendoza gekommen. In ihrem früheren Dorf leben heute nur noch ein paar alte Menschen. Vor kurzem bekam unser Haus sogar Stromanschluss. Meine Eltern müssen viel arbeiten, um den Kredit für das Haus abzuzahlen. Zum Glück hat mein Vater voriges Jahr einen Arbeitsplatz bei einer Baufirma gefunden, meine Mutter arbeitet bei einer reichen Familie als Haushaltshilfe. Das Geld wird aber ständig weniger wert, und drei Monate lang hat mein Vater nun schon kein Gehalt mehr bekommen. Wenn ich am Nachmittag von der Schule heimkomme, muss ich jeden Tag auf meine kleinen Geschwister aufpassen, oder ich helfe meinem Bruder bei der Herstellung von Lehmziegeln. Diese Arbeit strengt sehr an."

8 „Ich heiße Esmeralda Elena Chuntunquí. Meine Eltern sind vor vier Jahren aus Bolivien hierher nach Mendoza gekommen, um in den großen Weinbergen Arbeit zu finden. Damals war ich sieben Jahre alt. Oft erzählen sie von unserem Heimatdorf hoch oben in den Anden, in dem die Großeltern zurückgeblieben sind. Es gab dort keine Arbeit, und so sind immer mehr Männer in die großen Städte weggegangen und nur einmal im Jahr kurz zurückgekehrt; schließlich wanderten ganze Familien ab, meist ins Ausland. Vor einem halben Jahr ist mein Vater bei der Arbeit von einem Lkw gestürzt und verunglückt. Seitdem haben wir nur noch das Geld, das Mutter mit dem Verkauf kleiner Blumensträuße nachts in den Strassen der Innenstadt verdient, aber das reicht nicht mal fürs Essen. Auch ich und zwei meiner jüngeren Geschwister sind oft nachts im Stadtzentrum unterwegs. Wir verkaufen Blumen, Zigaretten oder Feuerzeuge und verdienen so ein paar Pesos dazu. Manchmal schenken uns Leute etwas Geld. Die Stadtverwaltung will die selbstgebauten Hütten in unserem Viertel entlang der Stadtautobahn abreißen. Dann wissen wir nicht mehr, was wir tun sollen."

9 ***Esmeralda Elena verkauft Blumen***

1 *Vergleiche dein Leben (Wohnung, Schule, Freizeit, Ferien) und das deiner Mitschülerinnen und Mitschüler mit dem Alltag von Ana, Emilio und Esmeralda.*

2 *Du hast vielleicht schon einmal vom Leben der Kinder in anderen Teilen der Welt gelesen oder gehört. Berichte darüber.*

Schon gewusst?

Mendoza ist eine Stadt im Westen von Argentinien mit rund 1 Mio. Einwohnern.

Die riesige, flache Landschaft der Pampa erstreckt sich in Argentinien zwischen den Anden und dem Atlantischen Ozean.

10 ***1-Peso-Geldschein aus Argentinien***

❷ ***Spuren von Ausländerinnen und Ausländern in Regensburg***

❶ ***Von den insgesamt 7 319 000 Ausländerinnen und Ausländern, die 2001 in Deutschland lebten, stammten u. a. aus:***
(Angaben in 1 000)

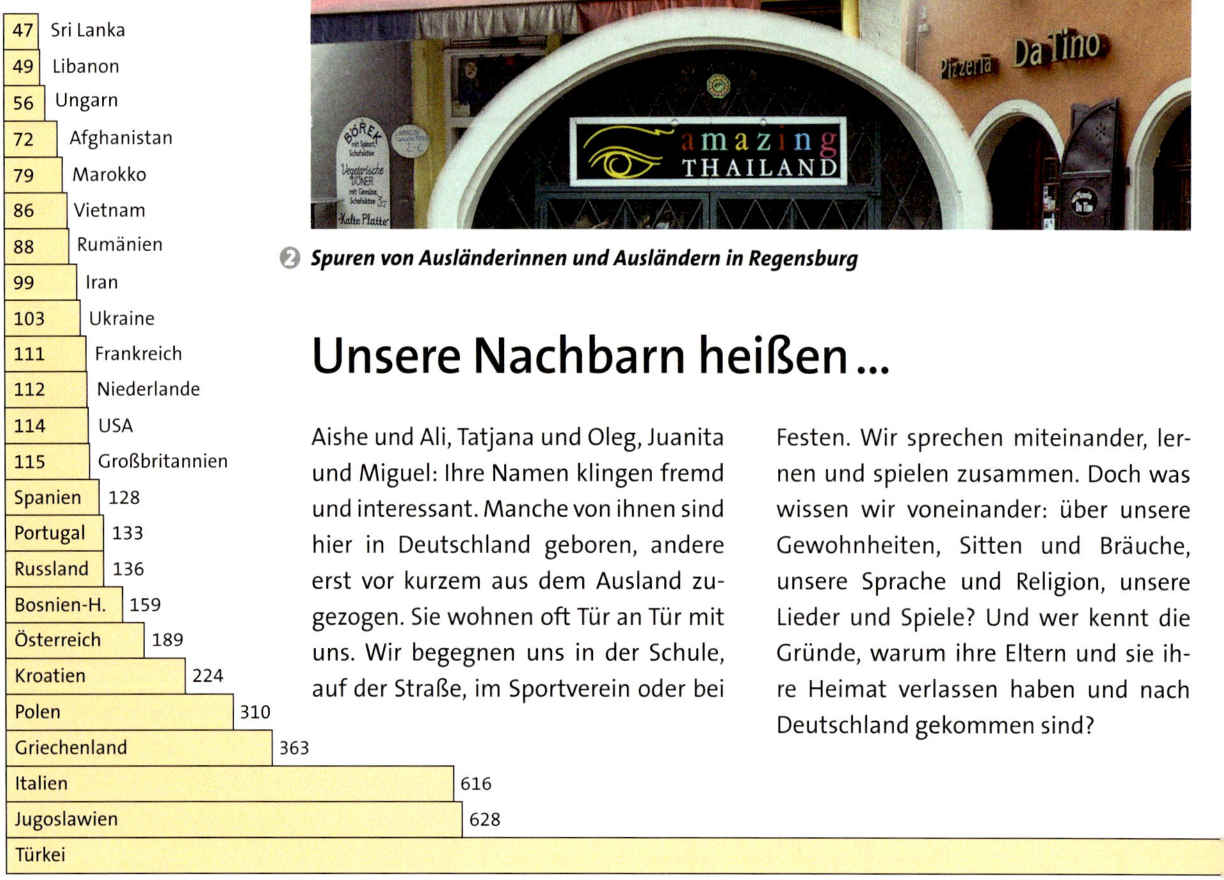

Unsere Nachbarn heißen ...

Aishe und Ali, Tatjana und Oleg, Juanita und Miguel: Ihre Namen klingen fremd und interessant. Manche von ihnen sind hier in Deutschland geboren, andere erst vor kurzem aus dem Ausland zugezogen. Sie wohnen oft Tür an Tür mit uns. Wir begegnen uns in der Schule, auf der Straße, im Sportverein oder bei Festen. Wir sprechen miteinander, lernen und spielen zusammen. Doch was wissen wir voneinander: über unsere Gewohnheiten, Sitten und Bräuche, unsere Sprache und Religion, unsere Lieder und Spiele? Und wer kennt die Gründe, warum ihre Eltern und sie ihre Heimat verlassen haben und nach Deutschland gekommen sind?

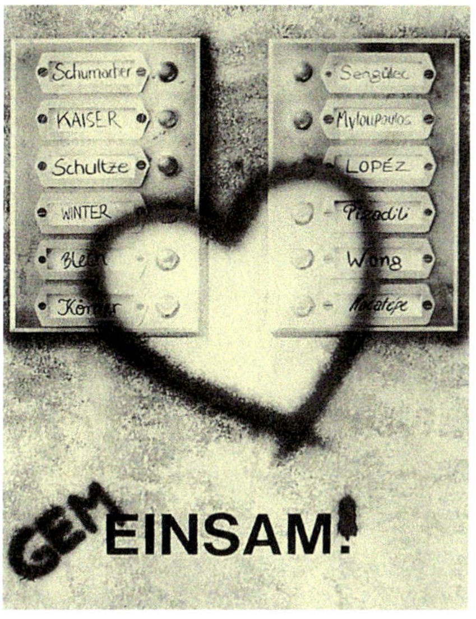

3 Klingelbrett

4 Begegnung auf einem Stadtfest

Diese Gründe zu erfahren, könnte uns helfen, einander besser zu verstehen, anstatt uns über die Ansichten oder das Verhalten der Anderen zu wundern oder zu ärgern. Natürlich gibt es Unterschiede zwischen Menschen, die aus verschiedenen Ländern und Kulturen stammen. Aber wenn wir uns dann näher kommen, staunen wir auch über zahlreiche Gemeinsamkeiten. Wir können sogar Vieles voneinander lernen.

1 *Schüler haben die Collage (2) über Ausländer in der Stadt erstellt. Sprecht über eigene Beobachtungen und Erfahrungen.*

2 *Klingelbretter sagen Vieles über das Zusammenleben von Menschen aus. Beschreibe das Foto (3).*

3 *Erkundige dich bei Ausländern aus deiner Bekanntschaft, warum sie nach Deutschland gekommen sind.*

4 *a) Werte das Diagramm (1) aus.*
b) Vergleiche mit den Verhältnissen in deinem Heimat- oder Schulort.

5 ***Drei Aktionen zum Nachmachen***

- ***Ein Stadtrundgang*** *– einmal anders: Ausländische Schülerinnen und Schüler übernehmen die Führung und erklären,*
  a) wo sie wohnen und spielen,
  b) wo sie einkaufen,
  c) wo sie sich mit Landsleuten treffen,
  d) wo sie als Ausländerinnen und Ausländer unangenehme Erlebnisse hatten.
- ***Familientausch:*** *Deutsche und ausländische Schülerinnen und Schüler tauschen für eine Woche die Familie. So erleben sie selbst die jeweils andere Lebensweise und Kultur.*
- ***Sprachlos in der Stadt:*** *Um zu erfahren, wie wichtig die Kenntnis der Landessprache ist, erledigen wir einen Tag lang alle wichtigen Besorgungen, ohne dabei ein Wort zu sprechen.*

1948

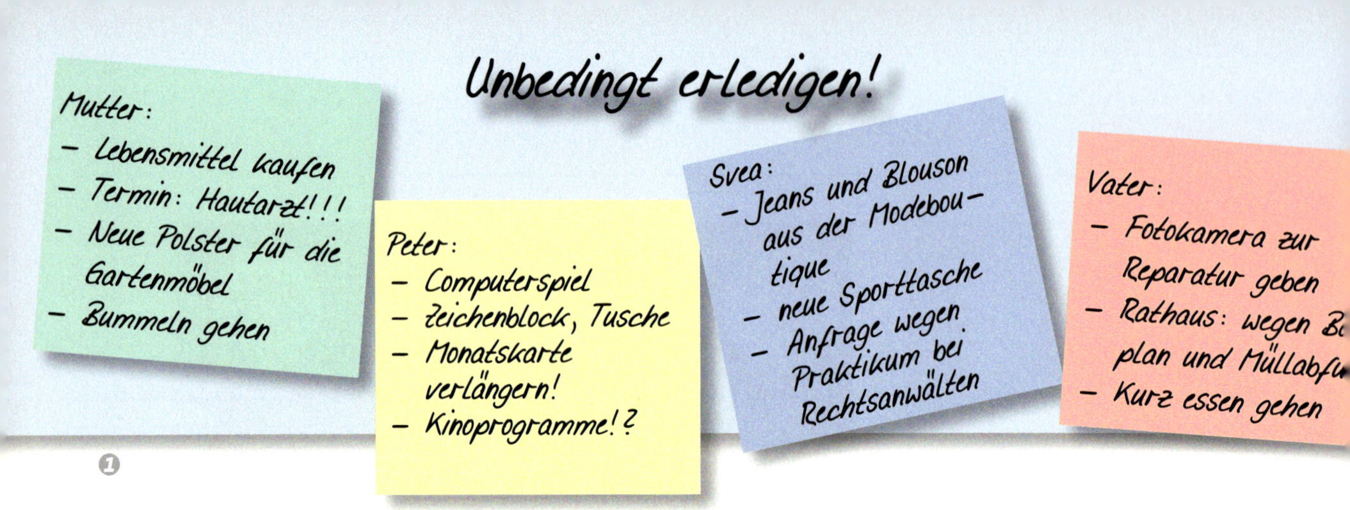

1

1993 wohnten 20 437 Einwohner (etwa ein Sechstel) in der Würzburger Altstadt, 108 529 im restlichen Stadtgebiet.

*Die **Wirtschaft** eines Landes teilt man in drei große Bereiche (= Sektoren) ein; auch alle Berufstätigen, man sagt genauer Erwerbstätigen, kann man diesen drei Sektoren zuordnen:*
1. (primärer) Sektor:
Land- und Forstwirtschaft, Fischerei und Bergbau beliefern uns mit Rohstoffen (so genannte Urproduktion).
2. (sekundärer) Sektor:
In diesem Wirtschaftsbereich (Produzierendes Gewerbe) werden die Rohstoffe durch Industrie und Handwerk be- und verarbeitet.
3. (tertiärer) Sektor:
Dazu zählen alle Dienstleistungen, etwa durch Verwaltung, Verkehr, Handel, Bildungswesen. In diesem Wirtschaftsbereich arbeiten zum Beispiel Rechtsanwälte, Ärzte, alle Beamten, also auch Lehrerinnen und Lehrer.

Die Würzburger City: ein Dienstleistungszentrum

Würzburg – Stadtteil Heuchelhof/Rottenbauer. Heute tagt der Familienrat. Vieles ist zu besorgen, einige Wünsche zu erfüllen. Doch wo in der Stadt kann man all dies erledigen? Mutter meint zunächst, der große Gartenfachmarkt am Stadtrand sei das beste Ziel, weil sie dort und im Supermarkt gleich nebenan alles einkaufen könne. Die Kinder und der Vater aber widersprechen und überzeugen sie: Die Familie fährt in die **City**, dort findet jeder das, was er braucht.

In Würzburg befindet sich die City, wie auch in vielen anderen alten Städten, in der Altstadt. Sie ist der zentral gelegene und dicht bebaute Stadtteil, den du an auffälligen Merkmalen erkennst: Dort reihen sich viele Geschäfte meist mit einer durchgehenden Ladenfront aneinander. Hochspezialisierte Einzelhandelsgeschäfte ergänzen mit ihren Angeboten die breite Auswahl an Waren in den Kaufhäusern. Passagen mit Geschäften und Arkaden verbinden die Fußgängerzonen, in denen zahlreiche Kioske, viele Automaten und Werbung das Stadtbild prägen. In den oberen Etagen der Häuser sind meist Büros, Praxisräume von Fachärzten oder Kanzleien von Rechtsanwälten untergebracht. Gebäude von Behörden und Verwaltungen, Banken und Versicherungen befinden sich ebenso in der City wie Theater, Museen, Kinos und viele weitere kulturelle Einrichtungen. All das zusammen macht die City zum **Dienstleistungszentrum** einer Stadt.

Für die Dienstleistungsbetriebe, den so genannten tertiären Sektor, ist die City ein sehr begehrter Standort. Die Bodenpreise sind dort sehr hoch; man baut schmale und hohe Häuser mit vielen Stockwerken. So erhält man auf kleinen Grundstücken eine große Nutzfläche. Viele Bewohner ziehen allerdings wegen der steigenden Mietpreise aus der City weg.

Weil in der City viele Menschen Arbeit finden und viele Kunden dorthin müssen, strömt dichter Verkehr im Rhythmus der Arbeits- und Geschäftsöffnungszeiten morgens in die City und abends wieder heraus. Tagsüber ist sie deshalb stark, nachts aber kaum bevölkert. Wegen des hohen Verkehrsaufkommens und der eingeschränkten Parkmöglichkeiten wird es immer schwieriger, mit dem eigenen Auto in die City zu fahren. Riesige Einkaufszentren mit Parkplätzen und Büroparks entstehen am Stadtrand. Sie tragen heute dazu bei, dass die City zunehmend weniger bevölkert ist. Man versucht deshalb die Anziehungskraft der City durch besondere Maßnah-

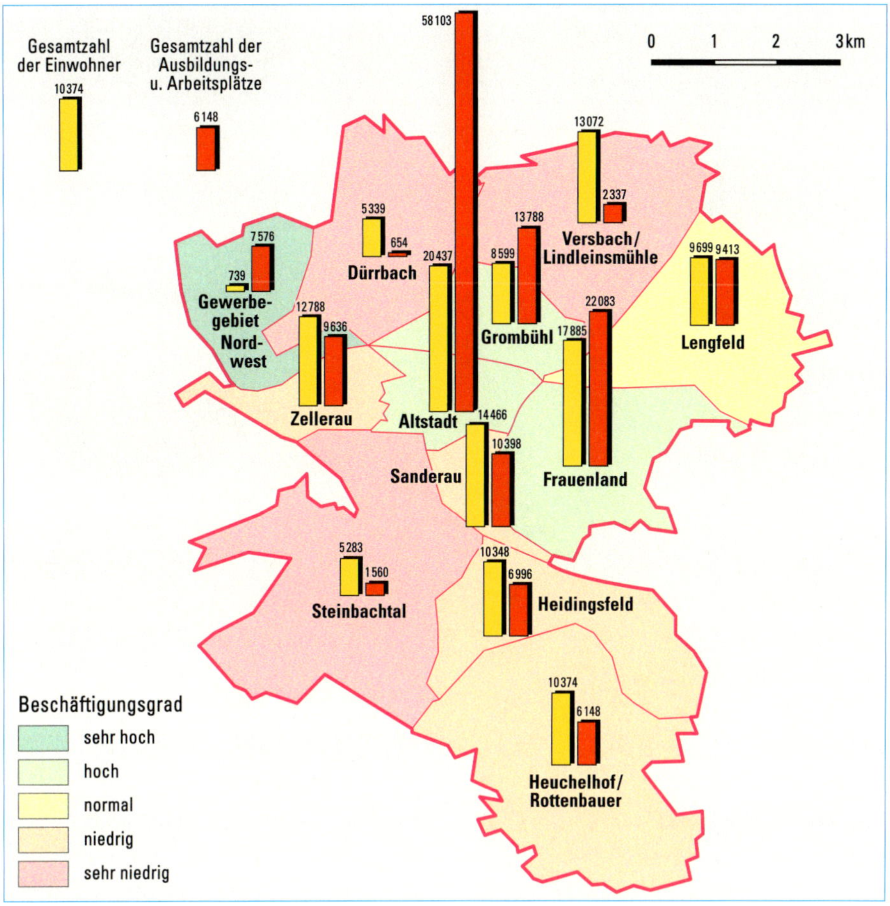

2 Einwohner und Ausbildungs- sowie Arbeitsplätze in den Stadtbezirken Würzburgs

Surftipp

www.wuerzburg.de

4 Kaiserstraße

3 Entwicklung der Verkaufsflächen in Würzburg (Angaben in m²)

	1994	1998	Vf = durchschnittliche Verkaufsfläche
Innenstadt	114 065	102 810	660 Betriebe – Vf: rund 156 m²
Außenstadt	154 426	202 820	466 Betriebe – Vf: rund 435 m²
Gesamt	268 491	305 630	1 126 Betriebe – Vf: rund 271 m²

men zu erhalten: zum Beispiel bessere Verkehrserschließung, Verschönerung von Plätzen und Gebäuden, vielfältige Attraktionen und Erlebniseinkauf.

1 Werte die Karte 2 aus. Wo befindet sich in Würzburg die City? Wodurch unterscheidet sich die City deutlich von den anderen Stadtteilen?

2 Was sagen die Zahlen der Ausbildungs- und Arbeitsplätze aus, wenn man sie mit den Einwohnerzahlen in Beziehung setzt?

3 Stelle die Entwicklung der Verkaufsflächen in Würzburg in einem Säulendiagramm dar.

→ Säulendiagramm zeichnen, siehe Seite 157

4 Entwickle Vorschläge, wie man die Attraktivität der City erhalten könnte.

Kaum zu glauben

Ein Auto besteht aus etwa 20 000 Teilen. Viele davon werden schon bei Zulieferfirmen zu größeren Bauteilen montiert. In der Autofabrik werden sie dann mit den im Werk selbst gefertigten Teilen in etwa drei Tagen zu einem kompletten Fahrzeug zusammmengebaut.

Ein Auto wird gebaut

1 *Montage des Motors*

2 *Tauchbad der Karosserie*

3 *Einbau der Sitze*

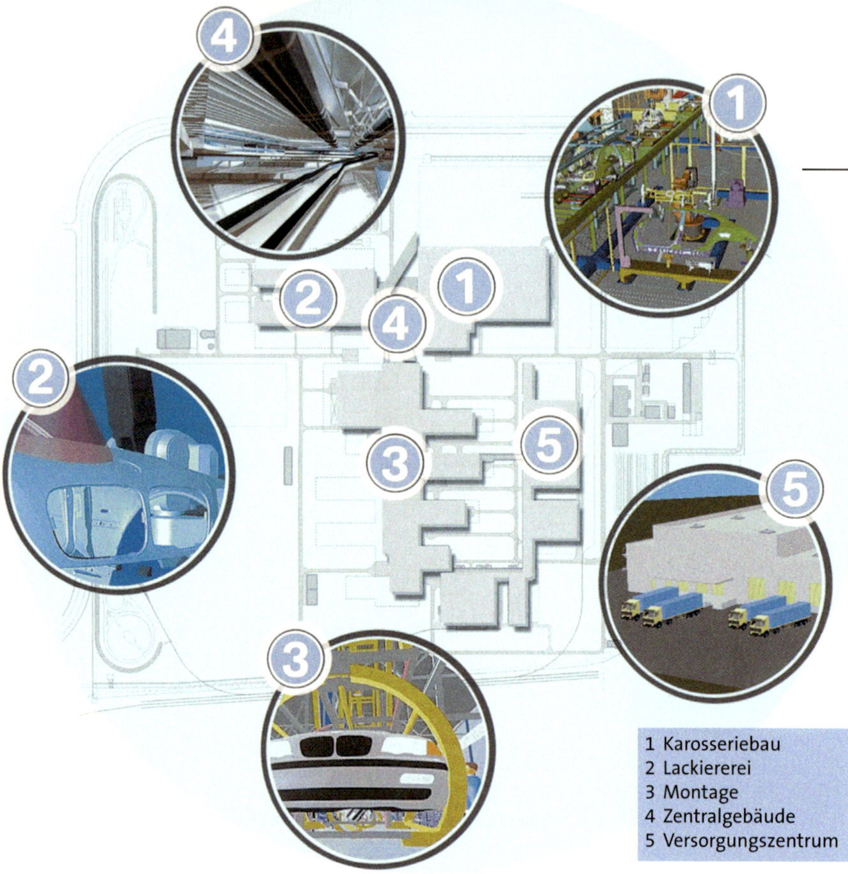

4 *Das neue BMW-Werk in Leipzig*

BMW – Motor für Leipzigs Industrie

Weil die „BMW Group“ mehr Autos herstellen wollte, ihre bestehenden Autofabriken aber ausgelastet waren, begab man sich auf die Suche nach einem geeigneten Platz für ein neues Werk. Dort sollten viele gut ausgebildete Facharbeiter zur Verfügung stehen und schnelle Verkehrsverbindungen vorhanden sein, damit die vielen zum Bau von Autos notwendigen Teile stets rasch und sicher geliefert werden könnten.

Die Wahl unter mehr als 250 Bewerberstädten – darunter Augsburg und Hof, aber auch das französische Arras sowie das tschechische Kolin – fiel auf Leipzig. Dafür gab es verschiedene Gründe: Zum einen stellte die Stadt schnell geeignetes Bauland für die Ansiedlung einer so großen Firma bereit. Zum anderen gab die Bundesregierung für den Aufbau des neuen Werkes in Leipzig erhebliche Zuschüsse, weil sie Firmenneugründungen im Osten Deutschlands besonders fördert. Auch die erforderlichen, gut ausgebildeten Fachkräfte, wie etwa Metallarbeiter, waren in Leipzig in großer Anzahl vorhanden und werden von BMW dort laufend weiter geschult.

Der neue Firmenstandort liegt auch günstig innerhalb des so genannten Werksverbundes. Wichtige Autoteile, wie Motoren, die von BMW nicht in Leipzig gefertigt werden, können auf den gut ausgebauten Verkehrswegen schnell herantransportiert werden.

Darüber hinaus besitzt Leipzig als alte Handelsstadt in Sachsen ein ausgezeichnetes Ansehen. Dieses Image beruht auf dem großen wirtschaftlichen Aufschwung in den letzten Jahren. Viele zukunftsorientierte Firmen haben sich dort niedergelassen. Außerdem ist Leipzig ein international bekannter Messestandort, an dem jedes Jahr der

Zeitungsmeldung vom 18.07.2001:

„Neues ‚BMW Group'-Werk wird in der Region Leipzig/Halle gebaut

München. Die ‚BMW Group' hat sich für die Region Leipzig/Halle als Standort des neuen Werks entschieden. Das Gelände liegt in Sichtweite der Leipziger Messe. Das Areal ist 200 Hektar groß und verfügt über eine erstklassige Anbindung an die Autobahn, den Flughafen und das Schienennetz.
Am neuen Standort werden mittelfristig über 10000 neue Arbeitsplätze entstehen, davon rund 5500 im neuen Werk der ‚BMW Group' und noch einmal rund die gleiche Anzahl im Umfeld.
Die Produktion wird 2005 aufgenommen werden. Die Kapazität des Werks wird nach einer Anlaufphase 650 Einheiten pro Tag erreichen. Die Investitionssumme beläuft sich auf rund 1 Milliarde Euro.
Für das neue Werk gab es mehr als 250 Bewerbungen anderer Städte im In- und Ausland. BMW hat sich schließlich für Leipzig entschieden."

Weltöffentlichkeit die neuesten Erzeugnisse vorgestellt werden.
All diese günstigen Voraussetzungen für die Ansiedlung einer Fabrik in einer bestimmten Region nennt man **Standortfaktoren**.

BMW – Standorte und Produktion von Autos im Jahr 2002

Dingolfing	286 000
Regensburg	257 000
München	208 000
Oxford (Großbritannien, Mini)	160 000
Spartanburg (USA)	123 000
Rosslyn (Südafrika)	56 000

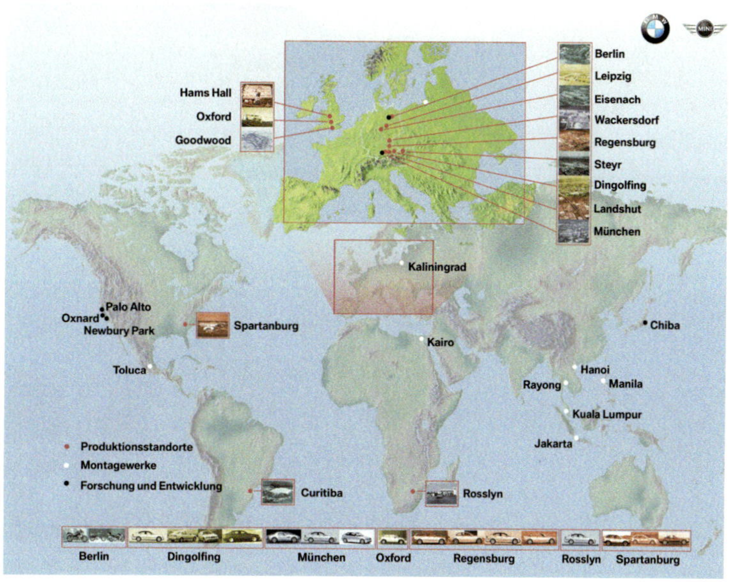

Produktions- und Entwicklungsstandorte der BMW Group

1 Arbeite mit der Zeitungsmeldung:
a) Erkläre die markierten Begriffe.
b) Warum hat sich BMW gerade für den Standort Leipzig entschieden?

2 Informiere dich im Internet unter www.bmw-werk-leipzig.de über das BMW-Werk. Berichte.

3 An welchen Hauptstrecken der Eisenbahn und an welchen Autobahnen liegt Leipzig? Wie gelangt ein Lkw vom BMW-Werk in Dingolfing nach Leipzig? Benutze den Atlas.

4 Zeichne zu den Produktionszahlen von BMW ein Säulendiagramm.

→ Säulendiagramm zeichnen, siehe Seite 157

5 Nenne Gründe, warum der Bau des neuen BMW-Werkes zum „Motor für Leipzigs Industrie" werden kann.

Stadt Augsburg

Surftipp
www.augsburg.de

❶ ***Sanierte Gebäude in Augsburg:*** *Der Perlachturm und das Rathaus sind die Wahrzeichen der Stadt*

Sanierung und Denkmalschutz in der Stadt

Schon gewusst?
Augsburg, mit rund 250 000 Einwohnern drittgrößte Stadt Bayerns, ist eine Gründung der Römer und war im Mittelalter eine der bedeutendsten Städte Europas.

Fast alle unsere Städte können auf eine vielhundertjährige Geschichte zurückblicken. Im Lauf dieser Zeit haben sie sich zu ihrer heutigen Größe und ihrem jetzigen Aussehen entwickelt. Jedes Zeitalter hat seine Spuren hinterlassen. Man erkennt sie etwa an Resten einer Stadtmauer, die früher die Altstadt umschloss, an unterschiedlichen Baustilen von Häusern und Kirchen oder an Straßennamen.

Mittlerweile sind unsere Städte weit über ihre ehemaligen Mauern hinaus gewachsen. Die Altstadt ist heute nur noch einer von mehreren Stadtteilen. Sie unterscheidet sich mit ihren engen, verwinkelten Gassen sowie den dicht aneinander gebauten Häusern deutlich von den jüngeren Stadtvierteln.

→ *Stadtteile, Viertel; siehe Seite 132*

Altstadtsanierung in Augsburg

Die Altstadt von Augsburg gliedert sich in die höher gelegene „obere Stadt" im Westen mit den großen, prunkvollen Häusern der früheren Handelsleute und Adligen. Östlich davon liegt die „untere Stadt". Dort wohnten in kleinen Häusern die einfachen Leute und die Handwerker, die die vielen vom Lech abgezweigten Kanäle für ihre Werkstätten nutzten. Heute sind die Häuser in diesem Viertel sehr schön hergerichtet. Das war aber nicht immer so.

Eine Stadtführerin nennt die Gründe dafür:

❷ „Im Zweiten Weltkrieg 1939 bis 1945 gab es durch Bombenangriffe auch in der östlichen Altstadt schwere Schäden. Bis in die 70er-Jahre des 20. Jahrhunderts hinein blieb dieses Viertel ziemlich vernachlässigt; der Zustand der Häuser wurde immer schlechter. Viele Bewohner zogen in bessere Viertel. Überwiegend ältere Leute und ausländische Zuwanderer, die billigen Wohnraum suchten, lebten nun hier. Die Stadt griff ein, als zahlreichen baufälligen

Gebäudekomplex in der Altstadt von Augsburg vor und nach der Sanierung

Häusern der Abriss drohte. Ziel der Stadtplaner war es, die Häuser in Zusammenarbeit mit ihren Besitzern zu „**sanieren**". Man reparierte Gebäude und versuchte dabei, ihren historischen Charakter zu erhalten oder wieder herzustellen. Ihre Ausstattung wurde heutigen Wohnansprüchen angepasst. In den Gassen legte man die alten Lechkanäle wieder frei, die man früher überbaut hatte, um breitere Straßen und Parkplätze anzulegen. Der Durchgangsverkehr wurde aus den engen Gassen verbannt. Durch die Anlage von kleinen Grünflächen und Spielplätzen entstanden Ruhezonen für Erholung und Freizeit. Störende Betriebe wie Autowerkstätten oder lärmende Fabriken wurden verlegt. Kleine Handwerksbetriebe und Läden sollten jedoch wieder einziehen, um dem Viertel seinen früheren typischen Charakter zurückzugeben."

Heute gilt der „untere" Teil der Augsburger Altstadt als ausgesprochen attraktives Wohngebiet. Die Bewohner schätzen auch die Nähe zu den Einkaufsmöglichkeiten und anderen Einrichtungen im „oberen" Teil der Altstadt, in dem sich die City, das Geschäftszentrum, befindet. Aber auch Touristen und Augsburger aus anderen Stadtvierteln gehen hier gern spazieren und bewundern die romantischen Altstadtgassen entlang der Kanäle.

Altstadtsanierung soll eine Stadt wieder lebensfähig und liebenswert – für die Bewohner selbst, aber auch für Besucher – machen. Dabei bemüht man sich gleichzeitig, erhaltenswerte und historische Gebäude, Plätze und Einrichtungen zu restaurieren und vor weiterem Verfall zu schützen. **Denkmalschutz** und Altstadtsanierung gehören deshalb eng zusammen.

1 *Warum hat man die baufälligen Häuser in der Altstadt nicht einfach abgerissen?*

2 *Warum übernahm die Stadt die Leitung bei der Sanierung und überließ dies nicht allein den Hausbesitzern? Begründe mithilfe der Erklärungen der Stadtführerin.*

3 *Welches sind die ältesten Bauwerke in deinem Heimatort oder Schulort? Aus welcher Zeit stammen sie?*

4 ***Inneneinrichtung nach der Sanierung***

1

Stadtentwicklung im Ruhrgebiet – Stadtökologie

In städtischen Räumen haben die Menschen die natürlichen Gegebenheiten tiefgreifend verändert. Dabei wurde die Umwelt teilweise stark geschädigt. Die ***Stadtökologie*** *beschäftigt sich damit, wie man umweltgerechter vorgehen kann: „Was man der Natur entnimmt, sollte man ihr auch wieder zurückgeben." So lautet die Forderung nach einer Kreislaufwirtschaft. Dies bedeutet zum Beispiel, mit Bauland schonend umzugehen oder für nicht mehr genutzte Gebäude neue Verwendungsmöglichkeiten zu finden.*

Vor etwa 150 Jahren begann der Aufstieg des Ruhrgebietes zum wichtigsten Produzenten von Kohle, Eisen und Stahl. Da sehr viele Arbeitskräfte benötigt wurden, zogen hunderttausende Menschen in diese aufstrebende Industrieregion. Um die Bergwerke und Großbetriebe herum entstanden große Arbeiterwohnsiedlungen. Diese wuchsen allmählich zu einer riesigen Siedlungsfläche zusammen. Industriebetriebe lagen mitten in Wohngebieten und beeinträchtigten die Lebensqualität der Wohnbevölkerung.
Die Eisen- und Stahlerzeugung sowie die Förderung von Kohle belasteten sehr stark die Umwelt. Gesundheitsschädigende Abfälle wurden auf Halden gelagert, Abwässer versickerten im Boden, giftige Gase gelangten ungefiltert in die Luft. Die dadurch verursachten Krankheiten nahm man aber nicht so wichtig.
Ab Mitte des 20. Jahrhunderts verloren Eisen, Stahl und Kohle an Bedeutung. Viele Kohlebergwerke und die meisten Stahlwerke mussten daher schließen, die Arbeitslosigkeit wuchs. Es galt deshalb, andere Betriebe für eine Ansiedlung zu gewinnen. Aber wer wollte schon in einem so wenig attraktiven Gebiet einen neuen Betrieb gründen? Man begann daher in den 80er-Jahren des 20. Jahrhunderts das Ruhrgebiet nach ökologischen (umweltgerechten) Gesichtspunkten umzugestalten. Milliarden Euro wurden dafür ausgegeben. Wichtige Maßnahmen und Ziele waren:

2 **Landschaftspark Duisburg-Nord – Blüten in einem ehemaligen Eisenhüttenwerk**

– Viele der riesigen altindustrialisierten Flächen wurden der Natur überlassen und, soweit möglich, in einen 70 km langen Landschaftspark (Emscher Park) einbezogen, der nun der Naherholung dient. Man ist zuversichtlich, dass eine neu entstehende Pflanzen- und Tierwelt in Jahrzehnten die belasteten Flächen wieder „in Ordnung bringt". Der Landschaftspark mit seinen vielen Attraktionen ist zum Tourismusmagneten geworden. So hilft er auch, das Image des Ruhrgebietes

3 *Radweg auf einer alten Werksbahntrasse*

4 *Klettergarten im ehemaligen Eisenhüttenwerk Duisburg*

zu verbessern. Für neue Betriebe wird das Gebiet wieder reizvoll.

- Für alte Industrieanlagen fand man vielerorts eine neue Nutzung; anstatt sie abzureißen, baute man sie etwa zu Parkhäusern, Ausstellungsgebäuden, Konzertsälen oder interessanten Wohnanlagen um. So sparte man Bauland, Material und Geld.
- Mit modernsten Solaranlagen und einer durchdachten Bauplanung versucht man Energie einzusparen und somit die Umwelt zu schonen.
- Früher begradigte und in Betonrinnen gezwängte Bäche und Flüsse wurden renaturiert, also wieder möglichst naturnah gestaltet. Abwässer werden gesammelt und leistungsfähigen Kläranlagen zugeführt. Regenwasser wird, wenn machbar, nicht mehr in die Kanalisation geleitet, sondern man lässt es versickern, um einen natürlichen Wasserkreislauf wiederherzustellen.

5 *Renaturierter Holtener Mühlenbach*

6 *Teil des ehemaligen Eisenhüttenwerks Meiderich*

Diese und zahlreiche weitere Maßnahmen haben zum Ziel, die durch die Industrialisierung entstandenen Umweltschäden zu beseitigen und die Wechselbeziehungen zwischen Menschen und Umwelt naturnaher, also möglichst ökologisch zu gestalten.

1 *Warum kann man nicht jede ehemalige Industrieanlage im Ruhrgebiet sofort als Neubaugebiet für Wohnungen nutzen?*

2 *Überlege, warum die Renaturierung von Bächen gerade im Ruhrgebiet so wichtig ist.*

3 *Gibt es in deiner Schule Anstrengungen, etwas für den Umweltschutz zu tun? Denke etwa an Pausenverkauf, Schulhofgestaltung oder Müll.*

IBA
Internationale Bauausstellung Emscher Park

Um die gewaltige Aufgabe einer ökologischen Umgestaltung des Ruhrgebietes voranzutreiben, gründete man 1989 die Internationale Bauausstellung Emscher Park (IBA). Ihre Aufgabe war es, Planungsvorhaben über die Grenzen einzelner Städte hinweg aufeinander abzustimmen und Impulse für eine Modernisierung zu geben. Bei 120 von der IBA betreuten Projekten wurde darauf geachtet, dass sie ökologischen Ansprüchen genügten und die Lebensqualität für die Bevölkerung verbesserten.

7 Entwicklung der Einwohnerzahlen des Ruhrgebietes

Jahr	Einwohner
1840	400 000
1960	6 200 000
2000	5 400 000
2015	4 500 000

(2015 geschätzt)

Verkehr in unserer Stadt – ein Projekt

Wie ihr bei einem Projekt vorgehen könnt, habt ihr bereits zum Thema Tourismus erfahren.
Dieses Kapitel will euch Anregungen geben, den Verkehr in eurem Schulort zu untersuchen.
Bei diesem Projekt arbeitet ihr wieder in einer Gruppe über einen längeren Zeitraum hinweg an einem Thema. Welche interessanten Aufgaben und Arbeitsmethoden es dabei gibt, erfahrt ihr auf diesen Seiten.

Ob als Fußgänger, Radfahrer oder als Mitfahrer im Auto, Bus, Taxi, in der Straßenbahn oder U-Bahn – wir alle nehmen am Verkehr teil. Verkehrsmittel bringen uns schnell und jederzeit von einem Ort der Stadt zu einem anderen – wir sind mobil.

Der ständig wachsende Verkehr nervt uns aber auch – Staus, Lärm, Luftverschmutzung, parkende Autos auf Gehwegen und Fahrradwegen. Verkehr in unserer Stadt hat viele Gesichter. Diese lernt ihr am besten in einem Projekt kennen. Vielleicht entwickelt ihr sogar Lösungsvorschläge für ein aktuelles Verkehrsproblem.

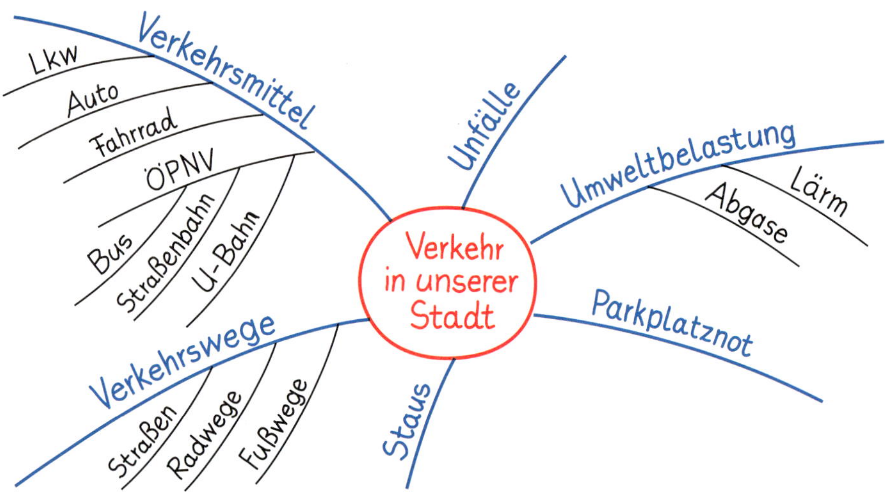

1.Schritt: Vorbereitung

Überlegungen der Projektgruppe:
Was wollen wir untersuchen?
Welche Unterthemen wählen wir aus?
Wie, wo und wann präsentieren wir die Ergebnisse?

2.Schritt: Planung

Bildung von Arbeitsgruppen und Verteilung der Arbeiten:
Welche Informationen benötigen wir?
Mit welchen Arbeitsweisen (Textauswertung, Interview usw.) können wir die gesuchten Informationen erhalten?
Wer übernimmt welche Aufgabe?
Bis wann müssen die ersten Ergebnisse vorliegen und wann bereiten wir unsere Präsentation vor?

3.Schritt: Durchführung

Projektarbeit in den Arbeitsgruppen:
Erledigen wir unsere Arbeiten innerhalb des Zeitplans?
Wie stellen wir die Einzelergebnisse zusammen und wie gestalten wir unsere Präsentation: eine Wandzeitung, eine Ausstellung, ein Spiel, oder organisieren wir eine Aktion?

4.Schritt: Präsentation

Vorstellung der Ergebnisse aller Arbeitsgruppen:
Werden die Ergebnisse gut erklärt und dargestellt?

5.Schritt: Beurteilung

Austausch der Erfahrungen und Besprechung der gesamten Projektarbeit:
Was ist gut gelungen und was hätten wir besser machen können?

Verkehrszählung in Nürnberg

Lage der Zählstelle (Straße, Nr.): Innere Laufer Gasse am Laufer Schlagturm

Fahrtrichtung von: Innere Laufer Gasse nach: Altstadt

Datum: 10.7.2002 Wochentag: Mittwoch

Uhrzeit	Rad	Moped/Krad	PKW	Bus	LKW
8.00-8.05	卌	IIII	卌 卌 卌 卌 卌 II	II	卌
12.00-12.05	III	II	卌 卌 卌	I	–

Name des Zählers/der Zählerin: Eva Repple Unterschrift Eva Repple

1 ***Zählformular***

Straßenverkehr zählen

Immer mehr Menschen stört der zunehmende Verkehr und Lärm in ihrer Straße. Wie kann in solchen Fällen geholfen werden? Soll die Grün-Phase an den Ampelanlagen verlängert werden, damit nicht unnötige Staus entstehen? Schafft eine Geschwindigkeitsbegrenzung auf 30 km/h Abhilfe? Kann der Durchgangsverkehr umgeleitet werden?

Um solche Fragen zu beantworten, müssen Verkehrszählungen durchgeführt werden. Damit erhält man Informationen über die Höhe und Zusammensetzung des Verkehrsaufkommens. Sogar die Belastung der Luft mit Schadstoffen lässt sich daraus ermitteln.

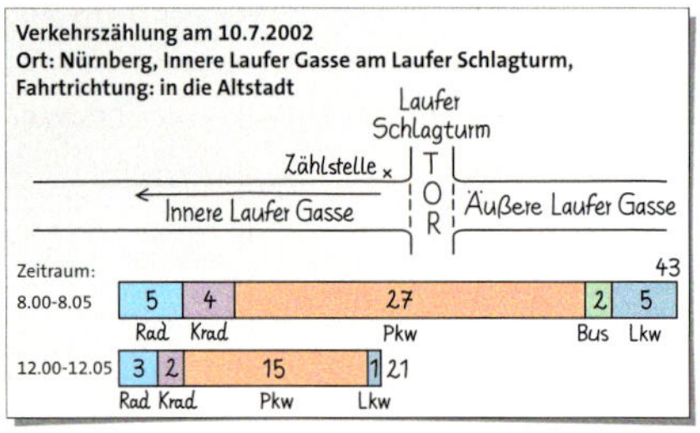

2

→ *Streifendiagramm, siehe Seite 157*

Eine Verkehrszählung durchführen

- *Verwendet ein Zählformular wie oben.*
- *Zählt den Verkehr an verschiedenen Wochentagen und zu unterschiedlichen Tageszeiten an mehreren Straßen eurer Schulumgebung.*
- *Zählt dabei immer in Abständen von fünf Minuten und wechselt euch danach ab. Es ist von Vorteil, wenn einer alle Pkw, ein anderer die Lkw bzw. die sonstigen Verkehrsträger zählt.*
- *Verwendet für die Zählung an einer Kreuzung am besten je eine Liste für die Geradeaus-Fahrer, die Links- und die Rechtsabbieger.*

Eine Verkehrszählung auswerten

- *Fertigt mithilfe des Stadtplanes eine Skizze mit den Straßen an und tragt die Lage der Zählstellen mit Nummern ein.*
- *Stellt die Ergebnisse für jede Zählstelle in einem Streifendiagramm dar.*
- *Vergleicht die Ergebnisse der einzelnen Zählstellen und Zählzeiten und findet Ursachen für das unterschiedliche Verkehrsaufkommen.*

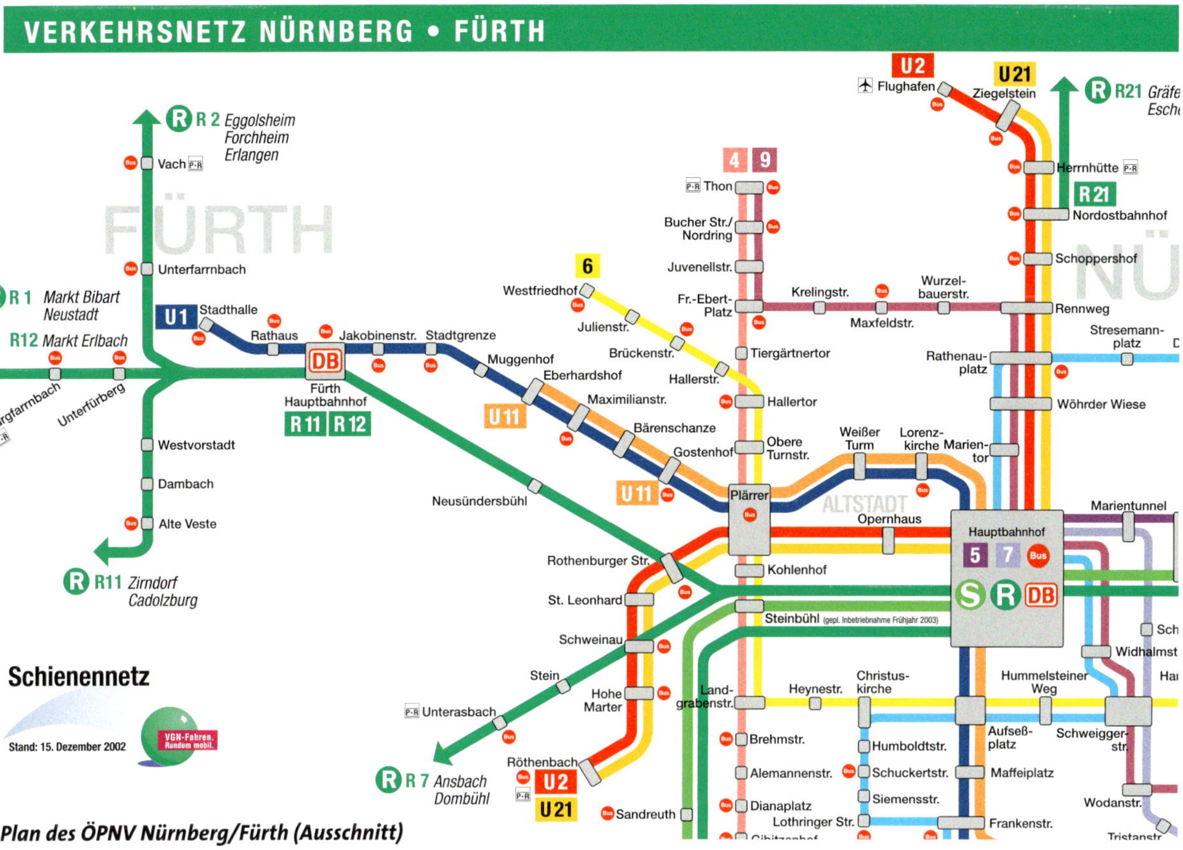

3 *Plan des ÖPNV Nürnberg/Fürth (Ausschnitt)*

Öfter Bus und Bahn benutzen

Mit dem immer stärker zunehmenden Verkehr ist besonders in den großen Städten ein zügiges Vorwärtskommen oft schwierig geworden. Das Fahrrad ist in der Stadt bei Entfernungen bis zu 5km schon das schnellste und das umweltfreundlichste Verkehrsmittel. In Zukunft wird es immer wichtiger, das Netz des öffentlichen Personennahverkehrs (ÖPNV) auszubauen und das Benutzen von Bahn, Bus, Straßen-, S- und U-Bahn attraktiver zu gestalten.

Werben für den ÖPNV

- *Entwickelt als Verantwortliche für den ÖPNV in eurer Stadt eine Werbeaktion.*
- *Gestaltet Plakate und Anzeigenseiten, die für die Benutzung von öffentlichen Verkehrsmitteln werben und die Vorzüge des ÖPNV hervorheben. Wen wollt ihr ansprechen? Wie wollt ihr neue Interessenten und Kunden für den ÖPNV gewinnen? Mit welchen Argumenten und Angeboten sprecht ihr Familien, Pendler, Schulklassen an?*
- *Führt ein Quiz durch, zum Beispiel: Anika wohnt in der Nähe des Hauptbahnhofs. Sie möchte eine Veranstaltung in der Stadthalle in Fürth besuchen. Mit welcher Linie des ÖPNV muss Anika fahren?*
  Kai wohnt in der Altstadt (Nähe Opernhaus). Er will Axel, der in Thon wohnt, am Nordostbahnhof treffen. Welche Linien des ÖPNV können beide benutzen?

4

Zukunftsvisionen entwickeln

So bewegen wir uns in der Stadt von morgen

- *Entwickelt dazu eine Bildgeschichte als Wandposter. Die Zeichnung gibt euch erste Eindrücke. Setzt eure Ideen um, wie wir uns zukünftig in der Stadt bewegen: Werden noch Autos fahren? Wenn ja, welche Art von Autos werden es sein? Wird es weniger Straßen in der Stadt geben? Werden wir Schienentaxis haben? Wie können wir es erreichen, dass die Städte nicht im Lärm und in Abgasen ersticken?*
- *Lasst euren Gedanken freien Lauf. Entwickelt Visionen.*
- *Diskutiert miteinander Vor- und Nachteile eurer Ideen.*
- *Schreibt eure Ideen in Sprechblasen oder auf Kärtchen und hängt sie zu dem Wandposter.*
- *Stellt eure Visionen Mitschülerinnen und Mitschülern, Eltern sowie Lehrerinnen und Lehrern vor.*

1 Leben in der Stadt von morgen

Car SHARING
ELEKTRO
SOLAR
HOTEL
RITTER
KIOSK
BÄCKEREI
PASSAGE

Alle wollen nach München

1 *Zahlen zu München*

Einwohnerzahlen:

1950	*831 900*
1960	*1 079 400*
1970	*1 312 000*
1980	*1 298 900*
1990	*1 229 000*
2000	*1 210 200*
2002	*1 259 500*

Zum Vergleich (2000):
- *Berlin: 3 382 200 Einw.*
- *Stuttgart: 583 900 Einw.*

Fläche (2000): 311 km²

Zum Vergleich:
- *Berlin: 892 km²*
- *Stuttgart: 207 km²*

Bevölkerungsdichte (2000): 3 891 Ew/km²

Zum Vergleich:
- *Berlin: 3 790 Ew/km²*
- *Stuttgart: 2 816 Ew/km²*

Studentenzahlen (Wintersemester 2001/2002):
- *insgesamt etwa 100 000 davon an der Universität: 43 700*

Zum Vergleich:
- *Universität Nürnberg/Erlangen: 20 606*

„Also wenn wir schon bei dem Preisausschreiben eine Bahnfahrt in eine große bayerische Stadt gewonnen haben, dann sollten wir uns jetzt über mögliche Ziele unterhalten“, erklärt die Erdkundelehrerin. „Wo soll es denn hingehen?“ „München!“, rufen gleich mehrere. „Warum München?“, fragt die Lehrerin, und schon reden alle durcheinander. „Stopp!“, unterbricht sie, „wir wollen systematisch vorgehen, Material besorgen und auch im Internet nachsehen.“ In der übernächsten Stunde werden die wichtigsten Ergebnisse präsentiert. Die Schülerinnen und Schüler stellen fest, dass München nicht nur für Kinder und Jugendliche eine große Anziehungskraft besitzt.

Einkaufsmöglichkeiten:
- Große Kaufhäuser
- Riesige Einkaufsmärkte am Stadtrand
- Computer-Spezialgeschäfte
- Teure Luxusläden, zum Beispiel in der Maxmilianstraße
- Spezialgeschäfte wie Musikläden in der Innenstadt
- Große Messen, zum Beispiel für Handwerker oder Computer-Fachleute

Landeshauptstadt und Verwaltungszentrum:
- Bayerische Volksvertretung (Parlament) im Maximilianeum
- Regierung des Freistaates Bayern mit Ministerpräsident und Staatsministerien
- München als Bezirkshauptstadt des Regierungsbezirks Oberbayern (Regierung von Oberbayern)
- München Kreisstadt des Landkreises München (Landratsamt)

Verkehr:
- Zweitgrößter deutscher Flughafen
- Größter Eisenbahnknotenpunkt Süddeutschlands
- Gut ausgebautes Verkehrsnetz des ÖPNV (U-Bahn, S-Bahn, Straßenbahn, Bus)

Hochschulstandort:
- Ludwig-Maximilians-Universität
- Technische Universität
- Hochschule der Bundeswehr
- Akademie der Schönen Künste
- Zahlreiche Fachhochschulen und Fachschulen
- Viele Forschungsinstitute

Freizeitangebote:
- Bummeln in der Fußgängerzone
- Fußball (1. und 2. Bundesliga)
- Große Kinos
- Museen wie das „Deutsche Museum“ und das „Museum Mensch und Natur“
- Bavaria-Filmgelände
- Englischer Garten
- Bedeutende Theater wie das „Deutsche Theater“ und das „Nationaltheater“
- Oktoberfest

Arbeitsplätze:
- Zentralen großer Firmen wie Siemens oder BMW
- Sitz großer Versicherungsgesellschaften und Banken
- Fernsehsender, Verlage, Bayerischer Rundfunk
- Europäisches und Deutsches Patentamt
- Ministerien und Behörden

2

3 ***Neuhauser Straße in München – eine der belebtesten Fußgängerzonen der Welt***

Landeshauptstadt München

Surftipp

www.muenchen.de

Warum sind alle diese Einrichtungen und Firmen gerade in München? Dies hat zum einen geschichtliche Gründe. München war schon im Mittelalter Herzogsstadt und zeitweilig Residenzstadt des deutschen Kaisers. Ab 1806 residierten hier die bayerischen Könige. Von München aus wurde und wird der Freistaat Bayern auch heute noch verwaltet.

Zum anderen spielen für die zentrale Bedeutung Münchens wirtschaftliche Gründe eine Rolle. Wichtige Firmen wurden hier im 19. Jahrhundert gegründet. Nach dem Zweiten Weltkrieg verlagerten weitere große Konzerne ihre Firmensitze in die bayerische Landeshauptstadt, etwa die weltbekannte Firma Siemens, die zuvor in Berlin beheimatet war.

Menschen aus ganz Bayern zogen mit ihren Familien nach München und arbeiteten in den großen Betrieben. Selbstständige Dörfer in Stadtnähe wurden eingemeindet, neue Siedlungen gebaut. Die Einwohnerzahl der Stadt stieg.

Die Bedeutung der Stadt für ihr Umland wurde immer größer. München ist zum zentralen Ort für ganz Bayern und darüber hinaus geworden. Die hohe **Zentralität** der Stadt hat Folgen: In München findet man leichter einen Arbeitsplatz als anderswo. Für spezielle Studienrichtungen gibt es oft nur in München die passende Hochschule. Spitzenpolitiker und Wirtschaftsmanager haben ihre Büros in München. Die Stadt wurde zu einer der bedeutendsten und zugleich beliebtesten Städte Deutschlands.

1 *Was würde dich und deine Mitschülerinnen und Mitschüler in München besonders interessieren? Stelle einen Tagesplan zusammen.*

2 *Erstelle eine Liste, was du in München und nicht an deinem Heimatort einkaufen würdest.*

3 *Auch kleinere Orte haben zentrale Aufgaben. Welche hat dein Heimatort oder Schulort?*

4 ***Hohe Zentralität hat Folgen:***

Viele Menschen suchen in München eine Wohnung. Viele pendeln täglich aus dem Umland zu ihrem Arbeitsplatz in die Stadt.

Daraus ergeben sich Probleme:

- *Hohe Mieten und Grundstückspreise*
- *Überdurchschnittliche Lebenshaltungskosten*
- *Hohes Verkehrsaufkommen und viele Staus*
- *Luftverschmutzung und Verkehrslärm an Hauptstraßen*

1

Ilona Jung
Wir haben den Entschluss aufs Land zu ziehen nicht bereut. Man kann im Freien sitzen, ohne ständig von Lärm und Abgasen gestört zu werden. Die Kinder können vor der Haustür spielen. In München habe ich mir große Sorgen gemacht, wenn sie mit dem Fahrrad unterwegs waren.

Stephanie Jung
Endlich haben wir einen Garten! Der Balkon in der alten Wohnung war sehr klein. Am Wochenende fahren wir oft zum Einkaufen nach München, doch eigentlich bekommen wir vieles auch hier.

Boris Jung
Ich habe hier schon einige Freunde. In der Nachbarschaft gibt es viele Familien mit Kindern. Seit einer Woche bin ich im Fußballverein gleich um die Ecke. In München musste ich lange mit der U-Bahn zum Training fahren.

Richard Jung
Wir haben lange gespart, um uns hier ein Haus bauen zu können. Es war nicht billig. In München hätten wir uns das nie leisten können. Ich arbeite am Flughafen. In wenigen Minuten bin ich von hier aus bei der Arbeit und abends bleibt mir mehr Zeit für meine Familie.

Moosinning – zwischen Stadt und Land

2 **Einwohnerzahlen von Moosinning**

Jahr	Einwohner
1939	1 809
1970	2 899
1980	3 452
1990	3 754
2000	4 674
2002	4 930

Familie Jung ist vor kurzem von München in das 25 km entfernte Moosinning umgezogen. Da viele andere Familien mit ihren Kindern in den letzten Jahren denselben Entschluss gefasst haben, ist die Bevölkerungszahl der Gemeinde stark gestiegen. Gleichzeitig haben sich einige Firmen im Gewerbegebiet angesiedelt, für die ein Standort in der Großstadt München zu teuer gewesen wäre. Die meisten Berufstätigen arbeiten jedoch nicht in Moosinning, sondern pendeln täglich in die nahe Landeshauptstadt München oder zum Flughafen.

Ihre Freizeit verbringt Familie Jung vorwiegend in der näheren Umgebung. Die sportlichen Eltern sind Mitglieder im Tennisclub und im nahen Golfclub „Eichenried“. Die Kinder spielen gerne am Badeweiher, auf den Bolzplätzen oder erkunden das Naturschutzgebiet „Zengerwald“. Das Sport- und Freizeitgelände bietet allen Bewohnern der Gemeinde die Möglichkeit der **Naherholung.**

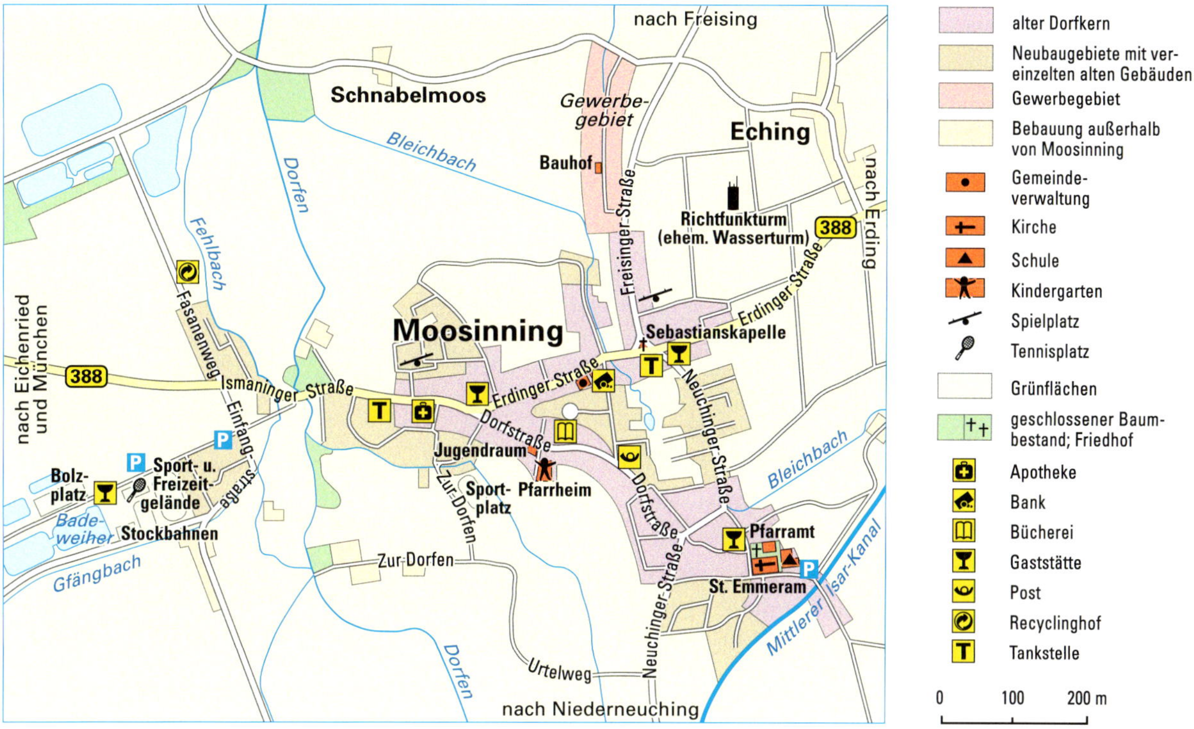

Siedlungsentwicklung der Gemeinde Moosinning

Als Familie Jung ihren Bauplatz hier kaufte, kam sie mit ihrem Nachbarn, einem geborenen Moosinninger, ins Gespräch:

„Früher gab 's hier fast nur Bauern wie ich einer war. Doch das hat sich geändert. Ich habe schon im Jahr 1985 die Landwirtschaft aufgegeben, da ich meine Felder für viel Geld verkaufen konnte. Wo früher meine Wiesen waren, wird heute Golf gespielt oder gebaut. Die vielen Leute, die hierher ziehen, wollen meist ihr eigenes Haus. Deshalb werden immer wieder neue Baugebiete erschlossen. Aus unserem gemütlichen kleinen Ort, in dem man sich gegenseitig kannte, ist eine große Gemeinde geworden, in der viele eigentlich nur ihren Schlafplatz haben. Viele andere Bewohner engagieren sich aber in den mehr als 40 Vereinen. Das fördert die Gemeinschaft in Moosinning."

1 *Führt ein Rollenspiel durch (Teilnehmer: Bürgermeister, Eltern und zwei Kinder): Verteilt zuerst die Rollen für die Familienmitglieder. Die Familie ist unsicher, ob sie aus der Großstadt in die Stadtrandgemeinde umziehen soll. Sie trifft sich mit dem Bürgermeister und stellt ihm viele Fragen. Der Bürgermeister kennt den Ort gut und gibt bereitwillig Auskunft. Los geht's zum Termin im Rathaus.*

2 *Welche Vorteile des Lebens in Moosinning nennen die Mitglieder der Familie Jung? Kannst du dir auch Nachteile vorstellen?*

3 *Beschreibe mithilfe des Ortsplans, wie sich das Dorf im Laufe der Jahre verändert hat. Fertige dazu eine Stichwortliste an.*

4 *Die Familie Jung kennt keine Langeweile in ihrem neuen Wohnort. Welche Freizeitmöglichkeiten bietet Moosinning? Vergleiche mit dem Ort, in dem du wohnst.*

5 ***Lage von Moosinning und Verkehrswege***

Aus Zahlen Diagramme zeichnen

1 **Entwicklung der Beschäftigten in Augsburg**

Jahr	Beschäftigte insgesamt	Produzierendes Gewerbe	Handel/ Verkehr	sonstige Dienstleistungen
1980	128 300	66 600	26 900	34 800
1985	123 600	59 600	24 800	39 200
1990	133 400	61 900	25 200	46 300
1995	126 500	51 300	24 100	51 100
2000	125 100	44 500	26 100	54 500

Listen und Tabellen mit Zahlen enthalten sehr viele Informationen, sind aber nicht schnell zu erfassen. Anschaulicher werden Zahlen, wenn sie als Diagramme dargestellt werden. Wie du Diagramme erstellst und welche Diagrammart für die Darstellung von Zahlen die jeweils geeignete ist, lernst du hier.

Das Kurvendiagramm

Mit Kurvendiagrammen lassen sich zeitliche Entwicklungen sehr gut darstellen. Je steiler die Kurve ansteigt oder fällt, desto schneller ist der Anstieg oder der Rückgang einer Entwicklung. Die Tabelle 1 lässt sich gut in ein Kurvendiagramm umformen, da in gleichmäßigen Abständen Werte angegeben sind. Bei diesem Beispiel stehen auf der Grundlinie die Jahresangaben, immer im gleichen Abstand voneinander. Senkrecht dazu ist eine Skala für die Beschäftigten gezeichnet, unterteilt in Schritten von jeweils 10 000 Beschäftigten. Die Beschäftigtenzahlen für die einzelnen Bereiche sind für jedes Jahr jeweils mit einem Punkt markiert und durch eine Linie miteinander verbunden.

3 **Entwicklung der Einwohnerzahlen**

Jahr	Bochum	Kiel	Kassel
1871	21 200	31 800	46 400
1900	65 600	108 000	106 000
1950	289 800	264 600	162 100
1980	400 800	250 100	196 000
2000	391 100	232 600	194 800

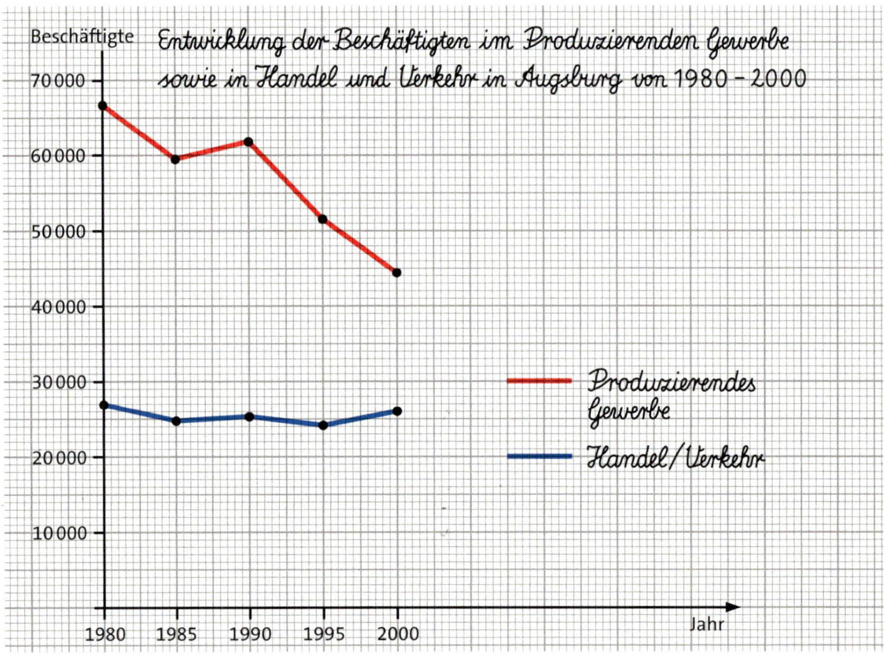

2

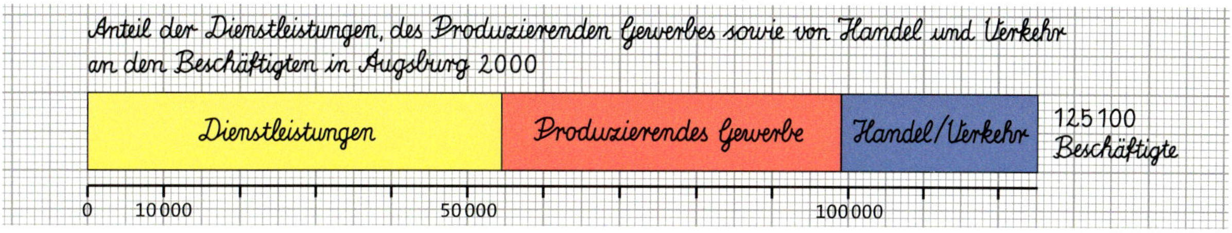

Methode

Das Streifendiagramm

Streifendiagramme ermöglichen die Darstellung von Anteilen. Dabei entspricht die Länge des Streifens immer der Gesamtzahl. Auf dem Streifen können nun im richtigen Verhältnis die übrigen Werte eingetragen werden. Für die Kennzeichnung der Streifenabschnitte kann man Beschriftungen, Signaturen oder Farben verwenden.

Das Säulendiagramm

Säulendiagramme eignen sich besonders zur Veranschaulichung von Rangfolgen: Was ist der größte, was ist der kleinste Wert? Sollen mehrere Werte direkt verglichen werden, so können die Säulen auch dicht nebeneinander stehen.

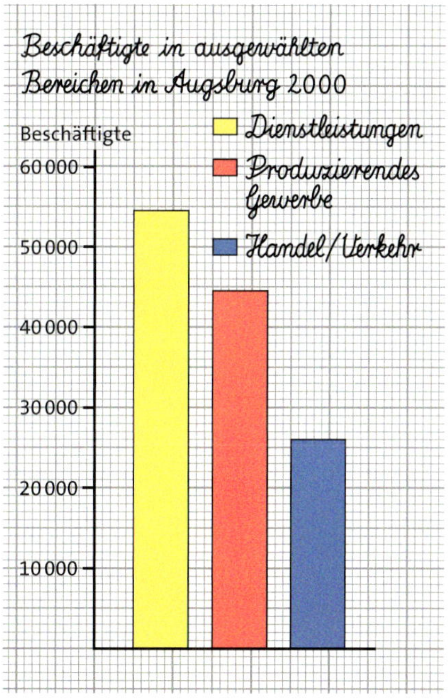

Diagramme zeichnen

Zum Zeichnen von Diagrammen brauchst du folgende Arbeitsmaterialien: Millimeterpapier, Lineal oder Geodreieck, gespitzten Bleistift, Farbstifte.

1.Schritt: *Überlege, welche Art von Diagramm sich zur Darstellung des gegebenen Sachverhaltes am besten eignet.*

2.Schritt: *Schaue dir die Zahlenwerte genau an und lege Höhe und Breite für dein Diagramm fest. Orientiere dich dabei an der größten Zahl und wähle eine sinnvolle Einteilung der Achsen, zum Beispiel: 1cm entspricht 10 000 Beschäftigten.*

3. Schritt: *Trage die Zahlenwerte in das vorbereitete Diagramm ein. Zur besseren Unterscheidung mehrerer Kurven, Säulen oder Streifen zeichnest du diese jeweils verschiedenfarbig.*

1 *Im Kurvendiagramm 2 fehlt die Eintragung der Werte für die „sonstigen Dienstleistungen". Zeichne das Diagramm ab und trage die fehlenden Werte zunächst als Punkte ein. Verbinde diese dann zu einer Kurve.*

2 *Tabelle 1: Zeichne für die Beschäftigten der einzelnen Bereiche im Jahr 1990 ein Säulendiagramm.*

3 *Tabelle 1: Zeichne ein Streifendiagramm für das Jahr 1980 und vergleiche mit dem Jahr 2000. Welche Veränderungen kannst du feststellen?*

4 *Zeichne für die Zahlen in Tabelle 3 ein geeignetes Diagramm. Achte auf die unterschiedlich großen Zeitabstände.*

Deutschland und seine Länder

Was ist Deutschland? Darauf gab es in den letzten Jahrzehnten ganz unterschiedliche Antworten.
Bis 1945 trug Deutschland den Namen „Deutsches Reich“ und dehnte sich weiter nach Osten aus als heute.
Von 1949 bis 1990 war Deutschland in zwei deutsche Staaten geteilt: Im Westen bestand die Bundesrepublik Deutschland mit dem Regierungssitz Bonn. Im Osten gab es die Deutsche Demokratische Republik (DDR). Berlin war ebenfalls geteilt. Die DDR erklärte Berlin (Ost) zu ihrer Hauptstadt; Berlin (West) stand unter Kontrolle der USA, Großbritanniens und Frankreichs. Wirtschaftlich und politisch war Berlin (West) eng mit der Bundesrepublik Deutschland verbunden.

Am 3. Oktober 1990 vereinigten sich die beiden früheren Staaten zur heutigen Bundesrepublik Deutschland. Berlin ist die gemeinsame Hauptstadt. Der 3. Oktober ist deshalb der Nationalfeiertag.
Das heutige Deutschland ist ein **Bundesstaat**, der 16 Länder umfasst. Regelmäßig finden Landtagswahlen statt, bei denen die Landesparlamente gewählt werden. Diese treten in der jeweiligen Landeshauptstadt zusammen. Dort werden Gesetze beschlossen, die nur für das jeweilige Land gelten.

Das Land Bayern, in dem du lebst, wird in sieben Regierungsbezirke unterteilt. Die Landeshauptstadt ist München.

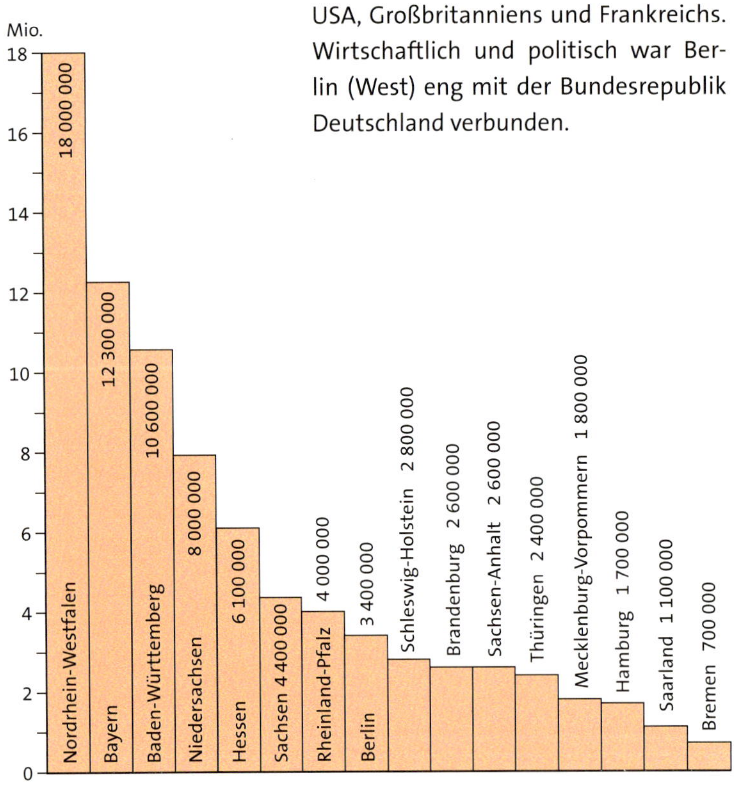

1 *Einwohner der Länder der Bundesrepublik Deutschland 2001*

2 *Deutschland 1989*

4 Autokennzeichen aus einigen Landeshauptstädten

Surftipp
www.deutschland.de

1 Man unterscheidet alte und neue Länder. Erkläre „alt" und „neu".

2 Fasse Länder zu Gruppen zusammen:
a) die an der Küste gelegenen,
b) die „Stadtstaaten",
c) die an der Ostgrenze gelegenen,
d) die an der Westgrenze gelegenen.

3 Neun Autokennzeichen (Zeichnungen 4), neun Landeshauptstädte. Wie heißen diese und die Länder dazu?

4 a) Fertige mithilfe der Angaben im Anhang ein Säulendiagramm zur Flächengröße der Länder an.
b) Vergleiche die Rangfolge der Länder nach der Fläche (Anhang) mit der nach der Bevölkerung (Diagramm 1).

→ Anhang, siehe Seiten 166/167

1 ***Reichstag in Berlin***

Bundeshauptstadt Berlin

Berlin ist bereits zum fünften Mal Hauptstadt, aber jeweils eines anderen Staatsgebietes. Die wechselvolle Geschichte der Stadt spiegelt sich auch in den zahlreichen sehenswerten historischen Gebäuden wider.

Seit Berlin 1991 Bundeshauptstadt von Deutschland ist, entsteht ein neues Stadtzentrum. Zwischen den beiden Zentren von Westberlin und von Ostberlin, wo einst die Grenze mit der Mauer verlief, war Platz zum Neu- und Ausbau des **Regierungsviertels**. Dort regieren der Bundeskanzler und der Bundestag. Hier werden die Gesetze beschlossen, die für Deutschland gültig sind.

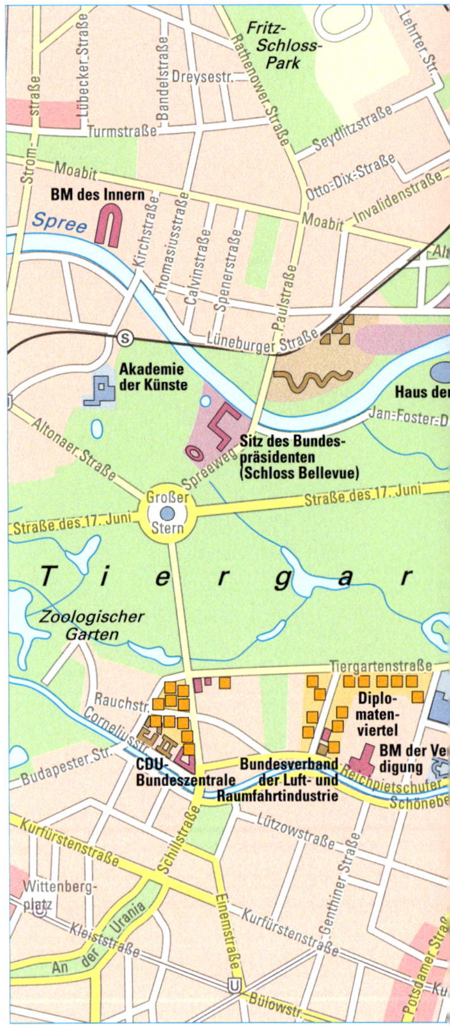

2

In Berlin wollen auch die führenden Unternehmen der Wirtschaft des In- und Auslandes vertreten sein, zum Beispiel am Potsdamer Platz.

Aus der Hauptstadt berichten täglich die führenden Zeitungen sowie die Rundfunk- und Fernsehsender.

Berlin ist auch Kultur-Hauptstadt. Menschen aus vielen Ländern treffen sich hier. Sie suchen Unterhaltung in großen Theatern und Kinos. Erstaufführungen in Deutschland finden oft in Berlin statt.

Auf der Museumsinsel gibt es mehrere weltberühmte Museen.

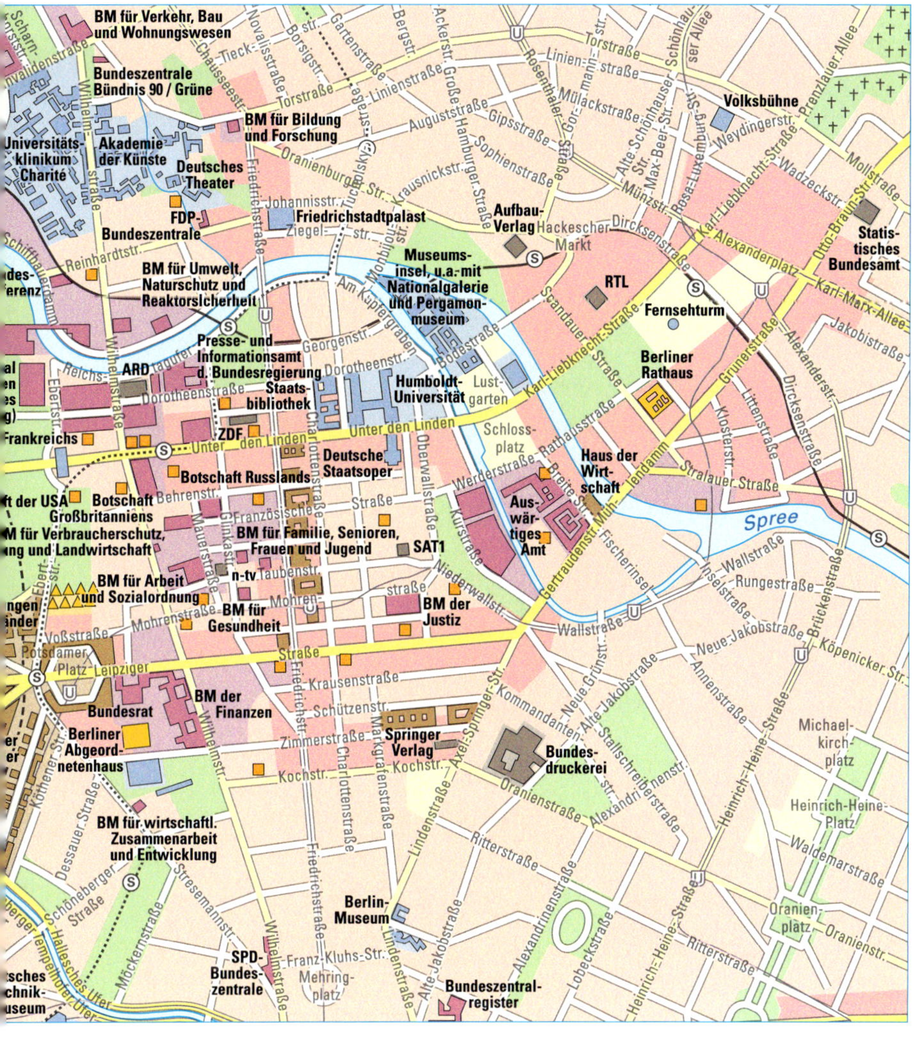

Regierungsviertel Berlin

- Wohnbebauung
- Wohnbebauung mit Geschäftszentren
- Park, Grünfläche
- Freifläche
- Standort bzw. Objekt wirtschaftlicher Investitionen
- Standort wissenschaftlicher und kultureller Einrichtungen
- Standort der Regierung, des Parlamentes und der Parteien
- **BM** = Bundesministerium
- Botschaft
- Vertretung eines Landes der Bundesrepublik Deutschland
- Standort von Medien
- Bundesstraße
- Durchgangsstraße
- sonstige Straße
- Eisenbahn-, S-Bahnlinie
- Bahntunnel
- Bahnlinie im Bau
- U-Bahnlinie
- Ⓢ Ⓤ S-Bahnhof; U-Bahnhof

0 200 400 600 800 m

Daten zur Geschichte Berlins

1237 erste Erwähnung der Stadt
1455 Residenz und Hauptstadt des Kurfürstentums Brandenburg
1701 Hauptstadt des Königreichs Preußen
1871 Hauptstadt des Deutschen Reiches
1949 Teilung Deutschlands, die DDR erklärt Ostberlin zu ihrer Hauptstadt
1990 Wiedervereinigung Deutschlands und Berlins am 3. Oktober
1991 Berlin wird Hauptstadt der Bundesrepublik Deutschland

1 *Worin unterscheiden sich vom Aussehen her Regierungsviertel von sonstigen Stadtvierteln?*

2 *Übertrage die Tabelle in dein Heft. Ergänze darin für jede Hauptstadtfunktion mindestens drei Gebäude.*

Hauptstadtfunktion	Gebäude
Parlament/Regierung	Bundesrat, ...
Botschaften/ Vertretungen	Botschaft der USA, ...
Wirtschaft	DaimlerChrysler, ...
Medien/Verlage	ARD, ...
Kultur/Wissenschaft	Pergamonmuseum ...

Eine thematische Karte erschließen: Verdichtungsräume

Straßen- oder Wanderkarten gehören zu den topografischen Karten. Ihre Inhalte, etwa der Verlauf von Straßen, die Lage von Häusern oder Wäldern, lassen sich bildlich gut darstellen und sind leicht zu verstehen.
Es gibt auch thematische Karten, zum Beispiel Klima- oder Wirtschaftskarten. Sie zeigen einzelne Erscheinungen im Raum, zum Beispiel die Jahresdurchschnittstemperatur eines Gebietes. So etwas kann man nicht mit dem Auge wahrnehmen. Thematische Karten sind weiter von der sichtbaren Wirklichkeit entfernt als topografische Karten; sie sind viel abstrakter.

1 ***Verdichtungsräume in Deutschland***

Ausgewählte Verdichtungsräume in Deutschland 2001 (Zahlen gerundet)

Name	Einwohner in 1000	Fläche in km²	Einwohner/km²
Rhein-Ruhr	11193	8980	1246
Berlin	4037	2080	1940
Rhein-Main	2840	2545	1160
Stuttgart	2807	2973	944
Hamburg	2165	1380	1568
München	1972	2143	920
Rhein-Neckar	1324	1338	1003
Nürnberg/Fürth/Erlangen	1136	1800	631
Chemnitz/Zwickau	1007	1938	520
Halle/Leipzig	940	950	990
Bielefeld	912	1157	788
Saar	824	1307	630
Hannover	763	573	1332
Dresden	719	645	1115
Bremen	634	461	1375

Thematische Karten helfen, bestimmte räumliche Zusammenhänge schnell zu erfassen. Man benutzt etwa eine Karte der Verdichtungsräume, um herauszufinden, wo der Bau weiterer Verkehrswege besonders wichtig ist.
In der Bundesrepublik Deutschland lebt auf einem Zehntel der Staatsfläche die Hälfte der gesamten Bevölkerung.

Verdichtungsräume
Ob Gemeinden zu einem Verdichtungsraum gehören, kann man an vier Merkmalen feststellen:
- Ihre Fläche wird im Vergleich zum deutschen Durchschnittswert besonders stark als Siedlungs- und Verkehrsfläche genutzt.
- Gleichzeitig hat das Gebiet eine überdurchschnittlich hohe Bevölkerungsdichte (Einwohner je Quadratkilometer).
- In einem Verdichtungsraum, manchmal auch Ballungsraum genannt, leben mehr als 150 000 Einwohner.
- Seine Größe beträgt mindestens 100 km².

Erschließen einer Karte

1. Schritt: *Erfasse das in der Karte dargestellte Thema mithilfe der Überschrift. Benutze hierzu auch den Text 3.*

2. Schritt: *Ordne die in der Karte dargestellten Verdichtungsräume entsprechend ihrer Größe zu einer Rangfolge. Unterscheide dabei sehr große, mittlere und kleine Verdichtungsräume. Die Tabelle 2 hilft dir dabei.*

3. Schritt: *Zeige auf, in welchen Ländern es vergleichsweise wenige, in welchen es nur ziemlich kleine Verdichtungsräume gibt.*

4. Schritt: *Überprüfe dein Wissen*
- *Wie heißen die sechs größten Verdichtungsräume in Deutschland?*
- *Vergleiche die Anzahl der Verdichtungsräume in Bayern mit der in Nordrhein-Westfalen sowie in Mecklenburg-Vorpommern. Was stellst du fest? Erkläre.*

Schon gewusst?
Man unterscheidet zwei Typen von Verdichtungsräumen in der Bundesrepublik Deutschland, solche
- *mit einem Zentrum, wie München oder Berlin,*
- *mit vielen Zentren, wie etwa Rhein-Ruhr.*

4

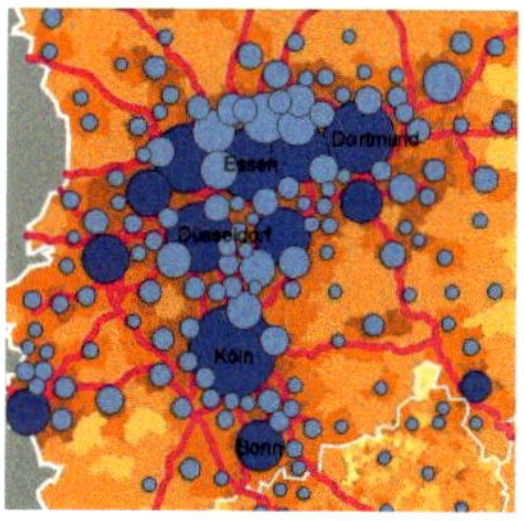
5

→ *km² (Quadratkilometer), siehe Seite 37*

Methode

Städtische Räume in Deutschland

Wichtige Begriffe
Altstadtsanierung
Bundesstaat
City
Denkmalschutz
Dienstleistungs-zentrum
Einzugsgebiet
Gewerbegebiet
Industriegebiet
Mischgebiet
Naherholung
Naherholungsgebiet
Öffentlicher Personennahverkehr
Regierungsviertel
Städtischer Raum
Stadtökologie
Standortfaktor
Verdichtungsraum
Wirtschaft
Wohnviertel
Zentralität

1 Findest du die Begriffe?

- *Dieses Stadtviertel gibt es nur in Hauptstädten.*
- *So nennt man die Hauptstadt eines Landes der Bundesrepublik Deutschland.*
- *Zusammen bilden sie einen Bundesstaat, die Bundesrepublik Deutschland.*

2 Landeshauptstadt gesucht

Ergänze zum vollen Namen einer Landeshauptstadt. Schreibe die Namen in dein Heft und nenne die dazugehörigen Länder. Welche Landeshauptstädte fehlen noch?

_ _ _ burg
_ _ _ _ _ gart
_ _ _ chen
_ _ furt
_ _ _ _ baden
_ _ _ _ _ _ dorf
_ _ _ _ _burg
_ _ _ _ den
_ _ _ _ brücken
_ _ _ _ dam
_ _ _ _ _ rin
_ _ _ _ _ ver
_ _ _ men

3 Außenseiter gesucht

Ein Name passt nicht zu den vier anderen:

a) Saarland – Thüringen – Helgoland – Bayern – Sachsen
b) Eifel – Harz – Taunus – Westerwald – Hunsrück
c) Föhr – Rügen – Borkum – Norderney – Sylt
d) Dresden – Leipzig – Chemnitz – Halle – Zwickau

4 Richtig oder falsch?

Verbessere die falschen Aussagen und schreibe sie richtig auf.

- *Deutschland gliedert sich in fünf Großlandschaften.*
- *Die Donau ist der längste Fluss, der durch Deutschland fließt.*
- *Die Zugspitze ist mit 3963 m der höchste Berg Deutschlands.*
- *16 Länder bilden die Bundesrepublik Deutschland.*
- *Niedersachsen ist das bevölkerungsreichste Land in Deutschland.*
- *Bayern ist das größte Land in Deutschland.*
- *In Deutschland gibt es mit Berlin, Hamburg und München nur drei Millionenstädte.*

5 Welche Stadt liegt

a) am nördlichsten?
Bremen – Hannover – Hamburg – Berlin
b) am südlichsten?
Nürnberg – Stuttgart – München – Freiburg
c) am westlichsten?
Frankfurt/Main – Dortmund – Duisburg – Aachen
d) am östlichsten?
Rostock – Berlin – Leipzig – Dresden

6 Kennst du dich in Deutschland aus?

Arbeite mit Karte 1. Benenne

a) die Meere Ⓐ und Ⓑ,
b) die Flüsse a – l,
c) die Städte 1 – 15 mit mehr als 400 000 Einwohnern,
d) die Mittelgebirge A bis G,
e) die Nachbarstaaten Deutschlands.

Teste Dich selbst
mit den Aufgaben 3 und 5

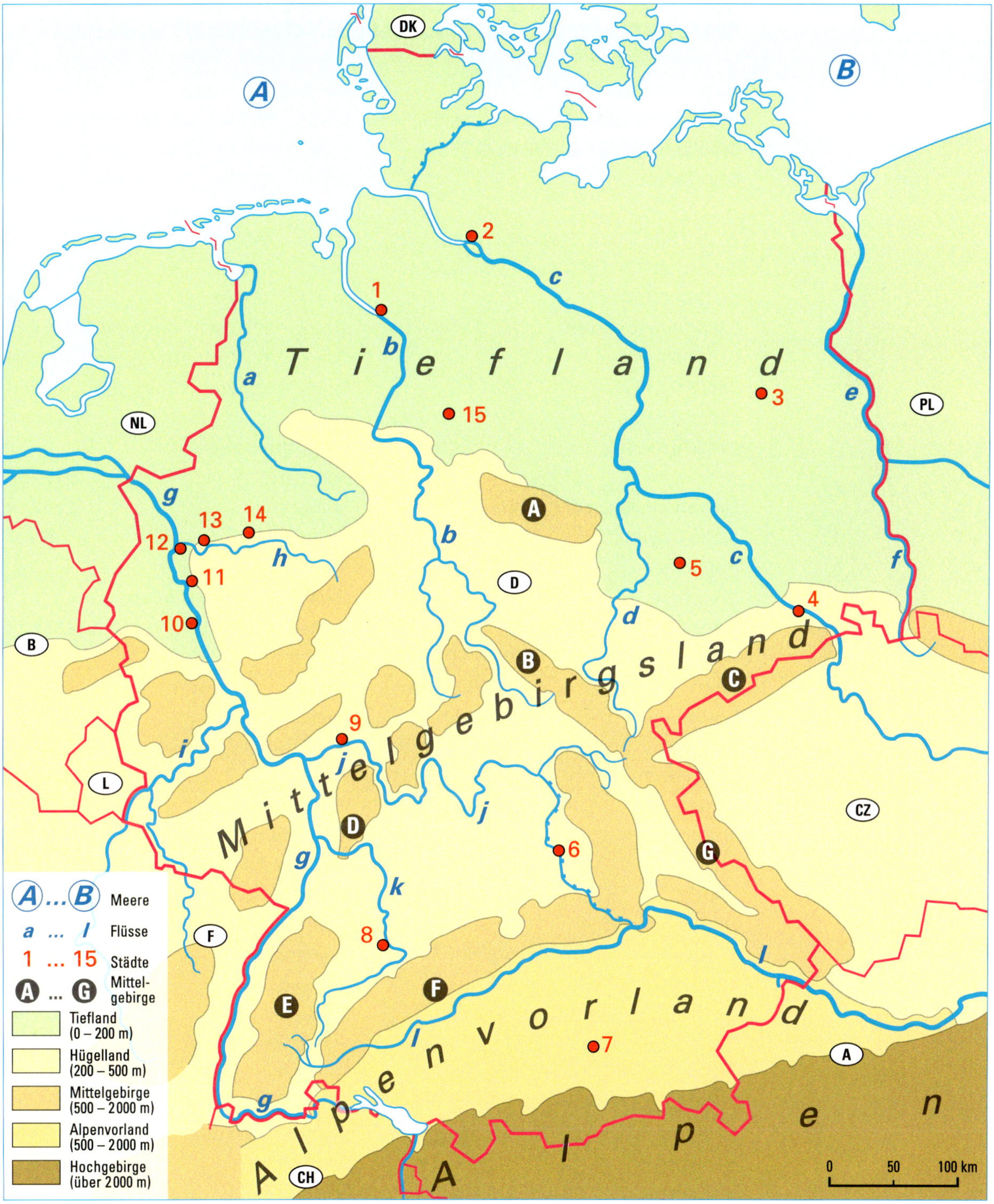

A
B
DK
NL
PL
D
B
L
F
CZ
A
CH
Tiefland
Mittelgebirgsland
Alpenvorland
Alpen
a
b
c
d
e
f
g
h
i
j
k
l
1
2
3
4
5
6
7
8
9
10
11
12
13
14
15
A
B
C
D
E
F
G
A … B Meere
a … l Flüsse
1 … 15 Städte
A … G Mittelgebirge
Tiefland (0 – 200 m)
Hügelland (200 – 500 m)
Mittelgebirge (500 – 2000 m)
Alpenvorland (500 – 2000 m)
Hochgebirge (über 2000 m)
0 50 100 km

Training

Bundesrepublik Deutschland in Zahlen

Fläche: 357 021 km²
Bevölkerung: 82 200 000 Einwohner
Bevölkerungsdichte: 230 Einw. je km²
Gegründet: 1949

Zu den 82 200 000 Einwohnern gehören auch rund 7 300 000 Ausländer, davon:
1 948 000 Türken
628 000 Jugoslawen
616 000 Italiener
363 000 Griechen
310 000 Polen
224 000 Kroaten

Einwohnerzahlen der größten Städte:

Berlin (Hauptstadt)	3 382 000 Einw.
Hamburg	1 715 000 Einw.
München	1 210 000 Einw.
Köln	993 000 Einw.
Frankfurt am Mai	647 000 Einw.
Essen	595 000 Einw.
Dortmund	589 000 Einw.
Stuttgart	584 000 Einw.
Düsseldorf	569 000 Einw.
Bremen	539 000 Einw.
Hannover	515 000 Einw.
Duisburg	515 000 Einw.
Leipzig	493 000 Einw.
Nürnberg	488 000 Einw.
Dresden	478 000 Einw.

Die größten Verdichtungsräume:

Rhein-Ruhr	11,1 Mio. Einw.
Berlin	4,0 Mio. Einw.
Rhein-Main	2,8 Mio. Einw.
Stuttgart	2,8 Mio. Einw.
Hamburg	2,1 Mio. Einw.
München	1,9 Mio. Einw.
Rhein-Neckar	1,3 Mio. Einw.
Nürnbg./Fürth/Erlangen	1,1 Mio. Einw.
Chemnitz-Zwickau	1,0 Mio. Einw.

Die längsten Flüsse:

Rhein	865 km	(insgesamt 1 320 km)
Elbe	700 km	(insgesamt 1 165 km)
Donau	647 km	(insgesamt 2 858 km)
Main	524 km	
Weser	440 km	
Ems	371 km	
Neckar	367 km	
Mosel	242 km	(insgesamt 545 km)
Oder	162 km	(insgesamt 866 km)
Inn	130 km	(insgesamt 515 km)

Die größten Seen:

Bodensee	572 km²
Müritz	110 km²
Chiemsee	80 km²

Flächengröße der Länder:

Baden-Württemberg	35 751 km²
Bayern	70 548 km²
Berlin	890 km²
Brandenburg	29 477 km²
Bremen	404 km²
Hamburg	755 km²
Hessen	21 114 km²
Mecklenburg-Vorpommern	23 172 km²
Niedersachsen	47 614 km²
Nordrhein-Westfalen	34 080 km²
Rheinland-Pfalz	19 847 km²
Saarland	2 570 km²
Sachsen	18 413 km²
Sachsen-Anhalt	20 447 km²
Schleswig-Holstein	15 765 km²
Thüringen	16 172 km²

Die größten Inseln:

Rügen	930 km²
Usedom (deutscher Anteil)	354 km²
Fehmarn	185 km²
Sylt	99 km²

Sämtliche Angaben beziehen sich auf das Jahr 2001.

Dein Heimatland Bayern in Zahlen

Fläche: 70 548 km^2
Bevölkerung: 12 200 000 Einwohner
Bevölkerungsdichte: 173 Einw. je km^2
Gegründet: 1949

Regierungsbezirke/Einwohner/
Sitz der Bezirksregierung:
1. Oberbayern/3 342 000/München
2. Schwaben/1 487 000/Augsburg
3. Mittelfranken/1 485 000/Ansbach
4. Unterfranken/1 181 000/Würzburg
5. Oberfranken/1 116 000/Bayreuth
6. Niederbayern/1 010 000/Landshut
7. Oberpfalz/956 000/Regensburg

Verwaltungsgliederung:
71 Landkreise
25 Kreisfreie Städte
26 Große Kreisstädte
2 056 Gemeinden

Landkreise und Gemeinden:
Der flächengrößte Landkreis:
Ansbach mit 1 972 km^2
Der bevölkerungsreichste Landkreis:
München mit 300 000 Einwohnern
Die bevölkerungsärmste Gemeinde:
Balderschwang mit 207 Einwohnern

Großstädte:

München	1 210 000 Einwohner
Nürnberg	488 000 Einwohner
Augsburg	250 000 Einwohner
Regensburg	145 000 Einwohner
Würzburg	128 000 Einwohner
Ingolstadt	116 000 Einwohner
Fürth	110 000 Einwohner
Erlangen	101 000 Einwohner

Die längsten Flüsse:

Main	407 km (insgesamt 524 km)
Donau	387 km (insgesamt 2 858 km)
Isar	263 km
Altmühl	224 km
Inn	218 km
Ammer/Amper	170 km
Fränkische Saale	142 km
Pegnitz	128 km

Wichtiger Kanal:

Main-Donau-Kanal	171 km

Die höchsten Berge:

Zugspitze (Wettersteingebirge)	2 963 m
Watzmann (Berchtesgadener Alpen)	2 713 m
Mädelegabel (Allgäuer Hochalpen)	2 645 m
Dreitorspitz (Wettersteingebirge)	2 633 m
Alpspitze (Wettersteingebirge)	2 628 m
Hochkalter (Berchtesgadener Alpen)	2 607 m
Biberkopf (Allgäuer Hochalpen)	2 599 m
Hochvogel (Allgäuer Hochalpen)	2 592 m
Hoher Göll (Berchtesgadener Alpen)	2 522 m

Wichtige Internetadressen

Erdkunde – dein neues Fach
www.geo-im-netz.de
Adressen und Beiträge rund um die Erdkunde

Planet Erde
www.sunnysystem.de
Informationen über unser Sonnensystem
www.urweltmuseum.de
Einblick in die Erdgeschichte, geologische Funde

Orientierung auf der Erde
www.keil-2000.de
Orientieren im Gelände und mit Karten (Kartenlesen)

Alpen und Mittelgebirge
www.alpen-in-not.de
Informationen zur Gefährdung der Alpen
www.bayern.de/lfw/lwd/welcome.htm
Lawinenwarndienst Bayern, Informationen zum Verhalten im Gebirge
www.umweltministerium.bayern.de
Umweltdaten des Bayerischen Staatsministeriums zu Klima, Landesentwicklung
www.weltderberge.de
Informationen und Fotos aus den Hochgebirgsregionen der Erde

Tiefland und Küste
www.mu.niedersachsen.de/Nationalparke
Homepage des Nationalparks Niedersächsisches Wattenmeer
www.nabu.de
Homepage des Naturschutzbundes, Links zu vielen Umweltschutzthemen

Ländliche Räume in Deutschland
www.bauernverband.de
Homepage des Deutschen Bauernverbandes mit Informationen zur Entwicklung der Landwirtschaft
www.ima-agrar.de
Homepage der Informationsgemeinschaft für Meinungspflege und Aufklärung

Städtische Räume in Deutschland
www.bundesregierung.de
Aktuelle Informationen zur Arbeit der Bundesregierung
www.bayern.de
Vielfältige Themen aus vielen Bereichen zum Bundesland Bayern
www.iba.nrw.de
Internationale Bauausstellung Emscher Park, Ruhrgebiet

Testlösungen

Seiten 18/19

2 a) Erdrotation
 b) Planeten, Sonne
 c) Merkur, Pluto
 d) Erde, Sonne
3) Begriffserklärung c)
6) B–D–F–G–A–C–E

Seiten 40/41

1b) Oslo: 60° N/10° O
 St. Petersburg: 60° N/30° O
 Kairo: 30° N/30° O
 Durban: 30° S/30° O
7) 1B, 2A, 3D, 4C

Seiten 68/69

1c) a = Rhône, b = Genfer See, c = Rhein, d = Bodensee, e = Inn, f = Etsch, g = Gardasee, h = Po
1d) 1 = Col du Mont Cenis, 2 = St. Gotthard, 3 = San Bernardino, 4 = Brenner, 5 = Pass Thurn
5) A=Nährgebiet,
 B=Gletscherspalte,
 C=Gletscherzunge,
 D=Seitenmoräne,
 E=Gletscherbach
 gestrichelte Linie = Schneegrenze

Seiten 84/85

3) 1 = Schichtstufe in der Fränkischen Alb, 2 = Teil des Bayerischen Waldes
5c) – östlich des Thüringer Waldes: Fränkische Alb, Frankenwald, Erzgebirge, Fichtelgebirge, Oberpfälzer Wald, Böhmerwald, Bayerischer Wald
 – südlich des Mains: Pfälzer Wald, Odenwald, Schwarzwald, Schwäbische Alb, Fränkische Alb, Böhmerwald, Oberpfälzer Wald, Bayerischer Wald
6 a) Großer Rachel,
 b) 1 453 m,
 c) Bayerischer Wald

Seiten 98/99

1) 1=Watt, Nordseeküste
 2=Rügen, Ostsee
2) Watt, Flut, Sturmflut, Deich, Ebbe, Gezeiten (Tide), Urstromtal
6) richtig, richtig, richtig, falsch, richtig, falsch

Seiten 124/125

1) Februar: 31 mm
 März: 4 °C, 37 mm
 April: 8 °C
 Mai: 13 °C, 47 mm
 Juli: 18 °C, 62 mm
 August: 48 mm
 September: 13 °C, 39 mm
 Oktober: 9 °C, 39 mm
 November: 39 mm
 Dezember: 2 °C
3) A: Ackerbaubetrieb
 B: Grünlandbetrieb
 C: Forstbetrieb
 D: Weide
 E: Gemüsebau
 F: Erzeugnisse
 G: Weizen – Zuckerrüben – Kartoffeln
5) Fruchtfolge, Börde/Gäu, Monokultur, Sonderkulturen

Seiten 164/165

3 a) Helgoland
 b) Harz
 c) Rügen
 d) Halle
5 a) Hamburg
 b) Freiburg
 c) Aachen
 d) Dresden

TERRALexikon

Alpen: Bis fast 5 000 m hohes → Hochgebirge. Die Alpen gliedern sich in die Südlichen Kalkalpen, die Zentralalpen und die Nördlichen Kalkalpen.

Altstadtsanierung: Maßnahmen, die die Altstadt an die heutigen Erfordernisse einer Stadt anpassen. Ziele sind unter anderem eine Verbesserung der Wohnqualität, der Abriss oder die Erneuerung von Gebäuden, die Schaffung von Grünzonen oder die Neuordnung des Verkehrs.

Äquator: Der größte Breitenkreis (0° = Null Grad). Er teilt die → Erde in die nördliche und die südliche Halbkugel. Sein Umfang beträgt etwa 40 000 km.

Atlas: Sammlung von → Karten, die nach einem bestimmten System geordnet sind (Inhaltsverzeichnis, Register).

Bruchschollen: Teile der Erdkruste, die durch Kräfte aus dem Erdinneren zerbrochen sind. Dadurch entstehen so genannte Schollen, die verschoben, gekippt oder senkrecht gestellt werden.

City (engl. = Stadt): Kern einer großen Stadt mit Geschäfts-, Büro-, Bank- und Verwaltungsgebäuden. Wegen der hohen Mieten wohnen hier nur wenige Menschen. In der City befinden sich viele Arbeitsplätze. Weitere Merkmale der City: Hochhäuser, dichter Verkehr, wenig Parkplätze, Fußgängerzonen.

Dauergrünland: Ständig als Wiese (zur Frischfutter- und Heugewinnung) oder als Weide dienendes Grünland.

Eiszeitalter: Zeitraum in der Erdgeschichte, in dem weltweit meist niedrigere Temperaturen herrschten als heute. Man unterscheidet einzelne Abschnitte, in denen es kälter war (Kalt- bzw. Eiszeiten) und andere, in denen es vergleichsweise wieder wärmer war (Warmzeiten).

Erdachse: Gedachte Verbindungslinie zwischen → Nord- und Südpol, um die sich die Erde (→ Erdrotation) dreht.

Erde: Der einzige → Planet in unserem Sonnensystem, auf dem höher entwickeltes Leben vorkommt.

Erdrevolution: Bewegung der → Erde auf einer Umlaufbahn um die Sonne. Eine Umrundung dauert ein Jahr.

Erdrotation: Drehung der → Erde um ihre eigene Achse (einmal in 24 Stunden); sie bewirkt den Wechsel von → Tag und Nacht.

Erdzeitalter: Einteilung der Erdgeschichte in verschiedene Abschnitte (Erdurzeit, Erdaltertum, Erdmittelalter, Erdneuzeit).

Faltengebirge: Gebirge, deren Gesteinsschichten zu Falten verbogen wurden.

Gezeiten: Regelmäßiges Schwanken des Meeresspiegels, das durch die Anziehungskräfte von Mond und Sonne verursacht wird. Je nach Lage und Form der → Küste kann die Schwankung des Meeresspiegels innerhalb von etwa sechs Stunden wenige Zentimeter, aber auch einige Meter betragen. Das Ansteigen des Meeresspiegels bezeichnet man als Flut, das Fallen als Ebbe.

Glaziale Serie: Die nach dem Abschmelzen der → Gletscher hinterlassenen Landschaftsformen. Im Alpenvorland sind dies von Süd nach Nord Zungenbeckenseen, eine wellige Grundmoränenlandschaft, hügelige Endmoränen und fast ebene Schotterflächen. Im Norden Deutschlands gehören dazu noch die Urstromtäler, die vom Schmelzwasser der Gletscher geschaffen wurden; darin fließen oft Flüsse.

Gletscher: Große Eismassen, die oberhalb der Schneegrenze entstanden sind (Nährgebiet) und unter dem Druck des eigenen Gewichts langsam fließen.

Im wärmeren Zehrgebiet schmilzt die Gletscherzunge. Die Gletschermassen „hobeln" das unter ihnen liegende Gestein ab und können große Schuttmassen mit sich führen. Beim Abschmelzen des Eises bleiben diese beispielsweise in Form von Moränen liegen.

Gradnetz: Ein Netz von Kreisen auf dem Globus, mit deren Hilfe man die Lage eines Punktes auf der → Erde genau bestimmen kann. Die 180 Längenkreise verlaufen durch → Nord- und Südpol. Die 180 Breitenkreise verlaufen parallel zum → Äquator (90 nach Nord, 90 nach Süd). Einen halben Längenkreis nennt man Meridian. Den Meridian, der durch Greenwich bei London läuft, bezeichnet man als Nullmeridian. Es gibt 180 Meridiane westlich und 180 Meridiane östlich von Greenwich.

Gunstfaktoren: Natürliche Einflussgrößen, die die Erzeugung von landwirtschaftlichen Produkten begünstigen. Dazu zählen zum Beispiel hohe Bodenfruchtbarkeit, mildes Klima, flaches Relief (Oberflächengestalt).

Halligen: Kleine Inseln im Wattenmeer vor der → Küste Schleswig-Holsteins. Sie werden bei → Sturmfluten überspült. Deshalb bauen die Bewohner einer Hallig die Gebäude auf künstlich angelegten Erdhügeln (Warften).

Hochgebirge: „Junge" Gebirge mit großen Höhenunterschieden sowie spitzen Gipfeln und schroffen Formen. Von Hochgebirgen spricht man in Europa bei Gebirgen mit mehr als 2000 m Höhe.

Höhenstufen: Vertikale (der Höhe nach verlaufende) Gliederung der Gebirge. Jede Höhenstufe ist durch ein bestimmtes Klima und eine für die jeweilige Höhenstufe typische Pflanzenwelt gekennzeichnet.

Intensivierung: Wirtschaftsweise (zum Beispiel in der → Landwirtschaft) unter hohem Arbeitseinsatz (Düngung, Bewässerung, Schädlings- und Unkrautbekämpfung).

Jahr/Monat: Der in zwölf Abschnitte (Monate) geteilte Zeitraum, in dem sich die → Erde einmal um die Sonne dreht (→ Erdrevolution). Der Mond benötigt für die Umkreisung der Erde etwa einen Monat.

Karte: Nach einem bestimmten Maßstab verkleinerte und vereinfachte Wiedergabe der Erdoberfläche oder eines Teiles davon. Mithilfe von bestimmten Zeichen (Signaturen) vermittelt man auf Karten ein möglichst genaues Bild der Wirklichkeit. Die Bedeutung der Kartenzeichen wird in der Legende erklärt. Es gibt unter anderem topografische Karten (Darstellung von Gewässern, Vegetation, Bodennutzung, Geländeformen, Verkehrswegen und Siedlungen) und thematische Karten (Darstellung von Sachverhalten wie Art und Bedeutung von Bodenschätzen in einem Gebiet).

Kontinent: Große zusammenhängende Festlandmasse der → Erde. Kontinente sind Amerika (mit Nord- und Südamerika), Afrika, Europa, Asien, Australien und Antarktis.

Küste: Grenzbereich zwischen Meer und Festland. Durch → Gezeiten, Meeresströmungen, Brandung, Hebungen und Senkungen des Meeresspiegels bildeten sich verschiedene Küstenformen (Steilküste und Ausgleichsküste, die eine Sonderform der Flachküste darstellt).

Küstenschutz: Maßnahmen gegen die Zerstörung der → Küste durch das Meer (z. B. Bau von Deichen, Buhnen aus Beton oder Holz als Wellenbrecher).

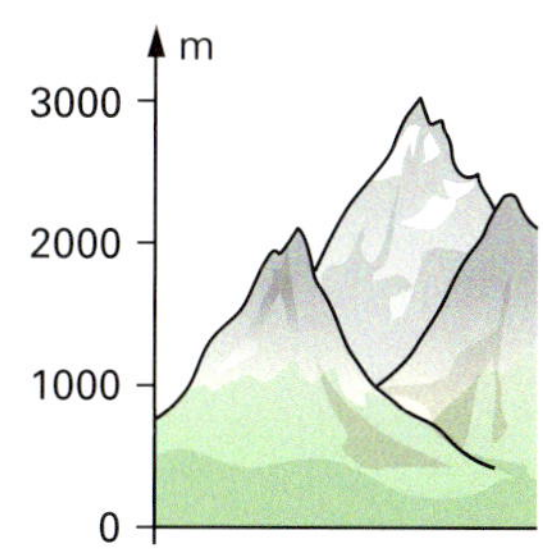

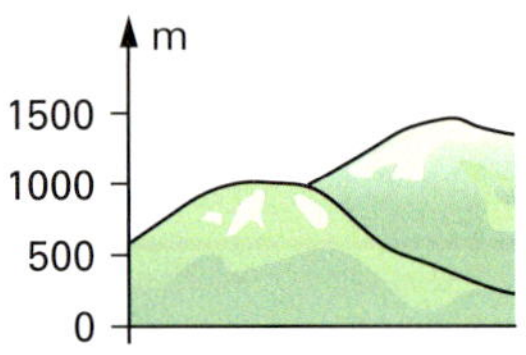

Ländlicher Raum: Im Gegensatz zum → Städtischen Raum ein Gebiet, in dem Dörfer oder kleinstädtische Siedlungen vorherrschen, die Bevölkerungsdichte gering ist und die → Landwirtschaft eine besondere Bedeutung hat.

Landwirtschaft: Wirtschaftszweig, der sich mit der Erzeugung von pflanzlichen oder tierischen Nahrungsmitteln und Rohstoffen befasst.

Lufthülle: Gemisch aus Gasen (meist Stickstoff und Sauerstoff), das die → Erde umgibt. Sie wird auch Atmosphäre genannt.

Mechanisierung: Mit hohem technischen Aufwand betriebene Erzeugung von Produkten (zum Beispiel in der → Landwirtschaft durch den Einsatz modernster Maschinen).

Mittelgebirge: „Alte" Gebirge mit überwiegend abgerundeten und sanften Formen. Mittelgebirge sind bis in die Gipfelregionen bewaldet. Die Mittelgebirge in Deutschland erreichen eine Höhe bis 1500 m.

Nationalpark: Ein Gebiet, das zum Schutz der Natur angelegt wird. Dort erfolgt keinerlei wirtschaftliche Nutzung. Nur kleine Teile eines Nationalparks sind für den Tourismus zugänglich.

Naturpark: Ein größerer Landschaftsbereich, der sich durch seine landschaftliche Schönheit und seinen Erholungswert auszeichnet. Hier gibt es viele Einrichtungen für den Fremdenverkehr, und es erfolgt eine Landschaftspflege.

Naturraum: Gebiet auf der → Erde, in dem in etwa eine gleiche natürliche Ausstattung vorherrscht. Dies können zum Beispiel ähnliche klimatische Verhältnisse, ein bestimmtes Relief (Oberflächengestalt) oder ein gleichartiger Pflanzenbewuchs sein.

Nordpol/Südpol: Punkte auf der Nord- und Südhalbkugel der → Erde, an denen die gedachte → Erdachse die Erdoberfläche durchstoßen würde.

Öffentlicher Personennahverkehr (ÖPNV): Personenverkehr innerhalb von → städtischen Räumen und ihrem Umland mit öffentlichen Verkehrsmitteln. Dies sind Bus, Eisenbahn, U- und S-Bahn sowie Straßenbahn. Der öffentliche Personennahverkehr dient dem Berufsverkehr (Pendler), dem Schüler-, Einkaufs- und Naherholungsverkehr.

Ökologischer Landbau: Besondere Form der landwirtschaftlichen Produktion, die auf die Anwendung künstlicher Hilfsstoffe wie Mineraldünger oder den Einsatz chemischer Stoffe (zum Beispiel zur Schädlingsbekämpfung) weitestgehend verzichtet. Ziel ist die Erzeugung biologisch hochwertiger Lebensmittel. Entscheidend für Ökobauern ist die Erhaltung der natürlichen Bodenfruchtbarkeit durch eine besondere Fruchtfolge und die Verwendung von natürlichem Dünger. Unkrautvernichtung, Krankheits- und Schädlingsbekämpfung müssen durch biologische Maßnahmen erfolgen. Wegen der niedrigeren Erträge und des höheren Arbeitsaufwandes sind die Lebensmittel aus der Ökolandwirtschaft meist teurer als die Nahrungsmittel, die in der konventionellen → Landwirtschaft erzeugt werden.

Ozean: Weltmeer; man unterscheidet Atlantischen, Pazifischen und Indischen Ozean.

Planet: Himmelskörper, der nicht von selbst leuchtet, sondern das Licht von einem Fixstern reflektiert. Die → Erde ist ein Planet, der um den Fixstern Sonne kreist.

Schalenbau: Aufbau der → Erde aus Erdkern, Erdmantel und Erdkruste.

Schichtstufenland: Besondere Form des → Mittelgebirges, bei der ausgedehnte gering geneigte Flächen treppenartig angeordnet sind. Die Ränder der Schichten werden durch die Abtragung immer weiter zurückverlegt. Wo Reste eines Stufenrandes stehen blieben, spricht man von Zeugenbergen.

Spezialisierung: Beschränkung auf die Erzeugung oder den Anbau eines einzigen oder nur weniger Produkte.

Städtischer Raum: Gebiet mit einer Verdichtung von Wohngebäuden und Arbeitsstätten. Der städtische Raum reicht über die Verwaltungsgrenzen einzelner Städte bis ins Umland.

Stadtökologie: Untersuchung der Zusammenhänge in → städtischen Räumen zwischen allen Lebewesen, einschließlich der Menschen, untereinander und mit ihrer Umwelt. Dazu gehören zum Beispiel die Bereiche Bodenschutz, Luftreinhaltung, Gewässerschutz, sparsamer Energieeinsatz und naturnahe Umgebungsgestaltung (etwa Anlegen von Grünzonen). Ziel der Stadtökologie ist eine weitere Verbesserung der Lebensbedingungen der Menschen in den Städten und eine dauerhaft umweltverträgliche Stadtentwicklung.

Standortfaktoren: Bedingungen, die für die Ansiedlung eines Betriebes günstig oder ungünstig sind. Zu den Standortfaktoren rechnet man z. B. die Beschaffenheit des Geländes, den Anschluss an das Verkehrsnetz, die Nähe zum Absatzmarkt der erzeugten Produkte oder das Vorhandensein von Arbeitskräften.

Sturmflut: Sehr hohe Flut, die vor allem durch starke Stürme vom Meer auf die → Küste verursacht wird

Tag/Nacht: Entstehen durch die Drehung der → Erde um ihre eigene Achse (→ Erdrotation).

Tal: Von Fließgewässern oder → Gletschern ausgeformte langgestreckte Hohlform. Je nach Gestein und Relief (Oberflächengestalt) können sich verschiedene Talformen bilden.

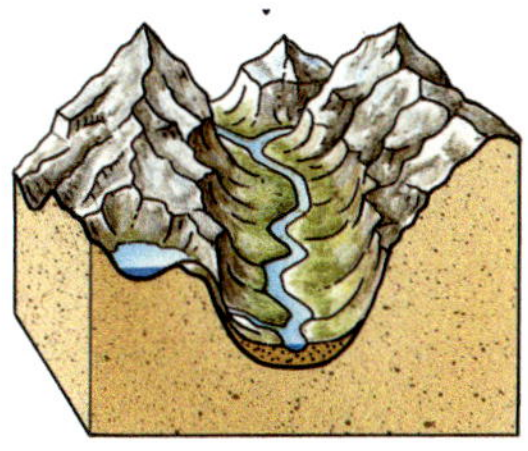

Tiden: Die regelmäßigen Schwankungen des Meeresspiegels (Ebbe und Flut). Den Höhenunterschied zwischen dem mittleren Wasserstand bei Flut und dem bei Ebbe nennt man Tidenhub.

Tiefland: → Naturraum im Norden Deutschlands. Das Tiefland reicht bis zu einer Höhe von 500 m.

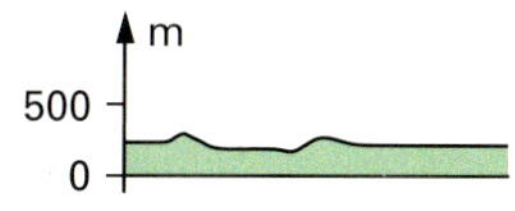

Verdichtungsraum: Gebiet mit einer hohen Bevölkerungsdichte (über 1 000 Einwohner je Quadratkilometer und insgesamt über 150 000 Einwohner bei einer Fläche von mindestens 100 Quadratkilometern) sowie einer Konzentration von Arbeitsplätzen. Kennzeichnend sind auch eine dichte Bebauung und ein gut ausgebautes Verkehrsnetz.

Verwitterung: Die an der Erdoberfläche ablaufende Veränderung, Zerstörung und Umwandlung des Gesteins durch besondere Kräfte (zum Beispiel Frost, Wind und Wasser), an der auch der Mensch beteiligt ist.

Watt: Meeresboden an einer Flachküste, der bei Flut von Wasser bedeckt ist (→ Wattenmeer) und bei Ebbe trockenfällt.

Wattenmeer: Das vom Meer überspülte → Watt, aus dem nur einzelne Sandbänke herausragen.

Wirtschaft: Die Wirtschaft eines jeden Landes wird in drei große Bereiche (= Sektoren) eingeteilt:
- 1. Sektor: Land- und Forstwirtschaft, Fischerei und Bergbau;
- 2. Sektor: produzierendes Gewerbe (Industrie und Handwerk);
- 3. Sektor: Dienstleistungen.

Sachverzeichnis

Bildnachweis

Titelseite: Luftbild Brugger, Stuttgart (Wörthiz); Alex Müller, Rettenberg-Altach: 52.1, 52,2; Argus Fotoarchiv, Hamburg: 7.5 (Schwarzbach), 116.2 (Frischmuth); Astrofoto, Sörth: 8.9, 13.4; Bayerisches Staatsministerium für Ernährung, Landwirtschaft und Forsten, München: 113.5, 113.6, 113.7; Bayer. Landesvermessungsamt, München: 27.3; Berthold Wiedersich, Ravensburg: 83.7, 83.8, 83.9; Bildagentur Huber, Garmisch Partenkirchen: 44.4 (Schmid), 80.1, 80.3, 84.2, 128.3, 130.1; BMW AG, München: 140.1, 140.2, 140.3, 140.4; CDZ Film, Stuttgart: 4.3; CMA, Bonn: 5.u.r.; Comstock, Luxemburg: 5.r.; Corbis, Düsseldorf: 14.2 (Lenars), 51.5 (Busselle), 51.6 (Scott T. Smith), 51.7 (Lewis), 52.3 (Blair), 71.7; Das Luftbild-Archiv, Kasseburg: 44.2, 91.5; Deutscher Bundestag, Berlin: 160.1; Dorling Kindersley, London: 4.u.r.; DPA, Frankfurt: 66.1 (apa), 93.3 (Poguntke), 96.2; EDITION UTKIEK Günter Franz, Bremen: 87.o.l., 98.1; Focus, Hamburg: 97.5 (Silvester), 134.3 (Price); Folkwin Geiger, Merzhausen: 48, 50.3, 112.4; Fotokurs Stiftland Gymnasium, Tirschenreuth: 118.1; Fremdenverkehrsverband Serfaus: 61.4, 61.5; Geiges, Starton (Breisgau): 78.2; Germanisches Nationalmuseum, Nürnberg: 22.1; Gesellschaft für ökologische Forschung, München: 54.1, 55.3 (Sylvia Hamberger); 67.6; (Wolfgang Zängl); Getty Images, München: 4.u.; Heers, Oldenburg: 86.o., 92.1; Helmut Geiger, Sonthofen: 32.2, 53.5, 53.6, 64.o., 83.6, 110.1, 149.4; Helmut Obermann, Ettlingen: 90.3, 147; Hermann Summer, Steventon: 46.1, 58.2, 58.3, 58.4, 106.1, 139.4; Hülzer, Köln: 137.3; IFA, Ottobrunn: 130.3 (Tom Hook); industriedenkmal.de: 144.2, 145.3, 145.4, 145.5, 145.6; Jürgen Leicht, Mutlangen: 23.4; Klammet, Ohlstadt: 45.6, 79.4; Klett-Archiv, Stuttgart: 66.2, 66.4, 81.7; Lothar Rother, Schwäbisch Gmünd: 7.4, 34.1, 34.4, 35.5, 39.5, 39.6, 39.7, 39.8, 134.1, 135.7; Luftbild-Bertram, München-Haar: 26.2; Luftbild Brugger, Stuttgart: 71.6, 76.2; Luftbild Thorbecke, Lindau: 57.3; Mader: 86. u., 87 u. r.; Mairs Geographischer Verlag, Ostfildern: 50.1 (Studio Berann-Vielkind); Marion Rausch, Linsenhofen: 22.2, 30.1, 82.2, 82.3, 83.4, 83.5, 137.4; Mauritius, Mittenwald: 3.2, 5.o., 34.3 (Fritz), 34.4 (Fritz), 49 (K.W. Gruber), 57.3, 67.5 (Rosing), 70.1, 72.3 (Rosing), 80.2, 80.4 (Beck), 80.5; Max Huber, Schierling: 102.o.l., 102.1, 103.5, 104, 136.2; Museo Archeologico Nazionale, Napoli: 36.1; NASA, Washington, D.C.: 11.3 (NSSDC); Nebbia, Reykjavik, 38.1; Photodisc: 4.u.l.; Photo Press, Stockdorf: 153.3 (Hardt); Reiner Enkelmann, Filderstadt: 4.u.m., 5.u.l., 5.u.m., 45.5, 58.1, 83.11, 87.o.r., 90.1, 98.2, 109.3; Roland Hahn, Stuttgart: 4.o.; Sammlung Gesellschaft für ökologische Forschung, München: 55.2; Stadt Augsburg: 142.1, 143.3, 143.4; Stadt Passau: 133.3; Stadt Sonthofen: 64.u.; Stuhler, Hergensweiler b. Lindau: 71.5, 84.1; Stuttgarter Luftbild Elsässer: 129.4; Teilnehmergemeinschaft Fuhrn: 122.2, 123.5; Teilnehmergemeinschaft Utzenhofen: 123.4, 123.6; Thomas Schneider, Augsburg: 76.1, 134.5, 135.6, 135.8; Transglobe, Hamburg: 6.2. (Select), 6.3 (Simmons); Ullstein Bilderdienst, Berlin: 24.1; Ulrich Eckert, Deggendorf: 84.a, 84.b, 84.c, 108.2, 109. u., 112.5, 153.3; Ulrike Medenbach, Witten: 82.1; Verband Deutscher Naturparke: 75.1; WFL, Rottendorf: 130.2; Wüstenhagen, Hamburg: 89.5

Kartengrundlagen

Deutscher Wetterdienst, Weihenstephan; Agrar- und Umweltklimatologischer Atlas von Bayern; Eigenverlag Deutscher Wetterdienst, Weihenstephan 1997: 115.4

Mairs Geographischer Verlag, Ostfildern: 28.8

Stadt Regensburg, Amt für Vermessung und Statistik, Abteilung Vermessung und Kartographie: 20/21, 27.4, 28.6

Topographische Karte 1:50 000, Blatt Nr. L 6938, L 6324; Wiedergabe mit Genehmigung des Bayerischen Landesvermessungsamtes München, Nr. 4094/02: 28.7, 40.2

Topographische Karte 1:50 000, Ausschnitt aus Blatt L7522, Landesvermessungsamt Baden-Württemberg (http://www.lv-bw.de), 18.12.02, Az.: 2851.3-A/308: 31.2

Verkehrsverbund Großraum Nürnberg GmbH: 149.3

Dein Heimatland Bayern